刘子瑜　段莉萍　主　编

乔日东　张立君　唐家耘　郭智敏　黄文涛　李德光　副主编

钢铁及合金
物理检测技术

GANGTIE JI HEJIN
WULI JIANCE JISHU

化学工业出版社

·北京·

本书内容主要包括钢铁及合金的力学性能检测技术、金相检测技术、X射线衍射技术、电子显微分析技术、物理性能检测技术、无损检测技术，还包括以这些检测技术为基础，结合化学分析和测量技术等综合性的失效分析技术。本书重点介绍了检测方法、所用仪器设备、钢铁及合金材料及其相关产品的检测和失效分析特点，其中既有作者的工作体会和检测分析技巧，又有不少实际检测和分析案例，部分内容是首次公开。本书不仅可以让非专业人员清楚了解钢铁及合金物理检测技术，也可以让准备从事钢铁及合金物理检测的人员更容易入行，并有助于已从业人员的专业技术能力的进一步提升。

本书可作为从事钢铁及合金物理检测技术等技术人员的用书，还可作为钢铁及合金物理检测技术领域的大中专学生的学习用书，也可作为本行业从业人员职业技术考试培训用书。

图书在版编目（CIP）数据

钢铁及合金物理检测技术/刘子瑜，段莉萍主编. —北京：化学工业出版社，2016.6
 ISBN 978-7-122-26721-4

Ⅰ.①钢… Ⅱ.①刘…②段… Ⅲ.①钢-物理性质-检测②铁-物理性质-检测③合金-物理性质-检测 Ⅳ.①TG142

中国版本图书馆CIP数据核字（2016）第071097号

责任编辑：韩庆利　　　　　　　　　　　文字编辑：张燕文
责任校对：王素芹　　　　　　　　　　　装帧设计：史利平

出版发行：化学工业出版社（北京市东城区青年湖南街13号　邮政编码100011）
印　　刷：北京云浩印刷有限责任公司
装　　订：三河市瞰发装订厂
710mm×1000mm　1/16　印张15¼　字数301千字　　2016年7月北京第1版第1次印刷

购书咨询：010-64518888（传真：010-64519686）　售后服务：010-64518899
网　　址：http://www.cip.com.cn
凡购买本书，如有缺损质量问题，本社销售中心负责调换。

定　　价：48.00元

前言
FOREWORD

　　目前我国正在由制造大国向制造强国转变，实施"质量强国"战略是实现这一转变的必然选择。质量分析、试验、检测服务作为高技术产业类的一项重要内容在国家《产业结构调整指导目录（2011年本）》中被重点提出。钢铁及合金材料是国民经济建设最重要的物质基础之一，加强钢铁材料及其产品的质量控制势在必行。质量控制是为使检测结果具有一定水平的代表性、可靠性和可比性所采取的科学管理方法，钢铁及合金材料的物理检测技术是质量控制工作中重要的组成部分。

　　本书针对钢铁及合金材料及其产品的物理检测技术，打破常规的物理检测范畴，内容涵盖了金相检测、电子光学检测、物理性能检测、力学性能检测、无损检测，还包括了综合运用上述检测方法的失效分析技术。本书结合作者的实际工作经验深入浅出地讲述了检测方法、检测仪器设备，分析了钢铁材料和相关产品的检测特点。书中不乏作者的工作体会和检测分析技巧，不少内容是首次公开，例如通用设备的工装辅具、部分工业CT应用实例、部分金相组织和微观组织照片等。本书着重于钢铁及合金物理检测技术知识的归纳和总结，意在使准备步入和已在该行业工作的检测人员对钢铁及合金物理检测技术有一个更宏观、更直接的认识和了解，以便更好地进行工作和研究。

　　本书可作为从事钢铁及合金物理检测技术等技术人员的用书，还可作为钢铁及合金物理检测技术领域的大中专学生的学习用书，也可作为本行业从业人员职业技术考试培训用书。

　　由于编者水平所限，书中疏漏和不妥之处在所难免，敬请各位同行专家和广大读者批评指正，以便不断完善。

编者

目录
CONTENTS

第四章 　X射线衍射技术 　87

第五章 　电子显微分析技术 　98

第六章　常用物理性能检验　　127

第七章　无损检测技术　　144

第八章 失效分析 204

钢铁及合金基础知识

第一节　钢铁及合金的分类和编号

一、分类

1. 钢的分类

（1）按用途分　可分为结构钢、工具钢、特殊性能钢。

① 结构钢　按成分可分为碳素结构钢和合金结构钢两类；按工艺可分为冷变形钢、易切削钢、调质钢、非调质钢、高强度马氏体钢、贝氏体钢、双相钢、弹簧钢、轴承钢等。

② 工具钢　按用途可分为刀具用钢、模具用钢和量具用钢；按化学成分可分为碳素工具钢、合金工具钢和高速工具钢。模具钢按工作状态又可分为冷作模具钢、热作模具钢和塑料模具钢。

③ 特殊性能钢　可分为不锈钢、耐热钢、耐磨钢、磁钢等。不锈钢按组织可分为马氏体不锈钢［1Cr13、3Cr13、9Cr18、1Cr17Ni2、9Cr18MoV 等（Cr 低 C 高）］、铁素体不锈钢［0Cr13、1Cr17、1Cr28、1Cr17Ti、1Cr25Ti 等（Cr 高 C 低）］、奥 氏 体 不 锈 钢（0Cr18Ni9、1Cr18Ni9、1Cr18Ni9Ti 等）、双 相 不 锈 钢（0Cr21Ni5Mo2Ti、00Cr25Ni5Mn 等）和沉淀硬化不锈钢（17-7PH、17-4PH、PH15-7Mo 等）耐热钢按性能可分为抗氧化钢和热强钢；按组织可分为铁素体耐热钢（0Cr13Al、1Cr17、2Cr25N 等）、珠光体铁素体耐热钢（15CrMo、12Cr1MoV、12Cr2MoWVB、17CrMo1V 等）、马 氏 体 耐 热 钢（1Cr13、1Cr11MoV、1Cr12WMoV、2Cr12NiMoWV、4Cr9、4Cr10Si2Mo 等）、奥 氏 体 耐 热 钢（0Cr19Ni9、1Cr18Ni9Ti、4Cr14Ni14W2Mo、5Cr21Mn9Ni4N、2Cr25Ni20 等）。

（2）按化学成分分　可分为碳素钢和合金钢。碳素钢又可分为低碳钢（$w_C \leqslant 0.25\%$）、中碳钢（$0.25\% < w_C \leqslant 0.6\%$）、高碳钢（$w_C > 0.6\%$）。合金钢又可分为低合金钢（合金元素含量 $w \leqslant 5\%$）、中合金钢（合金元素含量 $5\% < w \leqslant 10\%$）、高合金钢（合金元素含量 $w > 10\%$）。GB/T 13304—91 中分为非合金钢、低合金钢、合金钢三类。

（3）按显微组织分

① 根据平衡态或退火组织分为亚共析钢、共析钢、过共析钢和莱氏体钢。

② 根据正火组织分为珠光体钢、贝氏体钢、马氏体钢和奥氏体钢。

③ 根据室温组织分为铁素体钢、奥氏体钢、马氏体钢和双相钢。

（4）按品级（主要是依据钢中 P、S 等有害元素的含量）分　可分为普通钢、优质钢、高级优质钢和特级优质钢。

2. 铸铁的分类

按照碳的存在形式可分为白口铸铁（渗碳体形式）、灰口铸铁（石墨形式）、麻口铸铁（两种形式都有）。在实际运用中最常用的是灰口铸铁，根据石墨的形态又可分为灰铸铁、可锻铸铁、球墨铸铁和蠕墨铸铁。

3. 合金的分类

根据组成元素的数目可分为二元合金、三元合金和多元合金；根据结构可分为混合物合金（共熔混合物）、固溶体合金、金属互化物合金。高温合金按成分可分为铁基、镍基、钴基，还有铬基、钼基等；按基本成形方式分为变形高温合金、铸造高温合金、焊接用高温合金、粉末冶金高温合金和弥散强化高温合金。

二、 编号

1. 钢的编号

我国的钢材编号采用国际化学符号、汉语拼音字母和阿拉伯数字并用的原则。稀土元素含量不多但种类却不少，因此用 RE 表示其总含量。产品名称、用途、冶炼和浇注方法等，采用汉语拼音字母表示。采用汉语拼音字母，原则上只取一个，一般不超过两个。

（1）普通碳素结构钢

① 由 Q＋数字＋质量等级符号＋脱氧方法符号组成。它的钢号冠以 Q，代表钢材的屈服点，后面的数字表示屈服点数值，单位是 MPa。例如，Q235 表示屈服点为 235MPa 的碳素结构钢。

② 必要时钢号后面可标出表示质量等级和脱氧方法的符号。质量等级符号分别为 A、B、C、D。脱氧方法符号：F 表示沸腾钢；b 表示半镇静钢；Z 表示镇静钢；TZ 表示特殊镇静钢，镇静钢可不标符号，即 Z 和 TZ 都可不标。例如，Q235-AF 表示 A 级沸腾钢。

③ 专门用途的碳素钢，如桥梁钢、船用钢等，基本上采用碳素结构钢的表示方法，但在钢号最后附加表示用途的字母。

（2）优质碳素结构钢

① 钢号开头的两位数字表示钢的碳含量，以平均碳含量的万分之几表示。例如，平均碳含量为 0.45% 的钢，钢号为 45，它不是顺序号，所以不能读成 45 号钢。

② 锰含量较高的优质碳素结构钢，应将锰元素标出，如 50Mn。

③ 沸腾钢、半镇静钢及专门用途的优质碳素结构钢应在钢号最后特别标出，如平均碳含量为 0.1%的半镇静钢，其钢号为 10b。

（3）碳素工具钢

① 钢号冠以 T，以免与其他钢类相混。

② 钢号中的数字表示碳含量，以平均碳含量的千分之几表示。例如，T8 表示平均碳含量为 0.8%。

③ 锰含量较高者，在钢号最后标出 Mn，如 T8Mn。

④ 高级优质碳素工具钢的磷、硫含量，比一般优质碳素工具钢低，在钢号最后加注字母 A，以示区别，如 T8MnA。

（4）合金结构钢

① 钢号开头的两位数字表示钢的碳含量，以平均碳含量的万分之几表示，如 40Cr。

② 钢中主要合金元素，除个别微合金元素外，一般以百分之几表示。当平均合金含量＜1.5%时，钢号中一般只标出元素符号，而不标明含量，但在特殊情况下易导致混淆者，在元素符号后也可标以数字 1，如钢号 12CrMoV 和 12Cr1MoV，前者铬含量为 0.4%～0.6%，后者为 0.9%～1.2%，其余成分全部相同。当合金元素平均含量≥1.5%、≥2.5%、≥3.5%等时，在元素符号后面应标明含量，可相应表示为 2、3、4 等，如 18Cr2Ni4WA。

③ 钢中的钒 V、钛 Ti、铝 Al、硼 B、稀土 RE 等合金元素，均属微合金元素，虽然含量很低，仍应在钢号中标出。例如，20MnVB 中钒含量为 0.07%～0.12%，硼含量为 0.001%～0.005%。

④ 高级优质钢应在钢号最后加 A，以区别于优质钢。

⑤ 专门用途的合金结构钢，钢号冠以（或后缀）代表该钢种用途的符号。例如铆螺专用钢 30CrMnSi，钢号表示为 ML30CrMnSi。

（5）合金工具钢和高速工具钢

① 合金工具钢钢号的平均碳含量≥1.0%时，不标出碳含量，当平均碳含量＜1.0%时，以千分之几表示，如 Cr12、CrWMn、9SiCr、3Cr2W8V。

② 钢中合金元素含量的表示方法，基本上与合金结构钢相同。但对铬含量较低的合金工具钢钢号，其铬含量以千分之几表示，并在表示含量的数字前加 0，以便把它和一般元素含量按百分之几表示的方法区别开来，如 Cr06。

③ 高速工具钢的钢号一般不标出碳含量，只标出各种合金元素平均含量的百分之几。例如，钨系高速钢的钢号表示为 W18Cr4V。钢号冠以字母 C 者，表示其碳含量高于未冠 C 的通用钢号。

（6）滚动轴承钢

① 钢号冠以字母 G，表示滚动轴承钢。

② 高碳铬轴承钢钢号的碳含量不标出，铬含量以千分之几表示，如 GCr15。渗碳轴承钢的钢号表示方法，基本上和合金结构钢相同。

（7）不锈钢和耐热钢

① 钢号中碳含量以千分之几表示。例如，2Cr13 的平均碳含量为 0.2%。钢中碳含量≤0.03% 或≤0.08% 者，钢号前分别加 00 及 0，如 00Cr17Ni14Mo2、0Cr18Ni9 等。

② 对钢中主要合金元素以百分之几表示，而钛、铌、锆、氮等则按上述合金结构钢对微合金元素的表示方法标出。

（8）易切削钢

① 钢号冠以 Y，以区别于优质碳素结构钢。

② 字母 Y 后的数字表示碳含量，以平均碳含量的万分之几表示。例如，平均碳含量为 0.3% 的易切削钢，其钢号为 Y30。

③ 锰含量较高者，也在钢号后标出 Mn，如 Y40Mn。

（9）弹簧钢　按化学成分可分为碳素弹簧钢和合金弹簧钢两类，其钢号表示方法，前者基本上与优质碳素结构钢相同，后者基本上与合金结构钢相同。

2. 铸铁的编号

铸铁的牌号表示方法参见 GB/T 5612—2008《铸铁牌号表示方法》。铸铁基本代号由表示该铸铁特征的汉语拼音的第一个大写字母组成，当两种铸铁名称的代号字母相同时，可在该大写字母后加小写字母来区别。当要表示铸铁组织特征或特殊性能时，代表铸铁组织特征或特殊性能的汉语拼音的第一个大写字母排列在基本代号的后面，如 HT 代表灰铸铁，HTS 代表耐蚀灰铸铁。

以化学成分表示铸铁牌号时，合金元素符号及名义含量排在铸铁代号之后，按元素含量递减次序排列。常规元素（碳、硅、锰、硫、磷）只在有特殊作用时才标注，合金元素名义含量数值修约按 GB/T 8170 执行，如 HTSSi15Cr4RE。

以力学性能表示铸铁牌号时，力学性能值排在铸铁代号及合金元素符号之后，与合金元素符号和含量之间用"-"隔开。力学性能第一组数字表示抗拉强度（MPa），第二组数字表示伸长率（%），两组数字间用"-"隔开，如 QT 400-18。也有只用抗拉强度一组数字表示的。

3. 高温合金的编号

采用字母前缀和阿拉伯数字的表示方法。变形高温合金用 GH 表示，等轴晶铸造高温合金用 K 表示，定向凝固柱晶高温合金用 DZ 表示，单晶高温合金用 DD 表示，焊接用高温合金丝用 HGH 表示，粉末冶金高温合金用 FGH 表示，弥散强化高温合金用 MGH 表示，金属间化合物高温材料用 JG 表示。

阿拉伯数字的表示方法分为两类。变形高温合金和焊接用高温合金丝牌号中有四位阿拉伯数字，第一位表示合金的分类号，第二位至第四位表示合金的编号，不足三位的合金编号用数字 0 补齐，0 放在第一位表示分类号的数字与合金编号之间。铸造高温合金一般用三位阿拉伯数字表示，其余类型高温合金和金属间化合物高温材料用四位阿拉伯数字表示。详细编号参照 GB/T 14992—2005《高温合金及金属间化合物高温材料的分类和牌号》。

三、 钢铁及合金牌号统一数字代号体系

2014 年 9 月 1 日中国国家标准化管理委员会发布了 GB/T 17616—2013《钢铁及合金牌号统一数字代号体系》，与现行 GB/T 221—2000《钢铁产品牌号表示方法》并用。其中统一数字代号由固定的六位符号组成，左边首位用大写的拉丁字母作前缀，后接五位阿拉伯数字，字母和数字之间应无间隙排列。统一数字代号的结构形式如下：

钢铁及合金的分类和编组主要按其基本成分、特性和用途，同时兼顾我国现有的习惯。详细编号规则见标准。例如，GCr15 和 HT100 按照该标准统一数字代号分别为 B00150 和 C00100。

第二节 金属学

一、 金属和金属键

通常人们所说的金属是具有良好的导电性、导热性、延展性（塑性）和金属光泽的物质。而对于金属比较严格的定义是：金属是具有正的电阻温度系数的物质，而所有的非金属的电阻都随着温度的升高而下降，其电阻温度系数为负值。

金属原子之间的连接通过金属键实现。根据近代物理和化学的观点，金属键是指处于聚集状态的金属原子，全部或大部分将它们的价电子贡献出来，这些价电子在所有原子核周围按量子力学规律运动着，即电子云，贡献出价电子的原子，则变成了正离子，沉浸在电子云中，它们依靠运动于其间的公有化的自由电子的静电作用而结合起来。

二、 晶体结构

自然界中的晶体有成千上万种，它们的晶体结构各不相同，但若根据晶胞的三个晶格常数和三个轴间夹角的相互关系，则晶体结构可分为 7 大晶系、14 种空间点阵（关于晶胞及 7 大晶系、14 种空间点阵的相关知识可参考《材料科学基础》）。

最常见的晶体结构有三种，即体心立方结构、面心立方结构和密排六方结构。前两者属于立方晶系，后一种属于六方晶系。

体心立方晶格的晶胞模型见图 1-1，三条棱边长相等，三个轴夹角均为 90°，8个原子处于立方体的角上，1 个原子处于立方体的中心，角上 8 个原子与中心原子紧靠，其配位数为 8，致密度为 0.68。具有体心立方晶格的金属有钾（K）、钼（Mo）、钨（W）、钒（V）、α-铁（α-Fe，＜912℃）等。

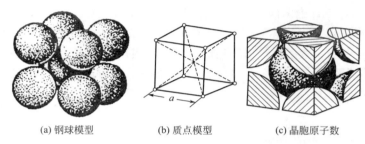

(a) 钢球模型   (b) 质点模型   (c) 晶胞原子数

图 1-1   体心立方晶胞

面心立方晶格的晶胞模型见图 1-2，同样三条棱边长相等，三个轴夹角均为 90°，金属原子分布在立方体的 8 个角上和 6 个面的中心，面中心的原子与该面 4 个角上的原子紧靠，其配位数为 12，致密度为 0.74。具有这种晶格的金属有铝（Al）、铜（Cu）、镍（Ni）、金（Au）、银（Ag）、γ-铁（γ-Fe，912～1394℃）等。

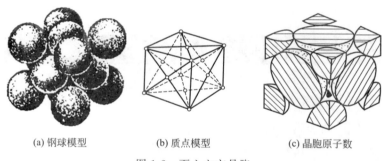

(a) 钢球模型   (b) 质点模型   (c) 晶胞原子数

图 1-2   面心立方晶胞

密排六方晶格的晶胞模型见图 1-3，12 个金属原子分布在六方体的 12 个角上，在上下底面的中心各分布 1 个原子，上下底面之间均匀分布 3 个原子，其配位数为 12，致密度为 0.74。具有密排六方晶格的金属有锌（Zn）、镁（Mg）、钛（α-Ti）等。

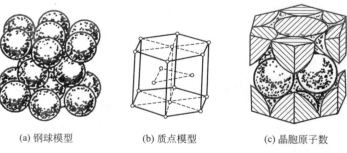

(a) 钢球模型   (b) 质点模型   (c) 晶胞原子数

图 1-3   密排六方晶胞

三、 配位数和致密度

1. 配位数

配位数是指晶体结构中与任一原子最邻近、等距离的原子数目。配位数越大，晶体的原子排列便越紧密。

2. 致密度

若把原子看作刚性圆球，那么原子之间必然存在空隙，用原子所占体积与晶胞体积之比表示原子排列紧密程度，称为致密度，公式为

$$K = \frac{nV_1}{V}$$

式中　K——晶体的致密度；

n——一个晶胞实际包含的原子数；

V_1——一个原子的体积；

V——晶胞的体积。

四、 晶体缺陷

实际金属的原子排列不一定像理想的这么完美，它们总不可避免地存在一些偏离，从而造成排列不完整性的区域称为缺陷。根据晶体缺陷的几何特征，可把缺陷分为点缺陷、线缺陷和面缺陷。

点缺陷：其特征是三个方向上的尺寸都很小，相当于原子的尺寸，称零维缺陷，如空位、间隙原子、杂质原子等。

线缺陷：其特征是在两个方向尺寸上很小，另外两个方向延伸较长，也称一维缺陷，集中表现形式是位错。

面缺陷：其特征是二维尺度很大而第三维尺度很小的缺陷。面缺陷的种类繁多，金属晶体中的面缺陷主要有两种：晶界和亚晶界。

五、 合金的相

工业上使用的金属材料大多为合金，组成合金的基本、独立的物质称为组元。一般来说，组元就是组成合金的元素，但也可以是稳定的化合物。当不同的组元经熔炼或烧结组成合金时，这些组元间由于物理的和化学的相互作用，形成具有一定晶体结构和一定成分的相。相是指合金中结构相同、成分和性能均一、并以界面互相分开的组成部分。

由一种固相组成的合金称为单相合金，由几种不同的相组成的合金称为多相合金。不同的相有不同的特点，合金根据相的晶体结构特点可分为固溶体和金属间化

合物。

按溶质原子在晶格中所占的位置，可把固溶体分为置换固溶体和间隙固溶体。置换固溶体是指溶质原子位于溶剂晶格的某些结点位置而形成的固溶体；间隙固溶体是指溶质原子不是占据溶剂晶格的正常位置，而是填入溶剂原子间的一些间隙中。

金属间化合物是合金组元间发生相互作用而形成的一种新相，又称中间相，其晶格类型及性能均不同于任一组元。在金属间化合物中，除了离子键、共价键外，金属键也参与作用，因而它具有一定的金属性质。

第三节　热处理

钢的热处理工艺可分为普通热处理（退火、正火、淬火和回火）、表面热处理（表面淬火和化学热处理）及形变热处理等。

一、退火

退火是将钢加热至临界点 A_{c1} 以上或以下温度，保温以后随炉缓慢冷却以获得近于平衡状态组织的热处理工艺。目的是均匀钢的化学成分及组织，细化晶粒，调整硬度，消除内应力和加工硬化，改善钢的成形及切削加工性能，并为淬火做好组织准备。

退火工艺按加热温度不同可分为完全退火、不完全退火和球化退火、扩散退火、去应力退火、再结晶退火。退火温度示意见图 1-4。

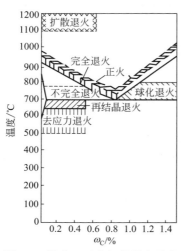

图 1-4　退火、正火加热温度示意

完全退火主要用于亚共析钢，是将钢件加热到 A_{c3} 温度以上 20～30℃，经完全奥氏体化后进行缓慢冷却，以获得近于平衡组织的热处理工艺。完全退火的目的是细化晶粒、均匀组织、消除内应力、降低硬度和改善钢的切削加工性能和冷塑性变形能力。

不完全退火主要用于过共析钢获得球状珠光体组织，是将钢加热至 $A_{c1} \sim A_{c3}$（亚共析钢）或 $A_{c1} \sim A_{ccm}$（过共析钢）之间，经保温缓慢冷却以获得近于平衡组织的热处理工艺。不完全退火的目的是降低硬度、消除内应力、改善切削加工性。不完全退火又称为球化退火，实际上球化退火是不完全退火的一种。

　　球化退火主要用于共析钢、过共析钢和合金工具钢，是将钢中碳化物球化，获得粒状珠光体（图1-5）的一种热处理工艺。球化退火的目的是降低硬度、均匀组织、改善切削加工性，并为淬火做组织准备。过共析钢为片状珠光体和网状二次渗碳体时，不仅硬度高，难以进行切削加工，而且增大了钢的脆性，容易产生淬火变形和开裂。因此，必须进行球化退火，使碳化物球化后获得粒状珠光体。

　　扩散退火又称均匀化退火，是将铸件等加热至略低于固相线的温度下长时间保温，然后缓慢冷却以消除化学成分不均匀现象的热处理工艺。扩散退火目的是消除枝晶偏析及区域偏析，使成分均匀化。扩散退火通常为 A_{c_3} 或 $A_{c_{cm}}$ 以上 $150\sim300℃$，具体加热温度视偏析程度而定。保温时间通常按照钢件的最大有效截面计算，一般不超过 15h。

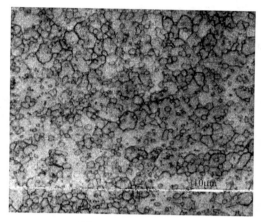

图1-5　粒状珠光体

　　去应力退火是将工件加热到 A_{c_1} 以下的某个温度，一般在 $500\sim650℃$ 之间，保温时间根据工件的截面尺寸和装炉量决定。保温一定时间后缓慢冷却，冷却到 $150\sim300℃$ 后出炉，空冷至室温。钢材在热轧或锻造后，在冷却过程中因表面和心部冷却速度不同，造成内外温差会产生残余应力。这种应力和后续工艺因素产生的应力叠加，易使工件发生变形开裂。去应力退火的目的是为了消除锻件、焊接件、热轧件、冷冲件等的残余应力，以提高零件的尺寸稳定，防止变形开裂。

　　再结晶退火是把冷变形后的金属加热到再结晶温度以上保持适当的时间，使变形晶粒重新转变为均匀等轴晶粒而消除加工硬化的热处理工艺。冷变形钢的再结晶温度和化学成分、形变量等因素有关。一般来说，形变量越大，再结晶温度越低，再结晶退火温度也越低。一般钢材再结晶退火温度为 $650\sim700℃$，保温时间为 $1\sim3h$，然后空冷至室温。

二、 正火

　　正火是将钢加热到 A_{c_3} 或 $A_{c_{cm}}$ 以上适当温度，保温以后在空气中冷却到珠光体类组织（图1-6、图1-7）的热处理工艺。正火过程的实质是完全奥氏体化＋伪共析转变。与完全退火相比，两者温度相同，但正火冷却速度较快，转变温度较低。因此钢材正火后获得的珠光体组织较细，钢的强度、硬度较高。

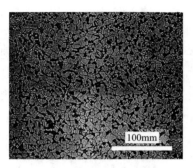

图 1-6　较低倍数时的珠光体和铁素体

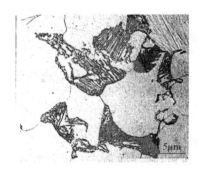

图 1-7　较高倍数时的片状珠光体和铁素体

正火可以作为预备热处理，为机械加工提供合适的硬度，又能细化晶粒、消除应力、消除魏氏组织和带状组织，为最终热处理提供合格的组织状态。正火还可以作为最终热处理，为某些受力较小、性能要求不高的碳素钢结构零件提供合适的机械性能。

三、淬火

淬火是将钢加热到临界点 A_{c3} 或 A_{c1} 以上（30～50℃）一定温度，保温以后以大于临界冷却速度的速度冷却，得到马氏体或贝氏体为主的热处理工艺。目的是提高零件的强度、硬度和耐磨性。淬火温度的选择应以获得均匀细小的奥氏体晶粒为原则，以便淬火后获得细小的马氏体组织。淬火温度过高，组织粗大，韧性下降；淬火温度过低，无法得到马氏体组织。冷却速度过快，应力过大，容易开裂；冷却速度过慢，无法得到马氏体组织。因此适当选择冷却介质才能获得好的淬火效果。淬火冷却介质有水、不同浓度的盐水、各种矿物油等。

淬火过程中会发生形变和尺寸变化，有时甚至要产生淬火裂纹。主要是由于淬火会产生淬火应力，包括热应力和组织应力。热应力是淬火过程中不同位置存在温度差，导致热胀冷缩不一致而产生的应力。组织应力是冷却时由于温度差异造成不同部位组织转变不同而产生的应力。

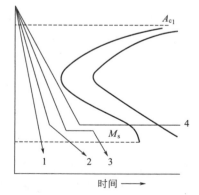

图 1-8　各种淬火方法的冷却曲线
1—单液淬火；2—双液淬火；
3—分级淬火；4—等温淬火法

淬火方法有单液淬火法、双液淬火法、喷射淬火法、分级淬火法、等温淬火法，它们的冷却曲线分别见图 1-8。

单液淬火用于形状简单的碳钢和合金钢工件，尺寸较大的碳素钢工件适宜采用双液淬火，喷射淬火主要用于局部淬火，分级淬火只适用于尺寸较小的工件和要求形变量很小的精密工件，等温淬火适宜处理形状复杂、尺寸要求精密的工具和重要的机器零件。

钢的淬透性是指奥氏体化后的钢在淬火时获得马氏体的能力，其大小表示在一定条件下淬火获得的淬透层深度。淬透层深度一般表现为由表面至半马氏体区的深度。

四、回火

回火是将淬火钢在 A_1 以下温度加热，使其转变为稳定的回火组织，并以适当的方式冷却到室温的工艺过程。回火的本质是淬火马氏体分解和碳化物的析出、聚集、长大过程。

回火有低温回火、中温回火和高温回火等几种。低温回火温度为 $150\sim250\,^\circ\!\mathrm{C}$，回火组织为回火马氏体（图 1-9、图 1-10）；中温回火温度为 $350\sim500\,^\circ\!\mathrm{C}$，回火组织为回火屈氏体（图 1-11）；高温回火温度为 $500\sim650\,^\circ\!\mathrm{C}$，回火组织为回火索氏体（图 1-12）。淬火＋高温回火称为调质处理，经调质处理后，钢材具有优良的综合性能。

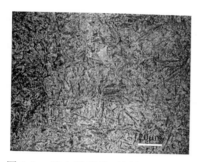
图 1-9　回火马氏体（材料牌号：45）

图 1-10　细针状马氏体＋碳化物（材料牌号：GCr15）

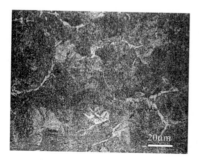
图 1-11　回火屈氏体＋铁素体（材料牌号：45）

图 1-12 回火索氏体（材料牌号：42CrMo）

随着回火温度的升高，淬火钢的强度、硬度降低，而塑性、韧性增加。但在许多钢中发现，钢的韧性并非随回火温度的升高而连续提高，在某些温度范围内回火后，其韧性反而降低，这种现象称为回火脆性。回火脆性有低温回火脆性和高温回火脆性。

低温回火脆性是指淬火钢在 $250\sim400\,^\circ\!\mathrm{C}$ 之间回火后出现韧性降低，几乎所有工业用钢都有不同程度的低温回火脆性。这是由于从马氏体中析出碳化物，沿着马氏体条间、束的边界或马氏体的孪晶带及晶界析出，并与 S、P、Sb、As 等有害微量元素在晶界、相界上聚集有关。

高温回火脆性是由于杂质元素 S、P、Sb、As 等在高温回火时偏聚在原奥氏体晶界上或微裂纹表面上引起的。一般含有 Cr、Ni、Mn 等合金元素的合金钢淬火后在 450～650℃回火后产生韧性下降，是可逆的。

第四节　铁碳相图

一、　相图中的点、线、区的意义

通常情况下，碳在钢中以 Fe_3C 的形式存在，铁碳合金通常按 $Fe\text{-}Fe_3C$ 相图进行转变。图 1-13 所示为 $Fe\text{-}Fe_3C$ 相图，它是研究钢铁材料的基础，图中各特性点的温度、碳含量及意义见表 1-1。各特性点的符号是国际通用的，不能随意更换。

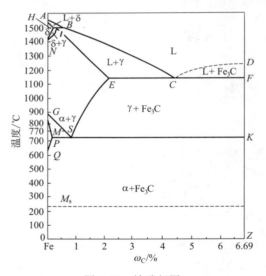

图 1-13　铁碳相图

表 1-1　铁碳合金相图中的特性点

符号	温度/℃	$w_C \times 100$	说明	符号	温度/℃	$w_C \times 100$	说明
A	1538	0	纯铁的熔点	J	1495	0.17	包晶点
B	1495	0.53	包晶转变时液态合金成分	K	727	6.69	渗碳体的成分
C	1148	4.30	共晶点	M	770	0	纯铁的磁性转变点

续表

符号	温度/℃	$w_C \times 100$	说明	符号	温度/℃	$w_C \times 100$	说明
D	1227	6.69	渗碳体的熔点	N	1394	0	γ-Fe $\Leftrightarrow$ δ-Fe 的转变温度
E	1148	2.11	碳在 γ-Fe 中的最大溶解度	P	727	0.0218	碳在 α-Fe 中的最大溶解度
G	912	0	α-Fe $\Leftrightarrow$ γ-Fe 的转变温度（A_3）	S	727	0.77	共析点（A_1）
H	1495	0.09	碳在 δ-Fe 中的最大溶解度	Q	600	0.0057	600℃ 时碳在 α-Fe 中的溶解度

相图中的液相线是 $ABCD$，固相线是 $AHJECF$。相图中有五个单相区，分别是：

$ABCD$ 以上——液相区（用符号 L 表示）；

$AHNA$——δ 固溶体区（用符号 δ 表示）；

$NJESGN$——奥氏体区（用符号 γ 或 A 表示）；

$GPQG$——铁素体区（用符号 α 或 F 表示）；

$DFKZ$——渗碳体区（用 Fe_3C 或 Cm 表示）。

相图中还有七个两相区，它们是：$L+\delta$，$L+\gamma$，$L+Fe_3C$，$\delta+\gamma$，$\alpha+\gamma$，$\gamma+Fe_3C$，$\alpha+Fe_3C$。

相图中有三条水平线，即 HJB——包晶转变线，ECF——共晶转变线，PSK——共析转变线。两条水平虚线分别为铁素体的磁性转变线（770℃）和渗碳体的磁性转变线（230℃）

二、　包晶转变（水平线 HJB）

在 1495℃ 恒温下，碳含量（质量分数）为 0.53% 的液相与碳含量（质量分数）为 0.09% 的 δ 铁素体发生包晶反应，形成碳含量（质量分数）为 0.17% 的奥氏体，其反应式为

$$L_B + \delta_H \Longleftrightarrow \gamma_J$$

进行包晶反应时，奥氏体沿 δ 相和液相两个方向长大，δ 相和液相同时耗尽，最终形成单相奥氏体。

三、　共晶反应（水平线 ECF）

在 1148℃ 恒温下，碳含量（质量分数）为 4.3% 的液相转变为碳含量（质量分数）为 2.11% 的奥氏体和渗碳体的机械混合物，又称为莱氏体，用 L_d 表示，其反

应式为

$$L_d \rightleftharpoons \gamma_E + Fe_3C$$

在莱氏体中，渗碳体是连续分布的相，奥氏体呈颗粒状分布在渗碳体的基底上，由于渗碳体很脆，所以莱氏体是塑性很差的组织。

四、 共析转变（水平线 PSK）

在727℃恒温下，碳含量（质量分数）为0.77%的奥氏体转变为碳含量（质量分数）为0.0218%的铁素体和渗碳体的机械混合物，又称为珠光体，用P表示，其反应式为

$$\gamma_S \rightleftharpoons \alpha_P + Fe_3C$$

经共析转变得到的珠光体是片层状的，其中铁素体的含量约是渗碳体的8倍（计算公式参考其他有关教材），因此在金相显微镜下，较厚的片是铁素体，较薄的片是渗碳体。

五、 固态转变线

GS线又称A_3线，是在冷却过程中，由奥氏体析出铁素体的开始线，或者是在加热过程中，铁素体溶入奥氏体的终了线。

ES线又称A_{cm}线，是碳在奥氏体中的溶解度曲线，低于此温度，奥氏体中将析出渗碳体，称为二次渗碳体。

PQ线是碳在铁素体中的溶解度曲线，铁素体从727℃冷却，会从铁素体中析出渗碳体，称为三次渗碳体。

力学性能试验

钢铁及合金的力学性能是零件在设计和选材时的主要依据。根据零件服役时承受的载荷性质不同，对钢铁及合金要求的力学性能也不同。常用的力学性能指标包括强度、塑性、硬度、冲击韧性、多次冲击抗力和疲劳极限等。力学性能试验包括拉伸试验、硬度试验（其中布氏、洛氏、维氏三种试验方法应用最广）、冲击试验、压缩试验、弯曲试验、蠕变试验、疲劳试验和磨损试验等。

第一节　拉伸试验

一、概述

金属拉伸是历史最为悠久，应用最为广泛的力学性能试验方法之一。在大部分的材料手册工艺技术条件中都首先选用材料的拉伸性能指标来表征材料的性能。再者，拉伸指标也是材料供货、验收及生产和科研中最为主要的检测项目，是钢结构建筑和产品的重要设计依据。

拉伸性能试验可检测金属的抗拉强度、屈服强度、规定塑性延伸强度、断后伸长率和断面收缩率等。

二、拉伸的基本原理

拉伸试验是在规定的温度、湿度和试验速率条件下，用静拉伸力对试样轴向拉伸，测量力和相应的伸长，一般都将样品拉至断裂，来测定其力学性能。在拉伸试验中，以纵坐标应力、横坐标应变绘制出的曲线称为应力-应变曲线。在应力-应变曲线上可方便地测得拉伸的各项性能指标。

伸长率是指断后标距的残余伸长（$L_u - L_0$）与原始标距（L_0）之比的百分率。

$$A = \frac{L_u - L_0}{L_0} \times 100\%$$

式中　A——断裂伸长率，%；

　　　L_u——断后标距，mm；

L_0——原始标距，mm。

断面收缩率是指断裂后试样横截面积的最大缩减量（S_0-S_u）与原始横截面积（S_0）之比的百分率。

$$Z=\frac{S_0-S_u}{S_0}\times100\%$$

式中　Z——断面收缩率，%；

　　　S_0——原始横截面积，mm^2；

　　　S_u——断后最小横截面积，mm^2。

应力是指试验期间任一时刻的力除以试样原始横截面积 S_0 的商。

抗拉强度是指相应最大力 F_m 对应的应力。

$$R_m=\frac{F_m}{S_0}$$

式中　R_m——抗拉强度，MPa；

　　　F_m——最大力，N；

　　　S_0——原始横截面积，mm^2。

屈服强度是指当金属材料呈现屈服现象时，在试验期间达到塑性变形发生而力不增加的应力点。应区分上屈服强度和下屈服强度（图 2-1）。

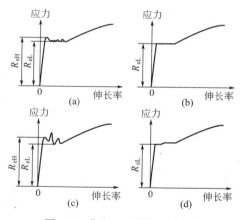

图 2-1　典型上、下屈服曲线

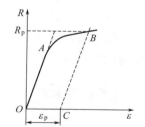

图 2-2　规定塑性延伸强度

上屈服强度 R_{eH}：试样发生屈服而力首次下降前的最大应力。

下屈服强度 R_{eL}：在屈服期间，不计初始瞬时效应时的最小应力。

规定塑性延伸强度 R_p 是指塑性延伸强度等于规定引伸计标距 L_e 百分率时对应的应力。经常说的 $R_{P0.2}$ 就是塑性延伸强度等于规定引伸计标距为 0.2% 时的应力（图 2-2）。

三、 拉伸试验方法

目前现行有效的室温拉伸试验方法为 GB/T 228.1—2010《金属材料　拉伸试

验　第 1 部分：室温试验方法》。除非另有规定，试验一般在室温 10～35℃ 范围内进行。对温度要求严格的试验，试验温度应为（23±5）℃。

1. 拉伸试验设备

拉伸试验机是检测金属拉伸性能的主要设备。拉伸试验机的种类繁多，有机械传动试验机、液压万能试验机等。目前应用比较广泛的是微机控制电子万能材料试验机（图 2-3）、微机控制电液伺服万能材料试验机（图 2-4）。

图 2-3　微机控制电子万能材料试验机　　　　图 2-4　微机控制电液伺服万能材料试验机

GB/T 228.1—2010《金属材料　拉伸试验　第 1 部分：室温试验方法》中规定试验机的测力系统应按照 GB/T 16825.1 进行校准，并且其准确度应为 1 级或优于 1 级。引伸计的准确度级别应符合 GB/T 12160 的要求。测定上屈服强度、下屈服强度、屈服点伸长率、规定塑性延伸强度、规定总延伸强度、规定残余延伸强度，以及规定残余延伸强度的验证试验，应使用不劣于 1 级准确度的引伸计；测定其他较大伸长率的性能，如抗拉强度、最大力总伸长率和最大塑性伸长率、断裂总伸长率，以及断后伸长率，应使用不劣于 2 级准确度的引伸计。微机控制拉伸试验机应满足 GB/T 22066。

2. 对试样的要求

试样的形状与尺寸取决于要被试验的金属产品的形状与尺寸。

通常从产品、压制坯或铸锭切取样坯经机械加工制成试样。但具有恒定横截面的产品（型材、棒材、线材等）和铸造试样（铸铁和铸造非铁合金）可以不经机械加工而进行试验。

试样横截面可以为圆形、矩形、多边形、环形，特殊情况下可以为某些其他形状。

试样原始标距与原始横截面积有关系者称为比例试样。国际上使用的比例系数 k 的值为 5.65。原始标距应不小于 15mm。当试样横截面积太小，以致采用比例系数为 5.65 的值不能符合这一最小标距要求时，可以采用较高的值（优先采用 11.3）或采用非比例试样。

机械加工的试样如试样的夹持端与平行长度的尺寸不相同，它们之间应以过渡弧连接。

如试样为未经机械加工的产品或试棒，两夹头间的长度应足够，以使原始标距的标记与夹头有合理的距离。

铸造试样应在其夹持端和平行长度之间以过渡弧连接。此弧的过渡半径尺寸可能很重要，建议在相关产品标准中规定。

应按照相关产品标准或 GB/T 2975 的要求切取样坯和制备试样。

3. 试验程序

（1）选用合适的拉伸设备　试验前，根据试样的材料以及尺寸选取吨位合适的拉伸设备，以确保拉力在设备的精度范围之内，一般保证拉力值在设备最大吨位的 20%～80% 之间，然后根据试样的形状换好试验机的夹头。

（2）试验原始尺寸的测量　试验前用量具测量试样的原始横截面积，一般用千分尺和卡尺来测量。

（3）试样原始标距的标记和测量　根据要求选取原始标距的长度，一般首先选取 k 的值为 5.65。

沿着试样的平行部分长度，用两个点或者一系列的等分点（等分点间距为 5mm 或 10mm）标出原始标距。标记一般有划线和冲点两种，可在专用的划线机或冲点机上进行，也可手工进行。对于脆性材料或很薄的试样，为避免冲点对试样断裂的影响，通常可在试样平行段内涂上快干墨水或带色涂料，再轻轻划上标记。

（4）试验条件的选择　就是选择合适的试验速度和试验温度。试验温度一般保持在 10～35℃ 范围内。主要选择的是试验速度。GB/T 228.1—2010 中有两种方法，方法 A 和方法 B。

（5）测定需要检测的数据　出具报告。

第二节　硬度试验

一、概述

金属硬度试验与拉伸试验同样是一种历史最为悠久、应用最为广泛的力学性能试验方法。硬度的实质是材料抵抗另一较硬材料压入的能力。硬度检测是评价金属力学性能最迅速、最经济、最简单的一种试验方法。硬度检测的主要目的就是测定材料的适用性，或材料所进行的特殊硬化或软化处理的效果。对于被检测材料而言，硬度是代表着在一定压头和试验力作用下所反映出的弹性、塑性、强度、韧性及磨损抗力等多种物理量的综合性能。通过硬度试验可以反映金属材料在不同的化学成分、组织结构和热处理工艺条件下性能的差异，因此硬度试验广泛应用于金属性能的检验、监督热处理工艺质量和新材料的研制。

目前硬度试验有十几种，总体来说主要有两类试验方法。一类是静态试验方法，这类方法试验力的施加是缓慢而无冲击的。硬度的测定主要决定于压痕的深度、压痕投影面积或压痕凹印面积的大小。静态试验方法包括布氏、洛氏、维氏、努氏、韦氏、巴氏等。其中布氏、洛氏、维氏三种试验方法是应用最广的，它们是钢铁及合金硬度检测的主要试验方法。另一类是动态试验方法，这类方法试验力的施加是动态的和冲击性的。这里包括肖氏和里氏硬度试验法。动态试验方法主要用于大型的，不可移动工件的硬度检测。

二、 布氏硬度试验

1. 布氏硬度的特点

布氏硬度试验的优点是其硬度代表性好，由于能采用 10mm 直径球压头，3000kg f❶ 试验力，其压痕面积较大，能反映较大范围内金属各组成相综合影响的平均值，而不受个别组成相及微小不均匀度的影响，因此特别适用于测定灰铸铁、轴承合金和具有粗大晶粒的金属材料。它的试验数据稳定，重现性好，精度高于洛氏，低于维氏。此外，布氏硬度值与抗拉强度值之间存在较好的对应关系。

布氏硬度试验的缺点是压痕较大，成品检验有困难，试验过程比洛氏硬度试验复杂，测量操作和压痕测量都比较费时，并且由于压痕边缘的凸起、凹陷或圆滑过渡都会使压痕直径的测量产生较大误差，因此要求操作者具有熟练的试验技术和丰富的经验，一般要求由专门的实验员操作。

2. 布氏硬度试验原理

用一定直径的硬质合金球施加试验力压入试样表面，经规定保持时间后，卸除试验力，测量试样表面压痕的直径（图 2-5）。

布氏硬度与试验力除以压痕表面积的商成正比。压痕被视为具有一定半径的球形，压痕的表面积可通过压痕的平均直径 d 和压头直径 D 计算得到。布氏硬度的计算公式如下：

$$布氏硬度 = \frac{F}{S} = \frac{F}{\pi Dh}$$

式中　F——试验力，N；

　　　S——压痕表面积，mm；

　　　D——球压头直径，mm；

　　　h——压痕深度，mm。

---

❶　1kgf＝9.80665N。

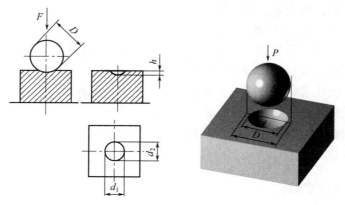

图 2-5　布氏硬度试验原理

3. 布氏硬度试验方法

目前在用的布氏硬度试验方法为 GB/T 231.1—2009《金属材料　布氏硬度试验　第 1 部分：试验方法》。

4. 对布氏硬度计的要求

布氏硬度计是测定金属布氏硬度的精密计量仪器，尽管布氏硬度计的种类繁多（图 2-6），结构各异，但是对它们的技术要求是一致的。

(a) 数显布氏硬度计　　　　　　(b) 普通布氏硬度计

图 2-6　布氏硬度计

硬度计应符合 GB/T 231.2 的规定，能施加预定试验力或 9.807～29.42kN 范围内的试验力。布氏硬度计应带有直径为 10mm、5mm、2.5mm 和 1mm 的硬质合金球。

GB/T 231.2 中对布氏硬度计的检验分为检查硬度计基本功能的直接检验和检查硬度计综合性能的间接检验。

布氏硬度计的直接检验中要检查试验力、压头、压痕测量装置及试验力施加和保持时间。这些一般都由计量机构对设备进行检验。

布氏硬度计的间接检验一般用于日常工作中，根据不同的试验力和各种尺寸压头直径，在下面的硬度范围内至少选两个标准块：≤200HBW；300～400HBW；≥500HBW。在上述硬度范围内，选择的两个标准块尽量在两个范围选取。检验时，在每一标准块上均匀分布地测量五个压痕。

布氏硬度计的示值重复性和示值误差应符合表 2-1 规定。

表 2-1 布氏硬度计的示值重复性和示值误差

标准块硬度/HBW	硬度计示值重复性的最大允许值/mm	硬度计示值误差的最大允许值/%
≤125	$0.030\bar{d}$	±3
125<HBW≤225	$0.025\bar{d}$	±2.5
>225	$0.020\bar{d}$	±2

注：$\bar{d}=\dfrac{d_1+d_2+d_3+d_4+d_5}{5}$。

5. 试样的要求

试样表面应平坦光滑，并且不应有氧化皮及外界污物，尤其不应有油脂。试样表面应能保证压痕直径的准确测量，建议表面粗糙度 $Ra\leq1.6\mu m$。

制备试样时，应使过热或冷加工等因素对试样表面性能的影响至最小。

试样厚度至少应为压痕深度的 8 倍。试样最小厚度与压痕平均直径的关系见表 2-2。试验后，试样背部如出现可见变形，则表明试样太薄。

表 2-2 压痕平均直径与试样最小厚度的关系

压痕平均直径/mm	试样最小厚度/mm			
	1	2.5	5	10
0.2	0.08			
0.3	0.18			
0.4	0.33			
0.5	0.54			
0.6	0.80	0.29		
0.7		0.40		
0.8		0.53		
0.9		0.67		
1.0		0.83		
1.1		1.02		
1.2		1.23	0.58	
1.3		1.46	0.69	
1.4		1.72	0.80	
1.5		2.00	0.92	
1.6			1.05	
1.7			1.19	
1.8			1.34	
1.9			1.50	
2.0			1.67	
2.2			2.04	
2.4			2.46	1.17
2.6			2.92	1.38

续表

压痕平均直径/mm	试样最小厚度/mm			
	1	2.5	5	10
2.8			3.43	1.60
3.0			4.00	1.84
3.2				2.10
3.4				2.38
3.6				2.68
3.8				3.00
4.0				3.34
4.2				3.70
4.4				4.08
4.6				4.48
4.8				4.91
5.0				5.36
5.2				5.83
5.4				6.33
5.6				6.86
5.8				7.42
6.0				8.00

6. 试验程序

① 试验一般在 10~35℃室温下进行，对于温度要求严格的试验，温度为（23±5）℃。

② 布氏硬度试验试验条件的选择问题，即试验力 F 和球压头直径 D 的选择。这种选择不是任意的，而是要遵循一定的规则，并且要注意试验力和球压头直径的合理搭配。

由于试样材质不同，硬度不同，试样大小、薄厚也不同，一种试验力，一种压头自然不能满足要求。在试验力和球压头直径的选择方面需要遵循的规则有两个。

规则一，要使试验力和球压头直径的平方之比为一个常数。即

$$\frac{F}{D^2} = \frac{F_1}{D_{12}^2} = \frac{F_2}{D_{22}^2} = K$$

这个规则来源于相似律。根据相似律，不同直径的球压头 D_1、D_2 在不同的试验力 F_1、F_2 作用下压入试样表面，压痕直径 d_1、d_2 是不同的，但是只要压入角 φ_1、φ_2 相同，压痕就具有相似性。这时试验力和球压头直径的平方之比就是一个常数。在这种条件下，采用不同的试验力和不同直径的球压头，在同一试样上测得的硬度值是相同的，在不同的试样上测得的硬度值是可以相互比较的。

试验力与球压头直径平方之比在采用公斤力的旧标准中表示为 F/D^2，在采用牛顿力的新标准中表示为 $0.102F/D^2$。

规则二，试验后要使压痕直径处于以下范围：$0.24D < d < 0.6D$。否则，试验

结果是无效的，应选择合适的试验力重新试验。大量试验表明，当压头直径在 $0.24D \sim 0.6D$ 之间时，测得的硬度值与试验力大小无关。

为了保证在尽可能大的有代表性的试样区域试验，应尽可能地选取大直径压头。当试样尺寸允许时，应优先选用直径 10mm 的球压头进行试验。

③ 试样牢固地放置在试台上，保证在试验过程中不发生位移。

④ 使压头与试样表面接触，无冲击和振动地垂直于试验面施加试验力，直至达到规定试验值。从施加力开始到全部试验力施加完毕的时间应在 $2 \sim 8s$ 之间。试验力保持时间为 $10 \sim 15s$。对于要求试验力保持时间较长的材料，试验力保持时间允许误差应在 $\pm 2s$ 之内。

⑤ 在整个试验期间，硬度计不应受到影响试验结果的冲击和振动。

⑥ 任一压痕中心距试样边缘距离至少为压痕平均直径的 2.5 倍，两相邻压痕中心距离至少为压痕平均直径的 3 倍。

⑦ 应在两个相互垂直的方向测量压痕直径。用两个读数的平均值计算布氏硬度。

三、 洛氏硬度试验

1. 洛氏硬度的特点

洛氏硬度试验操作简单，测量迅速，可在指示表上直接读取硬度值，工作效率高，成为最常用的硬度试验方法之一。由于试验力较小，压痕也小，特别是表面洛氏硬度试验的压痕更小，对大多数工件的使用无影响，可直接测试成品工件，初试验力的采用，使试样表面轻微的不平度对硬度值的影响较小，因此，此仪器非常适于在工厂使用，适于对成批加工的成品或半成品工件进行逐件检测，该试验方法对测量操作的要求不高，非专业人员容易掌握。

2. 洛氏硬度试验原理

在规定条件下，将压头（金刚石圆锥、钢球或硬质合金球）分两个步骤压入试样表面。卸除主试验力后，在初试验力下测量压痕残余深度 h。以压痕残余深度 h 代表硬度的高低（图2-7）。

洛氏硬度值按下式计算：

$$洛氏硬度 = N - \frac{h}{S}$$

式中　N——常数，对于 A、C、D、N、T 标尺 $N=100$，其他标尺 $N=130$；

　　　h——压痕残余深度，mm；

　　　S——常数，对于洛氏硬度 $S=0.002$mm，对于表面洛氏硬度

　　　　　$S=0.001$mm。

每一洛氏硬度单位对应的压痕深度，洛氏硬度为 0.002mm，表面洛氏硬度为

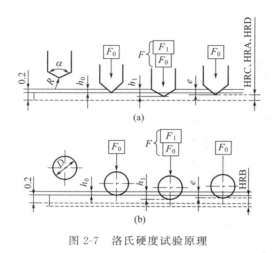

图 2-7　洛氏硬度试验原理

0.001mm。压痕越浅，硬度越高。

3. 洛氏硬度试验方法

目前在用的洛氏硬度试验方法为 GB/T 230.1—2009《金属材料 洛氏硬度试验　第 1 部分：试验方法（A、B、C、D、E、F、G、H、K、N、T 标尺）》。

4. 对洛氏硬度计的要求

洛氏硬度计的质量是影响洛氏硬度试验结果准确度的主要因素之一。从试验方法标准化方面考虑，评定硬度计质量的主要指标包括试验力的误差和重复性、压头的表面质量和形位公差、压痕测量装置的误差及硬度计结构的稳定性。

目前洛氏硬度计有多种型号，根据硬度指示方式可分为表盘式、光学刻度式和数字显示式（图 2-8）。

(a) 机械式洛氏硬度计

(b) 电子式全洛氏硬度计

图 2-8　洛氏硬度计

在试验力方面，导致初试验力超差的原因有加力杠杆调整块位置改变或松动、加力吊盘位置偏上、主轴系统摩擦力增大等；导致总试验力超差的原因有初试验力超差、加力杠杆比改变、加力吊盘位置偏下、支点刀刃的磨损、加力主刀刃与主轴上端面接触不好等。

在压头方面，对于金刚石压头，当锥体表面有缺陷或者太粗糙时，锥角或锥顶球面超差时，圆锥母线与球面切线连接不好时，圆锥轴线与压头柄轴线不重合时，都会影响试验示值的准确性。检查金刚石压头是否有缺陷，可以用读数显微镜观察或者直接拿压头头尖划指甲看是否有划痕。

GB/T 230.2 中对洛氏硬度计的检验与校准作了统一规定，其中包括检验硬度计基本功能的基本检验法和适用于硬度计综合检验的间接检验法。直接检验通常一年一次，当经过拆卸或重装后，应进行直接检验，一般直接检验由计量机构执行。直接检验一般对试验力、压头、洛氏硬度压痕测量装置和试验循环时间进行检验。日常检测中一般都进行间接检验。

洛氏硬度计用标准硬度块进行间接检验，在各需要检查的硬度范围，首先在相应硬度的标准块上压出两个压痕，以保证硬度计是在正常状态，并使标准块、压头以及试验台定位可靠。注意，这两个压痕不计入计算结果。然后均匀分布地压出压痕。

5. 试样的要求

除非产品或材料标准另有规定，试样表面应平坦光滑，并且不应有氧化皮及外来污物，尤其不应有油脂，试样表面应能保证压痕深度的精确测试，建议表面粗糙度 $Ra \leqslant 1.6 \mu m$。在进行可能会与压头黏结的活性金属硬度试验时，例如钛，可以使用某种合适的油性介质（如煤油）。使用的介质应在试验报告中注明。

试样的制备应使过热或冷加工等因素对试样表面硬度的影响减至最小。尤其对于残余压痕深度浅的试样应特别注意。

6. 试验程序

① 试验一般在 10～35℃室温下进行。洛氏硬度试验应选择在变化较小的温度范围内进行，因为温度的变化可能会对试验结果有影响。

② 试样应平稳地放在刚性支撑物上，并使压头轴线与试样表面垂直，避免产生位移。

③ 使压头与试样表面接触，无冲击和振动地施加初试验力 F_0，初试验力保持时间不应超过 3s。

④ 无冲击和无振动或无摆动地将测量装置调整至基准位置，从初试验力施加至总试验力 F 的时间应不小于 1s 且不大于 8s。

总试验力保持时间为 (4 ± 2) s，然后卸除主试验力 F_1，保持初试验力 F_0，经短时间稳定后，进行读数。

⑤ 试验过程中，硬度计应避免受到冲击或振动。

⑥ 两相邻压痕中心的距离至少应为压痕直径的 4 倍，并且不小于 2mm。

四、 维氏硬度试验

1. 维氏硬度的特点

维氏硬度试验的压痕是正方形，轮廓清晰，对角线测量准确，因此，维氏硬度试验是常用硬度试验方法中精度最高的，同时它的重复性也很好，这一点比布氏硬度优越。

维氏硬度测量范围宽广，可以测量目前工业上所用到的几乎全部金属材料，从很软的材料（几个维氏硬度单位）到很硬的材料（3000 个维氏硬度单位）都可测量。

维氏硬度试验最大的优点在于其硬度值与试验力的大小无关，只要是硬度均匀的材料，可以任意选择试验力，其硬度值不变。这就相当于在一个很宽广的硬度范围内具有一个统一的标尺。这一点又比洛氏硬度优越。

在中、低硬度值范围内，在同一均匀材料上，维氏硬度试验和布氏硬度试验结果会得到近似的硬度值。例如，当硬度值为 400 以下时，维氏硬度约等于布氏硬度。

维氏硬度试验的试验力可以小到 10gf，压痕非常小，特别适合测试薄小制品。

维氏硬度试验效率低，要求较高的试验技术，对于试样表面粗糙度要求较高，通常需要制作专门的试样，操作麻烦费时，通常只在实验室中使用。

2. 维氏硬度试验原理

硬度试验采用的压头是两相对面间夹角为 136°的金刚石正四棱锥体。压头在选定的试验力 F 作用下，压入试样表面，经规定保持时间后，卸除试验力。在试样表面压出一个正四棱锥形的压痕，测量压痕对角线长度 d，用压痕对角线平均值计算压痕的表面积（图 2-9）。维氏硬度是试验力 F 除以压痕表面积所得的商，用符号 HV 表示，维氏硬度值不标注单位。

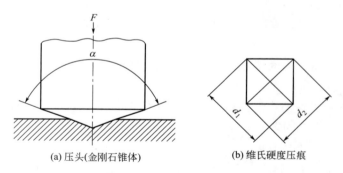

(a) 压头(金刚石锥体)　　　(b) 维氏硬度压痕

图 2-9　维氏硬度试验原理

$$维氏硬度 = 常数 \times \frac{试验力}{压痕表面积} = 0.102\,\frac{2F\sin\frac{\alpha}{2}}{d^2} \approx 0.181\,\frac{F}{d^2}$$

式中　α——金刚石压头顶部两相对面夹角 136°；

　　　F——试验力；

　　　d——两压痕对角线长度 d_1 和 d_2 的算术平均值。

在静态力测定硬度方法中，维氏硬度试验方法是最精确的一种，这种方法测量硬度的范围较宽，可以测定目前所使用的绝大部分金属材料的硬度。

3. 维氏硬度试验方法

目前在用的维氏硬度试验方法为《GB/T 4340.1—2009 金属维氏硬度试验第 1 部分：试验方法》。

4. 对维氏硬度计的要求

维氏硬度计有很多类，常用的一般都是数显式（图 2-10）。维氏硬度计的质量直接影响着维氏硬度试验结果的准确性，因此对维氏硬度计各项指标在标准中均有明确的要求。在 GB/T 4340.2《金属维氏硬度试验 第 2 部分：硬度计的检验》中，规定了对维氏硬度计的直接检验和间接检验方法。直接检验一般由有资质的计量部门进行。当硬度计安装、拆卸或者重新安装或装配时，都应该进行直接检验，一般周期不超过一年。间接检验可以作为对硬度计的日常检查，检查的周期可以根据硬度计工作状态和使用频率来定，但是一般也不超过一年。

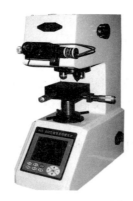

图 2-10 维氏硬度计

这里主要介绍维氏硬度计的间接检验。间接检验也称综合检验，检验时一般按照 GB/T 4340.3 标定的标准硬度块来进行。

检验方法的具体要求如下。

① 当硬度计有几种试验力时，一般至少选用两个试验力进行检验，并且其中的一个力应为硬度计最常用的试验力。对选取的每一个试验力，应从不同的硬度范围选取两块不同的硬度块。

② 当所检验的硬度计只有一种试验力时，应选用高、中、低三块硬度块对设备进行检验。

③ 特殊情况（如试验前的检验）时可以仅在一个硬度值下进行检验，但是检验的硬度值应与待做试验的硬度值接近。

④ 在每个标准块上应压出并测量五个压痕，试验应按照 GB/T 4340.1 进行。所检硬度计的示值重复性误差应满足表 2-3 的要求。

表 2-3　硬度计的示值重复性误差

标准块的硬度	硬度计示值重复性误差的最大允许值						
	$\overline{d}$			HV			
	HV5～HV100	HV0.2～HV5	＜HV0.2	HV5～HV100		HV0.2～HV5	
				标准块的硬度	HV	标准块的硬度	HV
≤225HV	$0.03\overline{d}$	$0.06\overline{d}$	$0.06\overline{d}$	100	6	100	12
				200	12	200	24
＞225HV	$0.02\overline{d}$	$0.04\overline{d}$	$0.06\overline{d}$	250	10	250	20
				350	14	350	28
				600	24	600	48
				750	30	750	60

注：$\overline{d}=\dfrac{d_1+d_2+d_3+d_4+d_5}{5}$。

5. 对试样的要求

试样的质量和相关一些要求对维氏硬度结果有明显的影响，因此标准中对试样表面质量、试样厚度以及在曲面上试验的要求都有明确的规定。

① 试样的表面应平坦光滑，试验面上应无氧化皮及外来污物，尤其不应有油脂（除非产品有特殊规定）。为了保证对压痕对角线的精确测量，试样表面应抛光处理。

② 制备试样时应使由于过热或冷加工等因素对试样表面硬度的影响减至最小。

③ 由于显微维氏硬度压痕很浅，加工试样时建议根据材料特性进行抛光/电解抛光。

④ 试样或试验层的厚度（如渗碳层）至少应为压痕对角线长度的1.5倍。试验后试样背面不应出现可见变形。

⑤ 对于曲面试样，应对试验结果进行修正。

⑥ 对于小截面或外形不规则的试样，可将试样镶嵌或使用专用的试台进行试验。

6. 试验程序

① 试验一般在10～35℃室温下进行，对于温度要求严格的试验，应为（23±5）℃。

② 应选用表2-4中给出的试验力进行试验。

③ 试验台清洁且无其他污物（氧化皮、油脂、灰尘等）。试样应稳固地放置于刚性试验台上以保证试验过程中试样不产生位移。

④ 使压头与试样表面接触，垂直于试验面施加试验力，加力过程中不应有冲击和振动，直至将试验力施加至规定值。从加力开始至全部试验力施加完毕的时间应在2～8s之间。对于小力值维氏硬度试验和显微维氏硬度试验，加力过程不能超过10s且压头下降速度不应大于0.2mm/s。对于显微维氏硬度试验，压头下降速度应在15～70μm/s之间。试验力保持时间为10～15s。对于特殊材料试样，试验

力保持时间可以延长，直至试样不再发生塑性变形，但应在硬度试验结果中注明且误差不超过 2s。在整个试验期间，硬度计应避免受到冲击和振动。

表 2-4　维氏硬度试验力选择

维氏硬度试验		小力值维氏硬度试验		显微维氏硬度试验	
硬度符号	试验力标称值/N	硬度符号	试验力标称值/N	硬度符号	试验力标称值/N
HV5	49.03	HV0.2	1.961	HV0.01	0.09807
HV10	98.07	HV0.3	2.942	HV0.015	0.1471
HV20	196.1	HV0.5	4.903	HV0.02	0.1961
HV30	294.2	HV1	9.807	HV0.025	0.2452
HV50	490.3	HV2	19.61	HV0.05	0.4903
HV100	980.7	HV3	29.42	HV0.1	0.9807

注：1. 维氏硬度试验可使用大于 980.7N 的试验力。

2. 显微维氏硬度试验的试验力为推荐值。

3. 其他的试验力也可以使用，如 HV2.5（24.52N）。

⑤ 任一压痕中心到试样边缘距离，对于钢至少应为压痕对角线长度的 2.5 倍。两相邻压痕中心之间的距离对于钢至少应为压痕对角线长度的 3 倍。如果两相邻压痕大小不同，应以较大压痕确定压痕间距。

⑥ 测量压痕两条对角线的长度，用其算术平均值计算或查表得出维氏硬度值，现一般都由设备直接读出。

五、 里氏硬度试验

1. 里氏硬度的特点

里氏硬度计仪器轻巧，测试简便、快速，读数方便，适于检测硬度范围很宽的金属材料，并且可以从不同方向进行测试，非常适于在现场对大型工件、组装件进行硬度测试，比肖氏硬度计有了很大的技术进步。

它的缺点是这种试验方法在国际上还没有被普遍接受，迄今还没有被国际标准化组织（ISO）采纳，试验数据在国际上还缺乏来自独立的第三方或国际组织方面的监督与复核。里氏硬度试验要求试样有一定的重量和厚度，不适于测试小工件。

里氏硬度计主要用于在现场快速测试大型的、组装的、不便移动的、不允许切割试样的工件，用于测试大型模具、大型锻造件、铸造件，可以灵活地测试大型工件不同部位的硬度，它是大型工件硬度测试上非常有效实用的检测手段，在国内有取代肖氏硬度计的趋势。

里氏硬度计不能测试表面硬化工件，通过耦合的办法测试小零件往往是不可靠的，目前有被误导测试小零件的倾向。对于中、小零件应尽量采用国际上通用的静态硬度测试方法。与肖氏硬度试验相同，里氏硬度试验结果的比较也是仅限于弹性模量相同或相近的材料。

2. 里氏硬度试验原理

里氏硬度试验是使一个保持恒定能量的冲击体弹射到静止的试样上，测量回弹时存在于试样中的残余能量，这个残余能量用来表征硬度的高低。

冲头弹射至试样上时，使试样产生弹性变形和塑性变形，当达到最大冲入速度时，由于弹性使冲头回弹，在回弹期间，冲头的动能重新转换成势能中的相应位移量，冲击和回弹过程的能量公式如下：

在弹射期间

$$mgh_A = \frac{mv_A^2}{2}$$

在回弹期间

$$mgh_R = \frac{mv_R^2}{2}$$

式中　m——冲头质量；

　　　g——重力加速度；

h_A，h_R——弹射高度和回弹高度；

v_A，v_R——弹射速度和回弹速度。

mgh_R 为残余势能。

现在一般定义里氏硬度的值为用规定质量的冲头在弹射力作用下，以一定的速度冲击试样表面，用冲头在距离试样表面 1mm 处的回弹速度与冲击速度的比值计算硬度值。公式为

$$里氏硬度 = 1000 \frac{v_R}{v_A}$$

3. 里氏硬度试验方法

目前在用的里氏硬度试验方法为 GB/T 17394.1—2014《金属材料里氏硬度试验　第 1 部分：试验方法》。

4. 对里氏硬度计的要求

里氏硬度计一般由冲击装置、显示装置和记录装置组成。其中冲击装置是里氏硬度计的关键，它的质量直接影响数据的准确性和正确性。

各种型号的里氏硬度计的冲击装置在结构上大体相同，常用里氏硬度计见图 2-11。

里氏硬度计可配置六种不同的冲击装置，D 型为基本型，适用于普通硬度检测，其余五种用于各种特殊场合的硬度检测。下面为各种冲击装置的特点。

① D 型冲击装置属于通用型，大多数检测都使用 D 型冲击装置。

② DC 型冲击装置很短，采用特殊的加力环，其他与 D 型冲击装置相同。一

般用于测量小空间内的硬度，如内孔、圆柱筒内等。

③ D+15 型冲击装置头部非常细小，测量线圈后移，一般用于检测沟槽或凹表面的硬度。

④ E 型冲击装置用人造金刚石制作冲头，一般用于检测极硬材料的硬度。

⑤ C 型冲击装置冲击能量较小，一般用于检测表面层、薄壁件硬度。

⑥ G 型冲击装置测量头部加大，冲击能量较大，对表面质量要求较宽，一般用于检测大型铸件和锻件的硬度。

图 2-11 里氏硬度计

另外，对里氏硬度计示值误差及重复性也有要求，具体见表 2-5。

表 2-5 里氏硬度计示值误差及重复性

冲击装置类型	里氏硬度值	示值误差	重复性
D 型	490～830HLD	±12HLD	12HLD
DC 型	490～830HLDC	±12HLDC	12HLDC
G 型	460～630HLG	±12HLG	12HLG
C 型	550～890HLC	±12HLC	12HLC

5. 对试样的要求

在金属里氏硬度试验中，试样的制备、形状、重量以及表面状态对试验结果都有显著的影响。因此，标准中对试样各方面的各种影响因素都作了规定。

① 对试样表面的状态和质量，里氏硬度试验标准中规定：试样的试验面最好为平面，试验面应具有金属光泽，不应有氧化皮及其他污物，试样的表面粗糙度应符合表 2-6 的规定。

表 2-6 试样的表面粗糙度

冲击装置类型	试样表面粗糙度 $Ra/\mu m$
D、DC 型	≤1.6
G 型	≤6.3
C 型	≤0.4

试样是凹、凸圆柱面时，对于里氏硬度试验结果的影响来自两个方面：一方面是冲击瞬间的表面状态的影响；另一方面是冲头打在试样上瞬间位置差的影响。

里氏硬度标准对曲面试样作了如下规定：对于表面为曲面的试样，应使用适当的支撑环，以保证冲头冲击瞬间位置偏差在±0.5mm 之内。

对于凹、凸圆柱面或球面试样，其表面曲率半径应符合表 2-7 的规定。

表 2-7　凹、凸圆柱面或球面试样表面曲率半径

冲击装置类型	表面曲率半径/mm
D、DC 型	≥30
G 型	≥50

为了保证里氏硬度结果的准确性，试样表面最好为光滑平面，这是因为里氏硬度计的冲头仅仅在落到试样试验面的瞬间处于导管中规定的位置使用才是正确的。

② 里氏硬度试验中还有一个主要要求，那就是试样的重量。试样的重量一定要足够重，以保证在冲击瞬间试样不会产生位移或变形。

③ 在考虑试样重量时还应考虑试样的厚度和表面硬化层厚度问题。有时试样的重量虽然很大，但是由于较薄部分或凸出部分在冲头冲击时会产生不同程度的位移或弹动，仍会对硬度值产生影响。规定表面硬化层深度不大于 0.8mm。

6. 试验程序

（1）检查硬度计　为了保证硬度计的工作状态是正常的，在试验前应对硬度计进行检查。一般都是检测与要试验的试样硬度值相接近的硬度块，看其是否在要求范围内，具体要求见表 2-8。

表 2-8　标准硬度块的选择

硬度计的状况	D 型及其他硬度计示值检定范围/HLD	G 型硬度计示值检定范围/HLD
出厂、修理后的硬度计	790±40 630±40 530±40	590±40 500±40
使用中的硬度计	790±40 530±40	590±40

当检定的里氏硬度计示值误差在表中规定的范围时，则表明硬度计是符合要求的，可以使用。

（2）试样的支撑与耦合　对于大面积板材、长杆、弯曲件等试样，在试验时应予适当的支撑及固定，以保证冲击时不产生位移及弹动。

对于需要耦合的试样，试验面应与支撑面平行，试样背面和支撑面必须平坦光滑，在耦合平面上涂以适量的耦合剂，使试样与支撑面在垂直于耦合面的方向上成为承受压力的刚性整体。试验时，冲击方向必须垂直于耦合平面。建议用凡士林作为耦合剂。

（3）试验操作　目前采用的里氏硬度计，一般都按照以下程序进行检测。

① 向下推动加载套或用其他方式锁住冲击体。

② 将冲击装置支撑环紧紧地压在试样表面上，冲击方向应与试验面垂直。

③ 平稳地按动冲击装置释放按钮。

④ 读取硬度值。

对试样的每个测量位置一般来说都要进行五次试验，且数据分散不应超过平均值的±15HL。

（4）压痕间距的规定　理论上，每个压痕形成后，在压痕的周围都会有一定的变形硬化区，如果压痕太近，则对硬度值有相对的影响；另外，当压痕距试样边缘太近时，压痕靠边缘部分会产生变形，影响硬度值的准确性，因此 GB/T 17394 中对压痕之间的距离以及压痕距试样边缘的距离作了规定，见表 2-9。

表 2-9　压痕之间的距离以及压痕距试样边缘的距离

冲击装置类型	两压痕中心间距离(不小于)/mm	压痕中心距试样边缘距离(不小于)/mm
D 型、DC 型	3	5
G 型	4	8
C 型	2	4

第三节　冲击试验

一、概述

冲击试验是用来评价材料在高速载荷状态下的韧性或对断裂的抵抗能力的试验。金属的冲击韧性通常随加载速度提高而减小。材料在快速加载的情况下，在很多情况下，由于塑性变形的速度跟不上应力增加的速度，因此随着加载速度的增加，材料的性能变化的总趋势是强度指标升高，塑性指标则有所降低，材料的脆性增加了。冲击试样所消耗的冲击功不仅取决于材料的强度，而且还取决于材料在冲断过程中所发生的变形。因此，冲击韧性是材料强度和塑性的综合尺度，是一个能量指标。

冲击试验可分为摆锤式（包括简支梁式和悬臂梁式）、落球（落锤）式和高速拉伸冲击试验等。不同材料、不同用途制品可选择不同的试验方法。这里主要介绍摆锤式冲击试验。

摆锤式冲击试验主要测定金属的冲击吸收功、脆性断面率、冲击吸收功-温度曲线、韧性转变温度。

二、夏比摆锤冲击试验原理及定义

1. 金属夏比摆锤冲击试验原理

摆锤式冲击试验测试原理——简支梁冲击和悬臂梁冲击（图 2-12）：简支梁冲击试验是用摆锤打击简支梁试样的中央，试样受到冲击而断裂，试样断裂时单位面积或单位宽度所消耗的冲击功即为冲击强度；悬臂梁冲击试验是用摆锤打击有缺口的悬臂梁的自由端，试样受到冲击而断裂，试样断裂时单位面积或单位宽度所消耗的冲击功即为冲击强度。

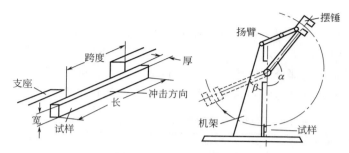

图 2-12　冲击试验原理

2. 金属夏比摆锤冲击相关定义

冲击吸收功：规定形状和尺寸的试样在冲击试验力一次作用下折断时所吸收的功。

脆性断面率：脆性断口面积占试样断口总面积的百分比。

冲击吸收功-温度曲线：在一系列不同温度的冲击试验中，冲击吸收功与试验温度的关系曲线。

韧性转变温度：在一系列不同温度的冲击试验中，冲击吸收功急剧变化或断口韧性急剧转变的温度区域。

三、 冲击试验设备

常用的冲击设备有机械式和微机控制式，如图 2-13 所示。

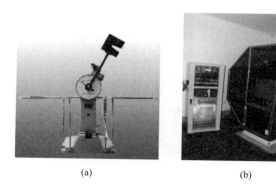

(a)　　　　　　　　　　　(b)

图 2-13　常用的冲击设备

1. 设备的一般要求

所有测量仪器均应溯源至国家或国际标准。这些仪器应在合适的周期内进行校准。

2. 设备的安装及检验

试验机应按 GB/T 3808 或 JJG 进行安装及检验。

3. 摆锤刀刃

摆锤刀刃半径应为 2mm 和 8mm 两种。用符号的下标数字表示，即 KV_2 或 KV_8。摆锤刀刃半径的选择应参考相关产品标准。

对于低能量的冲击试验，一些材料用 2mm 或 8mm 摆锤刀刃试验测定的结果有明显不同，2mm 摆锤刀刃的结果可能高于 8mm 的摆锤刀刃结果。

四、 试样要求

1. 一般要求

标准尺寸冲击试样长度为 55mm，横截面为 10mm×10mm 的方形。在试样长度中间有 V 形或 U 形的缺口。

如果材料不够制备标准尺寸试样，可使用宽度为 7.5mm、5mm 或 2.5mm 的小尺寸试样。在用小尺寸试样时，如果样品为低能量冲击试验，应在支座上放置适当厚度的垫片，使试样的打击中心高度为 5mm。

试样表面的粗糙度 Ra 应优于 $5\mu m$，端部除外。

对于需要热处理的试验材料，应在最后精加工前进行热处理，除非已知两者顺序改变不会导致性能的差别。

2. 缺口几何形状

缺口合适与否直接关系到检测结果，因此对缺口的制备应仔细，以保证缺口根部处没有影响吸收能的加工痕迹。一般加工缺口优先选用缺口拉槽机。

V 形缺口应有 45°夹角，其深度为 2mm，底部曲率半径为 1mm。

U 形缺口深度应为 2mm 或 5mm（除非有特殊要求），底部曲率半径为 1mm。

3. 试样的制备

试样样坯的切取应按相关产品标准或 GB/T 2975 的规定执行，试样制备过程应使由于过热或冷加工而改变材料冲击性能的影响减至最小。

4. 试样的标记

试样的标记应远离缺口，不应标在与支座、砧座或摆锤刀刃接触面上。试样标记应避免塑性变形和表面不连续性对冲击吸收能量的影响。

五、 试验程序

① 试样应紧贴试验机砧座，锤刃沿缺口对称面打击试样缺口的背面，试样缺口对称面偏离两砧座之间的中心应不大于 0.5mm。

试验前应检查砧座跨距，砧座跨距应保证在 $40^{+0.2}_{0}$ mm 之内。

② 测量试样宽度和厚度，精确到 0.02mm。

③ 冲击能使试样破坏时，能量消耗应在 10%～80% 之间，在几种摆锤进行选

择时，应选择大能量。

不同冲击能量的摆锤，测得结果不能比较。

国家标准中规定冲击速度为 2.9m/s 和 3.8m/s。

④ 试验机空击试验调零。

⑤ 试样横放在试验机的支点上，并释放摆锤，使其冲击试样的宽面。

⑥ 锤头应与试样的整个宽度相接触，接触线应与试样纵轴垂直，误差不大于 1.8rad。

⑦ 摆锤冲击后回摆时，使摆锤停止摆动，并立即记下刻度盘上的指示值或者微机显示数值。数值应至少估到 0.5J 或者 0.5 个标度单位（取两者之间的较小值）。试验结果应至少保留两位有效数字。

⑧ 试样被击断后，观察其断面，如因有缺陷而被击断的试样应作废。

⑨ 每个试样只能受一次冲击，如试样未断时，可更换试样再用较大能量的摆锤重新进行试验。

第四节　压缩试验

一、　概述

压缩试验是在规定的试验条件下，用静压缩力对试样轴向压缩，在试样不发生屈服下测量力和相应的变形（缩短），测定其力学性能的试验。压缩试验用于测定金属材料单向压缩的规定非比例压缩应力、规定总压缩力、屈服点、弹性模量及脆性材料的抗压强度。

二、　压缩设备

通常用万能材料试验机进行试验。

三、　压缩试验方法

目前在用的标准为 GB/T 7314—2005《金属材料　室温压缩试验方法》。

四、　压缩试样

对于低碳钢和铸铁类金属材料，按照 GB/T 7314 的规定，金属材料的压缩试样多采用圆柱体，如图 2-14 所示。试样的长度 L 一般为直径 d 的 2.5～3.5 倍，其直径 $d=10～20mm$。也可采用正方形柱体试样，如图 2-15 所示。要求试样端面应尽量光滑，以减小摩擦阻力对横向变形的影响。

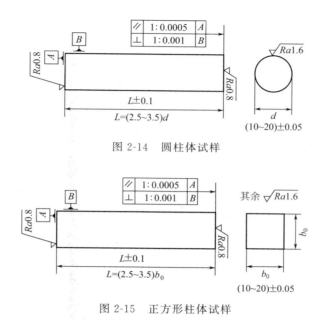

图 2-14 圆柱体试样

图 2-15 正方形柱体试样

五、 试验原理

钢铁及其合金材料一般分为塑性和脆性两类，下面就以低碳钢和铸铁为例进行描述。

1. 低碳钢试验原理

以低碳钢为代表的塑性材料，轴向压缩时会产生很大的横向变形，但由于试样两端面与试验机支撑垫板间存在摩擦力，约束了这种横向变形，故试样出现显著的鼓胀效应，如图 2-16 所示。为了减小鼓胀效应的影响，通常的做法是除了将试样端面制作得光滑以外，还可在端面涂上润滑剂以利最大限度地减小摩擦力。低碳钢试样的压缩曲线如图 2-17 所示，由于试样越压越扁，则横截面面积不断增大，试样抗压能力也随之提高，故曲线是持续上升为很陡的曲线。从压缩曲线上可以看出，塑性材料受压时在弹性阶段的比例极限、弹性模量和屈服阶段的屈服点（下屈服强度）同拉伸时是相同的。但压缩试验过程中到达屈服阶段时不像拉伸试验时那样明显，因此要认真仔细观察才能确定屈服荷载 F_{eL}，从而得到压缩时的屈服点强度（或下屈服强度）$R_{eL} = F_{eL}/S_0$。由于低碳钢类塑性材料不会发生压缩破裂，因此一般不测定其抗压强度（或强度极限）R_m，而通常认为抗压强度等于抗拉强度。

2. 铸铁试验原理

对铸铁类脆性金属材料，压缩实验时利用试验机的自动绘图装置，可绘出铸铁试样压缩曲线，如图 2-18 所示，由于轴向压缩塑性变形较小，呈现出上凸的光滑曲

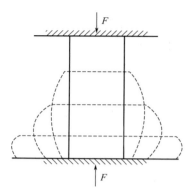

图 2-16　低碳钢压缩时的鼓胀效应

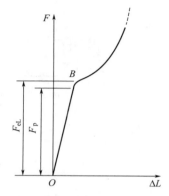

图 2-17　低碳钢压缩曲线

线，压缩图上无明显直线段、无屈服现象，压缩曲线较快达到最大压力 F_m，试样就突然发生破裂。将压缩曲线上最高点所对应的压力值 F_m 除以原试样横截面面积 S_0，即得铸铁抗压强度 $R_m = F_m / S_0$。在压缩试验过程中，当压应力达到一定值时，试样在与轴线成 $45°\sim55°$ 的方向上发生破裂，如图 2-19 所示，这是由于铸铁类脆性材料的抗剪强度远低于抗压强度，从而使试样被剪断所致。

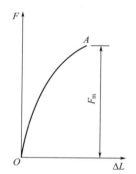

图 2-18　铸铁压缩曲线

图 2-19　铸铁压缩破坏

六、 试验程序

① 用游标卡尺在试样两端及中间三处两个相互垂直方向上测量直径，并取其算术平均值，选用三处中的最小直径来计算原始横截面面积 S_0。

② 根据塑性材料屈服荷载和脆性材料最大实际压力的估计值（它应是满量程的 $40\%\sim80\%$）对试验机的基本要求，经国家计量部门定期检验后应达到 1 级或优于 1 级准确度，试验时所使用力的范围应在检验范围内。

③ 将试样端面涂上润滑剂后，再将其准确地置于试验机活动平台的支撑垫板中心处。对上、下支撑垫板的平面度，要求 100mm 应小于 0.01mm。

④ 调整好试验机夹头间距，当试样端面接近上支撑垫板时，开始缓慢、均匀加载。在加载试验过程中，其试验速度总体要求应是缓慢、均匀、连续地进行加

载，具体规定速度为 0.5～0.8MPa/s。

⑤ 对于塑性材料试样，若将试样压成鼓形即可停止试验。对于脆性材料试样，加载到试样破裂时（可听见响声）立即停止试验，以免试样进一步被压碎。

⑥ 进行脆性材料试样压缩时，注意在试样周围安放防护网，以防试样破裂时碎渣飞出伤人。

⑦ 记录试验结果。

第五节 弯曲试验

一、 基本原理

弯曲试验是以圆形、方形、矩形或多边形横截面试样在弯曲装置上经受弯曲塑性变形，不改变施加力方向，直至达到规定的弯曲角度。

弯曲试验时，试样两臂的轴线保持在垂直于弯曲轴的平面内，如为弯曲180°角的弯曲试验，按照相关产品标准的要求，可以将试样弯曲至两臂直接接触或两臂相互平行且相距规定距离，可使用垫块控制距离。

二、 弯曲设备

弯曲试验可用压力机、特殊试验机、万能试验机或圆口虎钳等设备进行。试验过程中应平稳地对试样施加压力。

三、 弯曲试验方法

1. 标准

目前在用的弯曲试验方法有 GB/T 232—2010《金属材料 弯曲试验方法》、GB/T 244—2008《金属管材弯曲试验方法》。

2. 试验步骤

试样按图 2-20 及图 2-21 的条件进行弯曲。在作用力下的弯曲程度可分为下列三种类型。

① 达到某规定角度 α 的弯曲（图 2-22）。

② 绕着弯心弯到两面平行的弯曲（图 2-23）。

此时弯心直径 d 必须符合有关标准的规定，其长度必须大于试样的宽度。两支持辊间的距离应约等于 $d + 2.1a$（图 2-21）。

③ 弯曲两面重合的弯曲（图 2-24）。

上述任一类型的弯曲，必须在有关标准中规定。

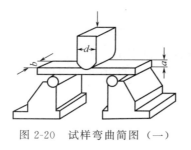

图 2-20　试样弯曲简图（一）

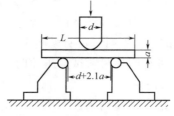

图 2-21　试样弯曲简图（二）

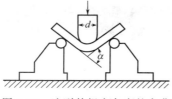

图 2-22　达到某规定角度的弯曲

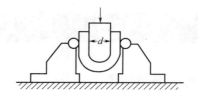

图 2-23　绕着弯心弯到两面平行的弯曲

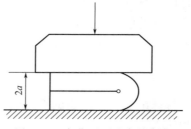

图 2-24　弯曲两面重合的弯曲

3. 试验结果评定

弯曲后检查试样弯曲处的外面及侧面，在有关标准未作具体规定的情况下，一般如无裂缝、裂断或起层即认为试样合格。

第六节　蠕变试验

一、基本原理

将试样加热至规定温度，沿试样轴线方向施加恒定拉伸力或恒定拉伸应力（是指在整个试验过程中任一时刻施加在试样上的试验力与试样横截面面积之比保持恒定，通常来说，恒定应力和恒定试验力的试验所获得的结果不同）并保持一定时间获得以下结果：规定蠕变伸长（连续试验）；通过试验获得适当间隔残余塑性伸长值（不连续试验）；蠕变断裂时间（连续或不连续试验）。

二、 定义和计算公式

蠕变：在一定温度下，金属受持续应力的作用而产生缓慢的塑性变形的现象称为金属的蠕变。

蠕变应力：引起蠕变的应力称为蠕变应力。

蠕变断裂：在持续蠕变应力作用下，蠕变变形逐渐增加，最终可以导致断裂，这种断裂称为蠕变断裂。导致断裂的初始应力称为蠕变断裂应力。

静态蠕变试验：常规的蠕变试验是专门研究在恒定载荷及恒定温度下的蠕变规律，为了与变动情况相区别，把这种试验称为静态蠕变试验。

蠕变伸长率：在规定温度下，t 时刻参考长度的增量（ΔL_{rt}）和原始参考长度（L_{r0}）之比的百分率称为蠕变伸长率，即

$$A_f = \frac{\Delta L_{rt}}{L_{r0}} \times 100$$

三、 蠕变试验设备

蠕变试验设备如图 2-25 所示。

四、 蠕变试验方法

目前在用的标准为 GB/T 2039—2012《金属材料 单轴拉伸蠕变试验方法》。

五、 试验程序

① 测定试样平行距部分的最小横截面面积。

② 将试样的平行距部分以及与夹具接触的部分仔细地在清洁的酒精、丙酮或其他不影响试验金属的适当溶剂中清洗。

③ 把热电偶安装到试样上时，热电偶接点必须与试样紧密接触，并且屏蔽辐射。

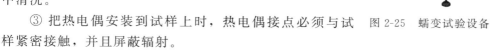

图 2-25 蠕变试验设备

④ 当平行距部分的长度等于或小于 50mm 时，试样上至少要绑两支热电偶，在此长度的两端各绑一支。当长度超过 50mm 时，应在中部增加第三支热电偶。

⑤ 开始试验前，应在到温后保持一段时间，以保证试验的温度达到平衡。除另有规定，此保持时间不应少于 1h。在试验报告中应说明达到试验温度的时间及加载前保温的时间。

⑥ 将试样装到试验机上时应注意不要引起非轴向力。例如，螺纹接头不应拧

到螺纹的末端或拧到底。如果螺纹配合不紧，可轻轻在试样上加载，人为地使其在横向移动，并使其停留在活动范围的中心。如果炉口要填塞，不可太紧，以免引伸杆或拉杆发生位移，或使其运动受到限制。

⑦ 试样加热以前和加热过程中，可施加试验负载的一小部分（不超过10％），这样做可以使由于堵塞加热炉和热电偶导线的侧向力所引起的试样和拉杆位移减小，从而改善加载的轴向性。

加载方式应避免由于惯性引起过载。负载可以增量递加，在两个增量之间取变形读数，以提供加载时的应力-变形数据。施加负载所用的时间尽可能缩短。

在试验结束时测量卸载时的瞬时收缩来确定总伸长中的弹性部分。

如果一次试验由于某种原因而中断了，那么要在试验报告中记录重新开始试验时的各种情况。在试验时要减少负载增量来防止试样的超载。

⑧ 结果计算。

a. 报出的应力值应等于施加到试样上的恒定轴向负载值除以试验前在室温下测量的最小横截面面积。

b. 将伸长量除以试样加载前在室温下测出的引伸计标距来计算变形。

如果引伸计连接到试样平行距部分，则引伸计的标距为连接点之间的距离。

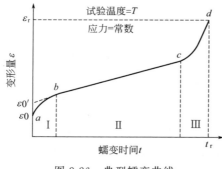

图 2-26　典型蠕变曲线

当引伸计附着于试样凸台时，这样记录的测量值包括过渡圆弧和凸台到引伸计连接点之间的变形。对于这个附加的变形，希望加以修正。

c. 绘出蠕变或总塑性变形-时间曲线（图 2-26）。如果曲线在减速区后出现加速区，则通常在最小斜率处对曲线作切线，此切线与蠕变曲线重合的线段称为第二蠕变区。从该曲线可得到下列结果：最小蠕变速率；切线与变形轴在时间为零时的截距；第二蠕变阶段开始的时间；第二蠕变阶段结束的时间。

第七节　疲劳试验

一、概述

在足够大的交变应力作用下，金属构件外形突变、表面刻痕或内部缺陷等部位，都可能因较大的应力集中引发微观裂纹。分散的微观裂纹经过集结、沟通将形成宏观裂纹。已形成的宏观裂纹逐渐缓慢地扩展，构件横截面逐步削弱，当达到一定限度时，构件会突然断裂。金属因交变应力引起的上述失效现象，称为金属的疲劳。

静载下塑性很好的材料，当承受交变应力时，往往在应力低于屈服极限没有明显塑性变形的情况下，突然断裂。疲劳断口（图 2-27 和图 2-28）明显地分为两个区域：较为光滑的裂纹扩展区和较为粗糙的断裂区。裂纹形成后，交变应力使裂纹的两侧时而张开时而闭合，相互挤压反复研磨，光滑区就是这样形成的。载荷的间断和大小的变化，在光滑区留下多条裂纹前

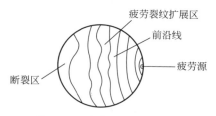

图 2-27 疲劳试样断口示意

沿线。至于粗糙的断裂区，则是最后突然断裂形成的。统计数据表明，机械零件的失效，约有 70% 是疲劳引起的，而且造成的事故大多数是灾难性的。因此，通过实验研究金属材料抗疲劳的性能是有实际意义的。

疲劳可以按不同方法进行分类：按应力状态不同可分为弯曲疲劳、扭转疲劳、拉压疲劳及复合疲劳；按环境和接触情况不同可分为大气疲劳、腐蚀疲劳、高温疲劳、热疲劳、接触疲劳；按断裂寿命和应力高低不同可分为（一般都采用此方法）高周疲劳（循环周次大于 10^5，属低应力疲劳）和低周疲劳（循环周次 $10^2 \sim 10^5$，属高应力疲劳或应变疲劳）。

疲劳断裂与静载荷断裂或一次冲击加载断裂相比，具有以下特点：疲劳断裂是低应力循环延时断裂，即具有寿命的断裂；疲劳断裂是突然断裂，即脆性断裂，断裂前没有明显的征兆；对缺陷（缺口、裂纹及组织缺陷）十分敏感。

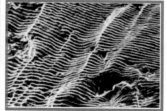

轴的疲劳断口　　　　　疲劳辉纹(扫描电镜照片)

图 2-28 典型疲劳断口

二、 疲劳试验设备

疲劳试验机 [包括纯弯曲疲劳试验机（图 2-29）和轴向拉压疲劳试验机等（图 2-30）]。

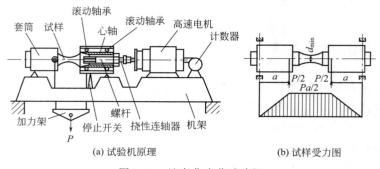

(a) 试验机原理　　　　　　　　(b) 试样受力图

图 2-29　纯弯曲疲劳试验机

图 2-30　轴向拉压疲劳试验机

三、 疲劳试验方法

目前在用的试验方法有 GB/T 3075《金属轴向疲劳试验方法》、GB/T 4337《金属旋转弯曲疲劳试验方法》、GB/T 15248《金属材料轴向等幅低循环疲劳试验方法》等。

这里主要讲金属旋转弯曲疲劳试验方法。这种方法在试样数量受限制的情况下，可用于近似地测定 S-N 曲线和粗略地估计疲劳极限。更精确地确定材料抗疲劳的性能应采用升降法。

单点试验法至少需 8～10 根试样，第一根试样的最大应力 $\sigma_1 = (0.6\sim0.7)\ \sigma_b$，经 N_1 次循环后失效。取另一试样使其最大应力 $\sigma_2 = (0.40\sim0.45)\ \sigma_b$，若其疲劳寿命 $N_2 < 10^7$，则应降低应力再进行试验，直至在 σ_2 作用下，$N_2 > 10^7$。这样，材料的持久极限 σ_{-1} 在 σ_1 与 σ_2 之间。在 σ_1 与 σ_2 之间插入 4～5 个等差应力水平，它们分别为 σ_3、σ_4、σ_5、σ_6，逐级递减进行试验，相应的寿命分别为 N_3、N_4、N_5、N_6。这就可能出现两种情况：与 σ_6 相应的 $N_6 < 10^7$，持久限在 σ_2 与 σ_6 之间，这时取 $\sigma_7 = \frac{1}{2}\ (\sigma_2 + \sigma_6)$ 再试，若 $N_7 < 10^7$，且 $\sigma_7 - \sigma_2$ 小于控制精度 $\Delta\sigma *$，即 $\sigma_7 - \sigma_2 < \Delta\sigma *$，则持久极限为 σ_7 与 σ_2 的平均值，即 $\sigma_{-1} = \frac{1}{2}\ (\sigma_7 + \sigma_2)$，若 $N_7 > 10^7$，且 $\sigma_6 - \sigma_7 \leqslant \Delta\sigma *$，则 σ_{-1} 为 σ_7 与 σ_6 的平均值，即 $\sigma_{-1} = \frac{1}{2}\ (\sigma_7 + \sigma_6)$。与 σ_6 相应的 $N_6 > 10^7$，这时以 σ_6 和 σ_5 取代上述情况的 σ_2 和 σ_6，用相同的方法确定持久极限。

四、 试样的制备

同一批试样所用材料应为同一牌号和同一炉号，并要求质地均匀没有缺陷。疲劳强度与试样取料部位、锻压方向等有关，并受表面加工、热处理等工艺条件的影响较大。因此，试样取样应避免在型材端部，对锻件要取在同一锻压方向或纤维延伸方向。同批试样热处理工艺相同。切削时应避免表面过热，引起较大残余应力。不能有周线方向的刀痕，试样的试验部位要磨削加工，表面粗糙度 Ra 为 $0.8\sim0.2\mu m$。过渡部位应有足够的过渡圆角半径。

圆弧形光滑试样如图 2-31 所示，其最小直径为 $7\sim10mm$，试样的其他外形尺寸，因疲劳试验机不同而异，没有统一规定。

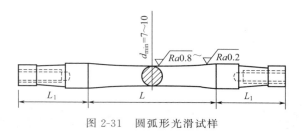

图 2-31　圆弧形光滑试样

五、 试验步骤

将 $M=\dfrac{1}{2}Pa$ 和 $I=\dfrac{\pi d_{\min}}{64}$ 代入式 $\left(\sigma_{\max}=\dfrac{Md_{\min}}{2I}, \ \sigma_{\min}=-\dfrac{Md_{\min}}{2I}\right)$，求得最小直径截面上的最大弯曲正应为

$$\sigma=\dfrac{\dfrac{1}{2}Pad_{\min}}{2\dfrac{\pi d_{\min}^{4}}{64}}=\dfrac{P}{\dfrac{\pi d_{\min}^{3}}{16a}}$$

令 $K=\dfrac{\pi d_{\min}^{3}}{16a}$，则上式可改写为

$$P=K\sigma \tag{1}$$

K 称为加载乘数，它可根据试验机的尺寸 a 和试样的直径 $d_{\min}$ 事先算出，并制成表格。在试样的应力 σ 确定后，便可计算出应施加的载荷 P。载荷中包括套筒、砝码盘和加力架的重量 G，所以，应加砝码的重量实为

$$P'=P-G=K\sigma-G \tag{2}$$

现将试验步骤简述如下：测量试样最小直径 $d_{\min}$；计算或查出 K 值；根据确定的应力水平 σ，由式（2）计算应加砝码的重量 P'；将试样安装于套筒上，拧紧两根连接螺杆，使之与试样成为一个整体；连接挠性联轴器；加上砝码；开机前托起砝码，在运转平稳后，迅速无冲击地加上砝码，并将计数器调零；试样断裂后记

下寿命 N，取下试样描绘疲劳破坏断口的特征。

　　试验时应注意的事项：未装试样前禁止启动试验机，以免挠性联轴器甩出；试验进行中如发现连接螺杆松动，应立即停机重新安装。

六、 试验结果处理

　　① 下列情况试验数据无效：载荷过高致试样弯曲变形过大，造成中途停机；断口有明显夹渣致使寿命偏低。

　　② 将所得试验数据列表；然后以 $\lg N$ 为横坐标，σ_{max} 为纵坐标，绘制光滑的 $S\text{-}N$ 曲线，并确定 σ_{-1} 的大致数值。

　　③ 报告中绘出破坏断口，指出其特征。

第八节　磨损试验

一、 概述

　　在一定试验力及转速下对规定形状和尺寸的试样进行干摩擦或在液体介质中润滑摩擦，经规定转速或时间后，测定其磨损量及摩擦因数。物体之间摩擦按所处的状态可分为静摩擦和动摩擦，按运动特征可分为滑动摩擦、滚动摩擦和滑动滚动复合摩擦。

　　摩擦过程一般分为三个阶段：磨合阶段，在摩擦运动开始时，由于摩擦时相对两表面之间的接触不良，实际接触面积很小，单位面积上的比压很大，所以磨损很快；稳定磨损阶段，一般依据该阶段的时间长短来评定材料磨损性的优劣；剧烈磨损阶段，这段时间接触面之间的间隙逐渐扩大，表面质量下降，润滑剂薄膜被破坏，引起剧烈振动，由于工作条件的恶化磨损重新加剧。

二、 定义与计算公式

　　磨损：物体表面相接触并作相对运动时，材料自该表面逐渐消失的现象。

　　质量磨损：磨损试验后试样失去的质量。

$$m = m_0 - m_1$$

式中　　m——磨损质量，mg；

　　　　m_0——磨前质量，mg；

　　　　m_1——磨后质量，mg。

　　体积磨损：磨损试验后试样失去的体积。

摩擦因数：当两个相互接触的物体有相对滑动趋势时，在接触面上出现的阻碍它们相对滑动的作用，阻碍相对滑动的力称为摩擦力，两物体之间的摩擦力与正压力之比称为摩擦因数。

$$\mu = \frac{F}{N}$$

式中　μ——摩擦因数；

　　　F——摩擦力，N；

　　　N——两接触面的法向正压力，N。

静摩擦力：物体受力还能保持静止的摩擦力称为静摩擦力。它的方向与运动趋势相反，它的大小随主动力的情况而改变，介于零与最大值 F_{max} 之间，即 $0 \leqslant F \leqslant F_{max}$。

静摩擦因数：两个相互接触的物体只有相对滑动的趋势，但彼此仍保持相对的静止的最大摩擦力与两物体间正压力 N 之比称为静摩擦因数。

$$\mu_s = \frac{F_{max}}{N}$$

动摩擦力：接触物体之间有相对滑动时的摩擦力称为动摩擦力。

动摩擦因数：两个相互接触的物体处于相对滑动状态时的动摩擦力 F_d 与两物体间的正压力 N 之比称为动摩擦因数。

$$\mu_k = \frac{F_d}{N}$$

一般情况下静摩擦因数要大于动摩擦因数。金属材料的摩擦因数主要取决于材料的表面性质，通常摩擦因数不随滑动速度的大小而改变。

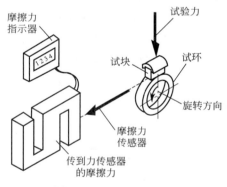

图 2-32　试验基本装置

三、　磨损试验设备

试验基本装置如图 2-32 所示。试验设备如图 2-33 所示

① 试验力示值相对误差不大于±1%，示值重复性相对误差应不大于1%。

② 摩擦力示值相对误差不大于±3%，示值重复性相对误差应不大于3%。

③ 主轴径向圆跳动误差应不大于 0.01mm。

④ 主轴径向圆位移误差应不大于 0.01mm。

⑤ 主轴轴线与工作台平面平行度有误差应不大于 0.02mm。

图 2-33　试验设备

四、 磨损试验方法

1. 标准

目前在用的磨损试验方法 GB/T 12444—2006《金属材料磨损试验方法　试环-试块滑动磨损试验》。

2. 标准中规定的试样

① 试样的制备应对原材料组织及力学性能的影响减至最小。

② 试样不应带有磁性，经磨床加工后要退磁。

③ 试样应有加工方向标记。

④ GB/T 12444—2006《金属材料磨损试验方法　试环-试块滑动磨损试验》采用的试样见图 2-34。

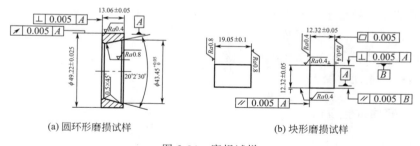

(a) 圆环形磨损试样　　　　　　　　(b) 块形磨损试样

图 2-34　磨损试样

五、 试验程序

① 试验应在 10～35℃ 范围内进行，对温度要求较严格的试验，应控制在（23±5)℃ 之内。

② 试验应在无腐蚀性气体、无振动、无粉尘的环境中进行。

③ 将试环及试块牢固地安装在试验机主轴及夹具上，试块应处于试环中心，并应保证试块边缘与试环边缘平行。

④ 启动试验机，使试环逐渐达到规定转速，平稳地将试验力施加至规定值，可以进行干摩擦，也可以加入适当润滑介质以保证试样在规定状态下正常试验，对于润滑磨损试验，试验前应对所有与润滑剂接触的零件进行清洗。

⑤ 根据需要，在试验过程中记录摩擦力。

⑥ 试验累计转数应根据材料及热处理工艺需要确定。

⑦ 对于称重的试样，试验前后用适当的清洗液以相同的方法清洗试样，建议先用三氯乙烷，再用甲醇清洗；清洗后一般在 60℃ 下进行 2h 烘干冷却至室温后，放入干燥器，立即称重。

第九节　扭转试验

一、　概述

扭转试验是测量金属材料扭转强度的。

二、　基本原理

扭转试验是材料力学试验中基本的试验之一。在进行扭转试验时，试样两端被装夹在扭转试验机的夹头上。试验机的一个夹头固定不动，另一个夹头绕轴旋转，以实现对试样施加扭转载荷。这时，从试验机上可读出扭矩 T 和对应的扭转角 ϕ。通过试验机上的自动绘图装置可绘出该试样的扭矩 T 与扭转角 ϕ 的关系曲线。

三、　试验设备

金属材料扭转试验机如图 2-35 所示。

四、　试验方法

目前在用的方法为 GB/T 10128—2007《金属材料　室温扭转试验方法》。

五、　试样

（1）形状　圆形或管形。

（2）尺寸

① 圆形　推荐直径 10mm，标距为 50mm 或 100mm，平行长度为 70mm 或

120mm。若采用其他直径，则平行长度为标距加上两倍直径（图2-36）。

② 管形 平行长度为标距加上两倍外直径。

图 2-35 金属材料扭转试验机

六、 试验步骤

① 试验应在 10～35℃ 范围内进行，对温度要求较严格的试验，应控制在 (23±5)℃ 之内。

② 试验应在无腐蚀性气体、

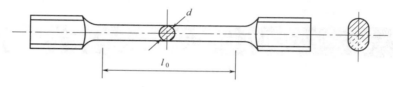

图 2-36 典型扭转试样

无振动、无粉尘的环境中进行。

③ 测量试样直径、平行长度，将试样装在试验机上。

④ 启动试验机，直至试验结束，记录所需要的试验数据。

七、 扭转试验机检测能力的拓展

在普通扭转试验机上进行技术改造，如增加不同规格的压力传感器以及不同规格的螺栓工装就可以完成钢结构工程中高强度大六角头螺栓的扭矩系数以及扭剪型螺栓的平均轴力的检测。常用螺栓见图 2-37。

(a) 大六角头高强度螺栓   (b) 扭剪型高强度螺栓

图 2-37 常用螺栓

第十节 通用设备的工装辅具

随着对产品质量要求越来越高，产品质量的检测往往不局限于原材料的检测，而对产品本身的检测越来越受到重视。产品本身的检测有些没有专机，此时就需要设计一些工装在普通试验机上完成产品检测。针对这些情况，我们自己设计了一些工装仅供参考。

一、 特殊样品维氏硬度工装

对于细丝或者小块状的产品需要检测维氏硬度而又缺少镶样设备的情况下，需要专门设计一个工装（图 2-38）来固定样品，这样不仅保证了产品的硬度检测，也降低了镶样成本。

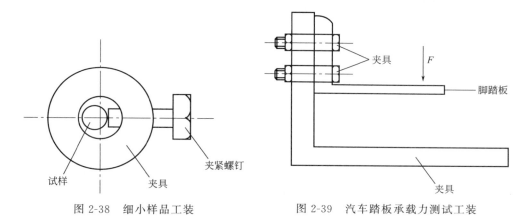

图 2-38 细小样品工装   图 2-39 汽车踏板承载力测试工装

二、 汽车零部件检测工装

随着汽车行业的飞速发展，对汽车零部件产品本身检测要求越来越高，而往往普通设备不能满足该类产品的检测要求，这就需要设计工装来完成检测。下面给出汽车踏板承载力测试工装（图 2-39）和汽车零件疲劳测试工装（图 2-40），仅供参考。

三、 螺栓抗拉强度检测工装

随着钢结构应用越来越广泛，对螺栓检测的要求也就越来越多，而往往普通设备没有专门检测螺栓的工装，这就需要设计相应的工装去完成检测，为此可以设计一套简单的工装（图 2-41）来进行此类螺栓的拉伸检测，美制、英制的螺栓及其

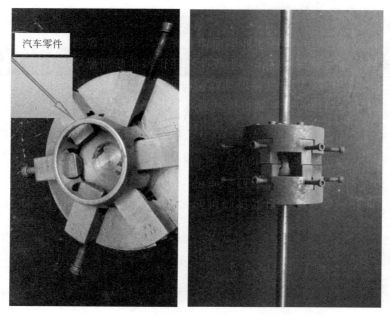

图 2-40　汽车零件疲劳测试工装

他螺钉也可以参照。

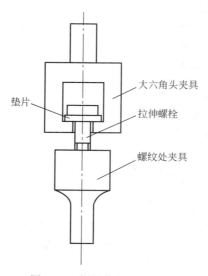

图 2-41　螺栓抗拉测试工装

第三章 金相检验技术

金相学是自然科学的一个分支，主要研究金属和合金的组织、结构以及其相关性能（GB/T 30067—2013）。最初的金相学是运用放大镜和显微镜，对金属材料的宏观及微观组织进行观察研究。宏观组织是用 10 倍以下的放大镜或者人眼直接观察到的金属材料内部所具有的各组成物的直观形貌。微观组织主要是指在光学显微镜下所观察到的金属材料内部具有的各组成物的直观形貌。随着检测设备的不断发展，金相学涉及的检测手段也从原来的光学显微镜推广到了电子显微镜及其他仪器，相应的研究领域也扩展到研究成分、组织与性能的关系。

在实际生产中，最常用到的是试样制备、记录和结果评定。试样制备、记录即为金相技术，是试验人员应具备的基本技能。结果评定是按照检测标准，对被检测样品的金相组织作出定性鉴别和定量测量，需要试验人员掌握一定的材料学知识，并对检测标准有深入理解。金相分析是利用金相技术，对生产和科研中的某些现象和事件进行金相检验，并利用金属学相关知识对检验资料加以综合分析得出科学结论。金相分析要求试验人员具备较高的金属学知识和丰富的金相检测工作经验，一般用于开展基础研究、失效分析和工艺试制等。

一、金相检验设备

1. 金相显微镜

最常用的金相检验设备是金相显微镜，按试样的放置可分为正置式金相显微镜和倒置式金相显微镜。显微镜由光学系统、照明系统、摄影系统组成。其主要附件有光源、物镜、目镜、光阑、滤色片等。

（1）放大倍数　显微镜有物镜和目镜两块透镜，光源发射的光照到样品后，经过这两块透镜的两次放大，最终成像。因此，显微镜的放大倍数（M）是物镜放大倍数（$M_物$）与目镜放大倍数（$M_目$）的乘积，即

$$M = M_物\ M_目 = \frac{L}{f_物} \times \frac{250}{f_目}$$

式中　　L——显微镜的光学镜筒长度；

　　　　$f_物$——物镜的焦距；

　　　　$f_目$——目镜的焦距。

（2）数值孔径　通常以 NA 表示，其数值大小表征物镜的聚光能力大小。数值孔径是物镜前透镜与被检物体之间介质的折射率（n）和孔径角（θ）半数的正弦之积，即

$$NA = n\sin\frac{\theta}{2}$$

（3）分辨率　是指所观察的物体上能被分开的两条线或两个点之间的最小距离，主要取决于物镜的数值孔径和照明光源波长，可用公式表达为

$$d = \frac{\lambda}{NA}$$

（4）焦深　是指在使用显微镜时，不仅位于聚焦平面的各点能清晰可见，而且要在上下一定深度内也能清晰，这个深度即为焦深，又称景深。焦深与其他技术参数的关系：放大倍数越大，焦深越小；焦深越大，分辨率越低。

（5）光阑　在显微镜中有孔径光阑和视场光阑，可通过调节这两个光阑的大小，提高影像质量。

① 孔径光阑　位于光源聚光透镜前，可调节入射光束的粗细，从而改变物镜的数值孔径，影响图像的衬度和分辨率。缩小孔径光阑，物镜分辨率降低；扩大孔径光阑，降低物像衬度。

② 视场光阑　位于孔径光阑之后，通过调节视场光阑的大小，来改变观察视场的大小，以及图像的衬度。缩小视场光阑，提高映像衬度。

（6）滤色片　是指吸收光源中的一些光，使其白光成为一定的彩色单色光。滤色片在对彩色图像进行黑白拍摄时，可增加图像衬度，提高细微部分的分辨率。同时，经过滤色片后的单色光波长越短，分辨率越高。

2. 显微硬度计

显微硬度计是通过较小的力值（1kgf 以内），将一定几何形状的金刚石压头压入材料表面，通过显微镜测量压痕对角线，从而计算硬度值。因此，显微硬度计由显微镜和硬度压入装置两部分组成。

（1）压头　按几何形状可分为两种：一种是相对面夹角为 136° 的正方锥体压头，又称维氏压头（形状见图 3-1），用该压头测量的硬度称为维氏硬度；另一种是菱面锥体压头，又称努普型压头（形状见图 3-2），由美国人 Knoop 发明，用该压头测定的硬度称为努氏硬度。

（2）维氏硬度　用 HV 表示。显微硬度以单位压痕凹陷面积所承受的载荷作为硬度值的技术指标，单位是 MPa。

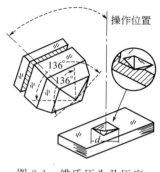

图 3-1　维氏压头及压痕

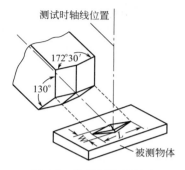

图 3-2　努氏压头及压痕

$$维氏硬度 = 0.102\frac{F}{A} = 0.102\frac{F}{\dfrac{d^2}{2\sin\dfrac{\alpha}{2}}} = 0.1891\frac{F}{d^2}$$

式中　F——压头承受的载荷；

　　　A——压痕面积；

　　　d——压痕对角线的平均长度。

（3）几点注意事项

① 加载时不应有冲击和振动。

② 试样表面应与普通金相试样的制备相同。

③ 加载时间一般为 10～15s。

④ 试验一般在 10～35℃下进行，对环境有严格要求的试样，试验温度应控制在 (23±5)℃。

⑤ 压痕中心距离试样边缘应为压痕对角线距离的 2.5～3 倍数；两相邻压痕中心之间的距离应为压痕对角线距离的 3～6 倍。

⑥ 压痕出现异常情况时（压痕呈不等边菱形、压痕拖"尾巴"，出现多个压痕，对角线不是直线等），应找出原因，避免影响硬度值的准确性。

二、 金相试样制备

1. 试样的选取

按检测目的选取试样。检验内容为非金属夹杂物，塑性变形程度等时，选取纵向试样。检验显微组织状态、晶粒度、碳化物网、氧化层深度等时，选取横向试样。当对零件进行失效分析时，应选取有缺陷的部位，包括断裂时的断口，或者裂纹的横截面。

2. 试样的镶嵌

在制样过程中，如有些试样不规整，不方便直接研磨，或者有些试样需要检验表面层厚度或组织时，避免倒角，可对试样进行镶嵌。镶嵌方法有机械镶嵌法和树脂镶嵌法，树脂镶嵌是最常用的方法，又分为有热镶和冷镶。此外还有真空镶嵌，主要用于某些多孔材料。多孔材料如果不用真空镶嵌容易出现出水现象，实验室在没有真空镶嵌机的情况下，可将试样放入酒精或丙酮中，用超声波长时间清洗，可避免出水现象。

3. 试样的磨制

研磨过程包括磨平、磨光、抛光三个步骤。磨平一般在砂轮上进行，注意浇水冷却，防止组织变化。磨光按从粗到细不同金相砂纸进行磨制，磨制过程中注意更换方向，确保消除上一道磨痕，在磨光过程中同样注意用水冷却。

4. 试样抛光

抛光方法有机械抛光、电解抛光和化学抛光。机械抛光是最常用的抛光方法，常用的磨料有金刚石研磨膏、喷雾抛光剂。抛光过程用力要均匀，且要不断变化方向，避免出现夹杂物拽尾现象。电解抛光在普通金相检验中较少应用，要对试样进行 EBSD 观察时，试样表面要求较高，一般用电解抛光。电解抛光相对于机械抛光而言，表面应力较小，有利于 EBSD 观察。化学抛光是靠化学溶解作用，得到光滑的抛光表面。操作方法简单，成本较低。

随着设备的不断更新，已出现了自动磨抛机，大大降低了试验人员的制样工作量，但相对成本较高。

5. 金相试样的浸蚀

金相试样的浸蚀包括化学浸蚀和电解浸蚀。

（1）化学浸蚀　是利用化学试剂，借助于化学或电化学作用显示金相组织。常用的化学浸蚀剂见表 3-1。

表 3-1　常用金相化学浸蚀剂

浸蚀剂名称	成分	适用范围
硝酸酒精溶液	硝酸 1~5mL 酒精 100mL	淬火马氏体、珠光体、铸铁等
苦味酸酒精溶液	苦味酸 4g 酒精 100mL	珠光体、马氏体、贝氏体、渗碳体
盐酸、苦味酸酒精溶液	盐酸 5mL 苦味酸 1g 酒精 100mL	回火马氏体及奥氏体晶粒
盐酸、硝酸溶液	盐酸 10mL 硝酸 3mL 水 100mL	高速钢回火后晶粒、氮化层、碳氮化层
氯化铁、盐酸水溶液	氯化铁 5g 盐酸 50mL 水 100mL	奥氏体-铁素体不锈钢、18-8 不锈钢

续表

浸蚀剂名称	成分	适用范围
混合酸甘油溶液	盐酸 20mL 硝酸 10mL 甘油 30mL	奥氏体不锈钢、高 Cr-Ni 耐热钢
硫酸铜、盐酸溶液	硫酸铜 5g 盐酸 50mL 水 100mL	高温合金

（2）电解浸蚀　对于一些极高化学稳定性的材料，如不锈钢、耐热钢等，用化学浸蚀很难显示它们的金相组织，这就需要电解浸蚀。电解浸蚀原理基本上与电解抛光相同。由于各相之间与晶粒之间的电极电位不同，在微弱电流作用下，各相浸蚀深浅不一，因而显示各相组织，有关电解浸蚀参数见表 3-2。

表 3-2　常用电解浸蚀参数

电解液成分	规范			用途
	电流密度/（A/cm²）	时间/s	阴极	
FeSO₄ 3g Fe₂(SO₄)₃ 0.1g 水 100mL	0.1～0.2	30～60	不锈钢	中碳钢、高合金钢、铸铁
铁氰化钾 10g 水 90mL	0.2～0.3	40～80	不锈钢	高速钢
草酸 10g 水 100mL	0.1～0.3	40～60	铂	耐热钢、不锈钢
CrO₃ 10g 水 90mL	0.2～0.3	30～70	不锈钢	高合金钢、高速钢
氢氧化钾 10g 水 90mL	4	30	不锈钢	不锈钢

第二节　钢的宏观检验技术

钢的宏观检验是借助肉眼或低倍放大镜观察和判断金属组织和缺陷的方法。其特点是检验面积大，易检查出分散缺陷，且设备及操作简易，检验速度快。因此各国标准都规定要使用宏观检验方法来检验钢的宏观缺陷。常用的宏观检验国家标准包括断口检验、硫印试验、酸蚀试验以及塔形试验等。

一、断口检验

断口检验是检测过程中最常用的宏观检验技术之一，也是失效分析的一个重要手段。断口记录着断裂方式、机制、热处理效果以及材料的内部质量，因此往往呈现各种形貌。断口检验容易发现钢中白点、过热、过烧缺陷，还可以通过断口形貌特征评价热处理效果及冶金质量等。断口检验还常常与低倍酸蚀试验结合，可避免缺陷漏检。

1. 断口检验标准

国家标准中现行有效的断口检验标准有 GB/T 1814—1979《钢材断口检验法》，适用于结构钢、滚珠钢、工具钢等，其他钢类要求进行断口检验时，也可参照该标准。GB/T 14999.3—2012《高温合金试验方法　第 3 部分：棒材纵向断口检验》，适用于高温合金。有关碳素钢和低合金钢钢板、采钢、型钢的检验标准 GB/T 2971—1982《碳素钢和低合金钢断口检验法》已作废。

2. 断口分类

（1）按断裂性质分　可分为脆性断口、韧性断口、疲劳断口和由介质和热的影响而断裂的断口。

① 脆性断口　断裂前不产生明显的宏观塑性变形，材料在达到屈服点之前便发生断裂的断口。宏观上断口平整光亮，有金属光泽，且与正应力垂直，断面上有人字或放射花纹（图 3-3 为材料牌号是 HRB-335 的螺栓断口，状态为热轧成型）。

图 3-3　脆性断口　　　　　　　　　　图 3-4　韧性断口

② 韧性断口　材料在断裂时有明显的塑性变形，断口宏观形貌为纤维状，颜色发暗，有明显的滑移现象（图 3-4 是 40Cr 经调质处理的轴断口）。

③ 疲劳断口　由交变载荷引起断裂的断口，在工作中断裂的机械零件大多数属于这种断裂类型。疲劳断口可分为疲劳源、疲劳扩展区、瞬断区（图 3-5 是材料牌号为 17-4PH 的轴，经调质处理）。

④ 由介质和热的影响而断裂的断口　如应力腐蚀开裂的断口、氢脆断口、腐蚀疲劳断口、高温蠕变断口等。

（2）按断裂途径分　可分为穿晶断口、沿晶断口和混合断口。

① 穿晶断口　是大多数材料在常温下断裂时的形态，如微孔聚集而形成的韧

窝断口、解理断口、准解理断口、撕裂断口及大多数疲劳断口等。

②沿晶断口 有脆性和韧性两种。沿晶脆性断口是晶粒未见明显塑性变形，如回火脆性后的断口、应力腐蚀断口、氢脆断口等。沿晶韧性断口是晶粒可见塑性变形，如某些材料在高温下的拉伸断口等。

③混合断口 在生产实际中所遇到的断口往往不是单一机制的穿晶断裂或沿晶断裂，而常常是混杂存在，如在穿晶断口

图 3-5 疲劳断口

的基体上有部分区域为沿晶断口或反之，称之为混合断口。

（3）按断口形貌和材料冶金缺陷性质分 国家标准 GB/T 1814—1979《钢材断口检验方法》中纳入的断口有纤维状断口、瓷状断口、结晶状断口、台状断口、撕痕状断口、层状断口、缩孔残余断口、白点断口、气泡断口、内裂断口、非金属夹杂（肉眼可见）及夹渣断口、异金属夹杂断口、黑脆断口、石状断口、萘状断口。各断口特征及形貌参见 GB/T 1814—1979《钢材断口检验方法》。

二、硫印试验

硫印试验是一种定性试验，可以定性地确定被检测部位硫元素的分布特征，而不是确定钢中硫含量，主要用于钢铁行业铸坯质量的检验。硫在钢中一般为有害物质，主要以硫化铁或硫化锰的形式存在。硫化铁脆性较大，且易与铁形成共晶组织，常呈网状沿晶分布，增加钢的脆性。硫化铁与铁的共晶组织熔化温度为 980℃，低于钢的热加工温度，因此在热加工时，导致共晶体熔化而脆裂。

1. 硫印试验方法

硫印试验按国家标准 GB/T 4236—1984《钢中硫印检验方法》进行，该标准适用于硫含量小于 0.1% 的合金钢和非合金钢，对于硫含量大于 0.1% 的钢则要用非常稀的硫酸溶液。硫印试验的目的是通过预先在硫酸溶液中浸泡过的相纸上的硫迹来确定钢中硫化物夹杂的分布位置。其基本原理是用稀硫酸与硫化物反应，生成硫化氢，硫化氢气体与相纸上的溴化银反应，生成棕色的硫化银沉淀物。

2. 试样

试验可以在产品或从产品上切取的试样上进行。通常对于棒材、钢坯和圆钢等产品试样，应选择垂直于轧制方向的横截面进行检验。对于锻件，钢中硫化物遵循

加工方向变形分布，此时应选择纵向面进行检验。对于难以操作的大型锻件可采用分区试验法，并分别编号，逐个检验后将硫印相纸拼接起来，这样可以较全面地反映整个锻件上硫的分布情况。

一般采用的，能获得比较正确的硫印的机械加工方法是刨、车、铣和研磨等。机械加工要注意避免过深的刀痕，一般进刀深度为 0.1mm；当用热切割法时，受检面通常要刨去 30～60mm；对于同一被检面需要再次试验时应重新加工去掉 0.5mm。一般建议加工后试验面粗糙度为 $Ra1.6～0.8\mu m$。

3. 用料和操作步骤

硫印试验所需材料有相纸、硫酸水溶液［硫酸（ρ_{20} 为 1.84g/mL）为 3 体积单位，水为 97 体积单位］、定影液（或 15%～20%硫代硫酸钠水溶液）。

试验步骤如下。

① 在室温下把相纸浸入体积足够的硫酸溶液中 5min 左右。

② 除去多余的硫酸溶液后，把湿润相纸的感光面贴到受检表面上（受检表面应干净无油污）。

③ 为确保接触良好，用胶辊来回滚动，排除试样表面与相纸之间的气泡和液滴。

④ 根据被检试样的现有资料（如化学成分）以及待检缺陷的类型预先确定作用时间，作用时间可能从几秒到几分钟不等（可保持 15min）。

⑤ 揭下相纸放到流动的水中冲洗约 10min，然后放入定影液中浸泡 10min 以上，再在流动的水中冲洗 30min 以上，干燥。

三、 酸蚀试验

酸蚀试验是显示钢铁材料低倍组织的试验方法，这种方法设备简单，操作方便，能清楚地显示钢铁材料中存在的各种缺陷。按酸蚀方法可分为热酸蚀法、冷酸蚀法和电解腐蚀三种方法。仲裁时，若技术条件无特殊规定，以热酸蚀法为准。钢铁的酸蚀试验方法按 GB/T 226—1991《钢的低倍组织及缺陷酸蚀检验法》进行。钢的低倍组织和缺陷评定范围及评定规则按照 GB/T 1979—2001《结构钢低倍组织缺陷评级图》，该标准适用于碳素结构钢、合金结构钢、弹簧钢钢材（锻、轧坯）横截面试样。

1. 试样的选取

试样要具有代表性，依试验和标准的要求从最易出现缺陷处截取。按不同检验目的，检验面可以是锭、坯、材的横向截面或纵向截面。检验锻造流线、应变线、带状组织时，截取纵向试样；检验钢中白点、偏析、皮下气泡、疏松、残余缩孔等时，截取横向试样。试样切取加工时要确保检验面组织不受影响，表面粗糙度不大于 $Ra1.6\mu m$，冷酸蚀法不大于 $Ra0.8\mu m$。检验试样面不得有加工伤痕，并保持清洁。

进行低倍酸蚀试验时，试样非经过特别规定应为退火、正火或热加工状态。对合金结构钢或滚动轴承钢退火前应在室温放置24h以上，对白点敏感的低合金钢则放置时间不少于48h，以保证白点有充分的孕育形成时间。

检验面距切割面的参考尺寸为：热切时，不小于20mm；冷切时，不小于10mm；烧割时，不小于40mm。

横向试样的厚度一般为20mm，尺寸等于边长或直径，或至少包括表面到心部部分，试面应垂直于钢材（坯）的延伸方向。纵向试样的长度一般为边长或直径的1.5倍，宽度为边长或直径，或至少包括从表面到心部的部分，试面一般应通过钢材（坯）的纵轴，试面的最后一次加工方向应垂直于钢材（坯）的延伸方向。钢板试验面的尺寸一般为250mm，宽为板厚。

2. 热酸蚀试验

热酸蚀法多用于钢铁材料，是将一定比例的酸溶液加热到规定温度，对试样进行腐蚀，常用的热酸蚀试剂和试验规范见表3-3。该法用于显示铸态结晶组织、钢锭或钢坯的宏观组织及缺陷组织、锻造流线、焊接件的宏观组织。浸蚀时间因金属成分、状态、试面粗糙度、酸液实际浓度、酸液实际温度和试验要求而异，但均以金相组织能清晰地显现为准。所需试验设备有酸蚀槽、加热器、碱水槽、流水冲洗槽、温度计、吹风机等。

表 3-3　热酸蚀试剂和试验规范

分类	钢种	酸蚀时间/min	酸液成分	温度/℃
1	易切削钢	5～10	1:1（体积比）工业盐酸水溶液	60～80
2	碳素结构钢、碳素工具钢、硅锰弹簧钢、铁素体型钢、马氏体型钢、复相不锈耐酸钢、耐热钢	5～20		
3	合金结构钢、合金工具钢、轴承钢、高速工具钢	15～20		
4	奥氏体型不锈钢、耐热钢	20～40		
		5～25	盐酸10份，硝酸1份，水10份（体积比）	60～70
5	碳素结构钢、合金钢、高速工具钢	15～25	盐酸38份，硫酸12份，水50份（体积比）	60～80

首先将水倒入酸蚀槽内，再将一定比例的酸缓缓倒入槽内，边倒边搅拌，防止飞溅，配好溶液，并放在加热炉上加热。用蘸有四氯化碳和酒精的棉花擦洗试样，用水冲洗、吹干。随后用塑料导线将试样绑扎好，并将试样的腐蚀面向上，置于酸蚀槽内，溶液没过试样，不能叠压。当温度达到后开始计时，达到规定时间后，取出试样。大型试样取出后可先放入碱液槽内进行中和处理；小试样可直接放入流动的清水中冲洗。试样面上的腐蚀产物可以用尼龙刷在流动的水中边冲边刷掉。对冲洗后的试样用沸水喷淋，并快速用干净且无色的热毛巾将试样立刻吸干，随后用吹风机吹干试面上的残余水渍。如果腐蚀过浅或上面存在水渍及其他污垢，可重新再

腐蚀;如果腐蚀过深,则需要去除表面 1mm 以上后,重新浸蚀。经过上述操作后的试样可立即用肉眼或放大镜进行观察评价和拍照,如果以后要进行复查或其他用途,则将试样放于干燥器中,或在试样面上涂一层油脂,以防生锈。

3. 冷酸蚀试验

冷酸蚀法在室温下进行,多用于有色金属,也可显示钢的低倍组织和宏观缺陷。与热酸蚀法相比,不需要加热设备,且可直接在现场进行,因此更适合不能切割的大型试样。但由于温度较低,作用程度不如热酸蚀法强烈,反差对比效果不如热酸蚀法。此外,冷酸蚀法对试样表面粗糙度要求也较高,一般应达到 $Ra0.8\mu m$。冷酸蚀试剂种类很多,常用的见表 3-4。冷酸蚀时大试样以擦拭为主,较小试样可浸入酸液中,至清晰地显示低倍组织和宏观缺陷为止。

表 3-4   几种常用的冷酸蚀试剂

编号	冷酸蚀液成分	适用范围
1	盐酸 500mL,硫酸 35mL,硫酸铜 150g	钢与合金
2	氯化铁 200g,硝酸 300mL,水 100mL	
3	盐酸 300mL,氯化铁 500g,加水至 1000mL	
4	10%~20%过硫酸铵水溶液	碳素结构钢,合金钢
5	10%~40%(体积比)硝酸水溶液	
6	氯化铁饱和水溶液加少量硝酸(每 500mL 溶液加 10mL 硝酸)	
7	硝酸 1 份,盐酸 3 份	合金钢
8	硫酸铜 100g,盐酸和水各 500mL	
9	硝酸 60mL,盐酸 200mL,氯化铁 50g,过硫酸铵 30g,水 50mL	精密合金,高温合金
10	100~350g 工业氯化铜铵,水 1000mL	碳素结构钢,合金钢

首先按照配方配好酸蚀液,用蘸有四氯化碳或酒精的棉球清洗试样,然后放入配制好的酸蚀液中,受检面朝上。浸蚀时要不断地用玻璃棒搅拌溶液,使试样受蚀均匀。试样浸蚀完后置于流动的清水中冲洗,与此同时用软毛刷刷除试面上的腐蚀产物。如果低倍组织未能清晰显示,可再次放入冷酸蚀液中浸蚀,直到清晰显微为止。清洗后用沸水喷淋并快速用无色干净的毛巾吸收试样表面的水分,然后用吹风机吹干。最后用肉眼或放大镜仔细观察低倍组织或宏观缺陷组织,并按照相应的评级标准进行评级。

四、 塔形试验

塔形试验是将钢材车削制成不同直径的阶梯形试样,用酸蚀或磁粉探伤方法检验钢中发纹情况的方法。宏观上能够反映长轴类零件材料内部夹杂物的状况和从表面到心部的分布变化,也能在纵向上反映疏松偏析程度。

发纹是钢中夹杂物、气孔、疏松和孔隙等在热加工过程中沿加工方向变形伸展排列而形成的线状缺陷。发纹不是白点的发裂,也不是裂纹,发纹两侧不像裂纹两侧那样互相凹凸偶合,一般分布在偏析区。塔形试验按照 GB/T 1012—1988《塔形发纹磁粉检验法》和 GB/T 15711—1995《钢材塔形发纹酸浸检验方法》进行。

1. 试样的选取和制备

塔形试验适用尺寸为 16～150mm，取样数量及部位应按相应产品标准或技术协议规定，如无明确规定时，建议取三个试样。试样在冷状态下用机械方法切取，若用气割或热切等方法切取，必须将热影响区完全去除。试样尺寸按所执行标准要求加工，一般根据钢材直径或厚度大小加工成三段不同直径阶梯轴塔形试样，采用车削方法加工，车削时应防止产生过热现象，并保证表面粗糙度值不大于 $Ra1.6\mu m$。

塔形试验的试样尺寸见表 3-5。

表 3-5　塔形试样尺寸　　　　　　　　　　　mm

阶梯序号 i	各阶梯尺寸 d_i	长度
1	0.90D	50
2	0.75D	50
3	0.60D	50

注：D 为圆钢直径、方钢边长或扁钢厚度。

2. 试验操作方法

试样表面酸蚀按 GB/T 226—1991《钢的低倍组织及缺陷酸蚀试验法》进行，但塔形试样的浸蚀时间要比同钢种的低倍试验短。浸蚀时，当金属光泽刚一消失，则浸蚀的程度正好适中。若浸蚀过浅，则不能完全显示出发纹的存在数量；若浸蚀过深又会扩大发纹的严重程度，可能将金属流线误认为发纹。试样过腐蚀必须重新车制并再进行腐蚀。

检验时，发纹应在表面上呈现狭窄而深的细缝，用肉眼观察并记录每个阶梯的整个表面上发纹总条数及总长度和最大发纹长度。必要时可用不大于 10 倍放大镜进行检验，在 10 倍放大镜下观察不到缝的底部，缝的两端尖锐。

欲进行磁力探伤的塔形试样，表面应除油并保持清洁，不能有划伤痕迹。然后将塔形试样进行磁化并用磁粉悬浮液喷射试样表面，试样表面出现纵向条状磁粉堆积（发纹处吸附磁粉有磁痕显示）即为发纹缺陷。

一般来说，酸蚀法显示发纹的灵敏度相对于磁力探伤法要高些，在实际检测过程中，酸蚀法和磁力探伤法的结果有时会出现不一致的情况，对发纹缺陷的判定在技术条件中应明确指定检测方法。

第三节　钢的微观检验方法

一、钢中非金属夹杂物评定方法

钢中非金属夹杂物检验的国家标准为 GB/T 10561—2005，该标准规定了钢中非金属夹杂物显微组织评定试样的选取与制备及非金属夹杂物的显微评定方法、结果表示等。本标准适用于轧制或锻制钢材，可能不适用于评定某些类型的钢，如易切削钢。

1. 非金属夹杂物类型

标准中根据夹杂物的形态和分布，分为 A、B、C、D 和 DS 五大类。

A 类（硫化物类）：主要有硫化铁、硫化锰及它们的共晶体，通常具有高的延展性，长宽比较大的单个灰色夹杂物，一般端部呈圆角，如图 3-6 所示。

B 类（氧化铝类）：大多数没有变形，带有角，长宽比小，一般小于 3，呈现黑色或带蓝色的颗粒，沿轧制方向排列成一行（至少三个颗粒），如图 3-7 所示。

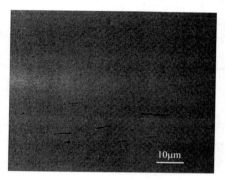

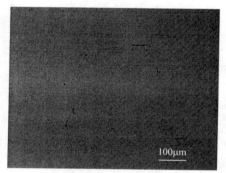

图 3-6 硫化物类夹杂　　　　　　　　　图 3-7 氧化铝类夹杂

C 类（硅酸盐类）：成分复杂，通常是多相，也具有较高的延展性，长宽比较宽，一般大于 3，呈黑色或深灰色的长条，两端呈锐角，如图 3-8 所示。

D 类（球状氧化物）：不变形，带有棱角或圆形黑色或带蓝色的颗粒，长宽比小，呈无规则分布，如图 3-9 所示。

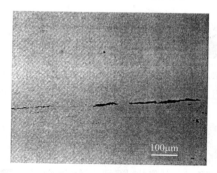

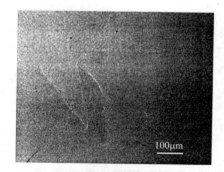

图 3-8 硅酸盐类夹杂　　　　　　　　　图 3-9 球状氧化物夹杂

DS 类（单颗粒球状类）：圆形或近似圆形，直径大于 $13\mu m$，单颗粒夹杂物，如图 3-10 所示。

2. 级别

首先，每类夹杂物根据非金属夹杂物颗粒宽度的不同，分为两个系列，即粗系

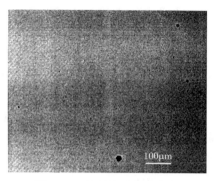

图 3-10 单颗粒球状类夹杂

和细系。此外，每个系列又根据夹杂物含量递增分为六个级别，即 0.5 级、1 级别、1.5 级、2 级、2.5 级、3 级。各系列和级别的评级界限见表 3-6 和表 3-7。

表 3-6 夹杂物宽带 μm

类别	细系		粗系	
	最小宽度	最大宽度	最小宽度	最大宽度
A	2	4	>4	12
B	2	9	>9	15
C	2	5	>5	12
D	3	8	>8	13

注：D 类夹杂物的最大尺寸定义为直径。

表 3-7 评级界限（最小值）

评级图级别	夹杂物类别				
	A 类总长度/μm	B 类总长度/μm	C 类总长度/μm	D 类数量/个	DS 类直径/μm
0.5	37	17	18	1	13
1	127	77	76	4	19
1.5	261	184	176	9	27
2	436	343	320	16	38
2.5	649	555	510	25	53
3	898(<1181)	822(<1147)	746(<1029)	36(<49)	76(<107)

注：以上 A、B、C 类夹杂物的总长度是按公式计算的，并取接近的整数，公式可参考标准。

3. 试样的选取和制备

试样的抛光面面积应约为 200mm² （20mm×10mm），并平行于钢材纵轴，位于外表面到中心的中间位置。取样方法应在产品标准或专门协议中规定，如果没有规定，取样方法如下。

① 直径或边长大于 40mm 的钢棒或钢坯：检验面为钢材外表面到中心的中间位置的部分径向截面。

② 直径或边长大于 25mm、小于或等于 40mm 的钢棒或钢坯：检验面为通过直径的截面的一半。

③ 直径或边长小于或等于 25mm 的钢棒：检验面为通过直径的整个截面，其长度应保证得到 200mm² 的检验面积。

④ 厚度小于或等于 25mm 的钢板：检验面为宽度 1/4 处的全厚度截面。

⑤ 厚度大于 25mm、小于或等于 50mm 的钢板：检验面为位于宽度 1/4 和从钢板表面到中心的位置，检验面为钢板厚度的 1/2 截面。

⑥ 厚度大于 50mm 的钢板：检验面为位于宽度 1/4 和从钢板表面到中心之间的中间位置，检验面为钢板厚度的 1/4 截面。

⑦ 钢管应取纵向截面，样品大小为 10～15mm，厚度为钢管壁厚。

试样经切割加工后，为使检验面平整，避免边缘出现圆角，可用夹具或镶嵌的方法。粗磨时，一定要把切割加工留下的痕迹磨除。在样品抛光时，避免出现夹杂物脱落、变形或抛光面污染，选用金刚石磨料为宜，同时力度适中，并不断地转动抛光方向。

4. 观察和检验

将未浸蚀的试样检验面在显微镜下直接观察或投影到毛玻璃上观察，确保放大倍数是（100±2）倍，在毛玻璃投影屏上面或背后放一个清晰的边长为 71mm 的正方形塑料轮廓线。如果是目镜直接观察，则在适当位置放置一条刻度线，确保观察图像尺寸面积为 0.5mm²。然后通过规定视场内的图像与标准图片进行比较，得出相应级别。

实际检验方法分为 A 法和 B 法。A 法：对每一类夹杂物，按细系和粗系记下和检验面上最恶劣视场相符合的标准评级图片的级别。B 法：对试样每一视场与标准评级图进行比较，每类夹杂物按细系或粗系记下与检验视场最符合的级别数。

无论 A 法和 B 法，视场与标准评级图相比处于两相邻级别之间时，应记录较低级别；非传统类型夹杂物按与形态最接近的类别评定，并在试验报告中注明；对长度超过视场直径和厚度大于标准规定的夹杂物均应单独记录。

5. 结果表示

通则：用每个检验的级别以及在此基础上所得的每类和每个宽度系列夹杂物的级别算术平均值来表示结果。

A 法：用每类夹杂物代号后加上最恶劣视场的级别，用字母 e 表示粗系夹杂物，s 表示超尺寸夹杂物。

B 法：一定数量的检验视场（N），结果用每类夹杂物不同级别的视场总数表示，可用所有视场的全套数据，按专门的方法来表示其结果，如根据双方协议规定总级别数（i_{tot}）或平均级别数（i_{moy}）。

例如，符合评级图 I 的 A 类夹杂物，如果级别数为 0.5 的视场为 n_1，级别数为 1 的视场为 n_2，级别数为 1.5 的视场为 n_3，级别数为 2 的视场为 n_4 级别数为 2.5 的视场为 n_5，级别数为 3 的视场为 n_6，则总级别数 $i_{tot} = (n_1 \times 0.5) +$

$(n_2 \times 1) + (n_3 \times 1.5) + (n_4 \times 2) + (n_5 \times 2.5) + (n_6 \times 3)$，平均级别数 i_{moy} $= i_{tot}/N$。

二、 金属平均晶粒度测定方法

钢的晶粒度可依据 GB/T 6394—2002《金属平均晶粒度测定方法》来评定，该标准规定以晶粒的几何图形为基础，与金属或合金本身无关，因此也适用于标准评级图形貌相似的任何组织。该标准使用晶粒面积、晶粒直径、截线长度的单峰分别测定试样平均晶粒度，涉及的方法有比较法、截点法和面积法。测定等轴晶粒的晶粒度，使用比较法最简单。如果要求高精确度时，可采用面积法和截点法。如有争议是，截点法是仲裁法。本标准只适用于平面晶粒度的测量，不适用于三维晶粒。为确保数据精确度和准确性，每个试样一般选择三个或三个以上有代表性的视场进行评定。

1. 三种晶粒度

（1）起始晶粒度 在临界温度以上，奥氏体形成刚刚完成，其晶粒边界刚刚相互接触时的晶粒大小。一般情况下，奥氏体起始晶粒度比较小，当温度升高时，不断长大。

（2）实际晶粒度 在具体热处理和热加工条件下最终得到的奥氏体晶粒大小，一般检验的大多为实际晶粒度。

（3）本质晶粒度 将钢在 (930 ± 10)℃加热，保温 3～8h 冷却后得到的晶粒大小。本质晶粒度反映钢奥氏体晶粒的长大趋势。用 GB/T 6394—2002 中 规定的方法将试样进行专门奥氏体化热处理得到的晶粒也称为奥氏体晶粒。

2. 三种测量方法

（1）比较法 与标准评级图进行比较。在使用比较法时，通常选用与标准评级图相同的放大倍数。选取显微镜投影图像或代表性视场的显微照片与相应的标准评级图进行直接比较。比较法评估晶粒度时一般存在一定的偏差（± 0.5 级），评估值的再现性一般为 ± 1 级。

当待测显微晶粒超过标准系列评级图所包括的范围或基准放大倍数不能满足时，实际晶粒级别数 G 可采用公式 $G = G' + R$ 计算。其中 G' 是指放大倍数 M 的待测晶粒图像与基准放大倍数 M_b 的系列评级图比较，评出的晶粒度级别数，$Q = 6.6439 \lg \dfrac{M}{M_b}$，或按照标准中表3、表4进行换算处理。

（2）面积法 通过计算给定面积网格内的晶粒数 N 来确定级别数的方法。测量面积可以是圆形、方形或矩形，面积为 $5000 mm^2$。选用网格内至多能截获并不超过 100 个晶粒（建议 50 个晶粒为最佳），统计出落在测量网格内的完整晶粒数和被测网格所切割的晶粒数，通过公式进行计算。

测量视场的选择是不带偏见地随机选择，不允许附加任何典型视场的选择。面积法的测量精度是所计算晶粒数的函数，取决于晶粒界面明显划分晶粒的计数，通过合理计算可实现±0.25级的精确度。

（3）截点法　是通过计算给定长度的测量线段（或网格）与晶粒边界相交点数 P 来确定晶粒度级别的方法。测量时要同时记录观测面上的截点和截距，利用公式计算出试样检验面上的晶粒平均截距、被检验试样的晶粒度级别。

对于非等轴晶粒度，截点法既可用于分别测定三个相互垂直方向的晶粒度，也可计算总体平均晶粒度。截点法又分为直线截点法、单圆截点法、三圆截点法。圆截点法能自动补偿偏离等轴晶引起的误差，不必选用多个视场。同时圆截点法也克服了试验线段端部截点法不明显的弊端，可作为质量检测评估晶粒度的方法。

3. 取样要求

晶粒度检验应根据要求在相应的状态截取，试样数量及取样应按照有关标准或技术条件的规定。建议试样尺寸：圆形（直径）：10～12mm；方形（边长）：10mm×10mm。晶粒度试样不允许重复热处理，渗碳处理试样应去除脱碳层和氧化层。

晶粒度试样应垂直于钢材纵轴方向的横截面磨制，然后根据样品材料和热处理状态选择合适的腐蚀剂显示。对于实际晶粒度检测试样取自热处理状态，不需要再进行热处理。对于用氧化法进行奥氏体化热处理后检验奥氏体晶粒的试样，在精磨、抛光时要适当保持试样倾斜10°～15°，避免奥氏体热处理形成的氧化膜完全被磨掉。

4. 钢的晶粒显示

实际晶粒度检验常用的腐蚀剂见表3-8。

表3-8　显示晶粒腐蚀剂

序号	腐蚀剂配比	适用材料及状态
1	硝酸乙醇溶液（3%～5%）	结构钢正火、退火
2	100mL 饱和苦味酸水溶液＋10mL 洗涤剂＋6～10 滴盐酸 100mL 饱和苦味酸水溶液＋10mL 洗涤剂＋6 滴硝酸 100mL 饱和苦味酸水溶液＋10mL 洗涤剂＋5mL 磷酸 100mL 饱和苦味酸水溶液＋10mL 洗涤剂＋6 滴硝酸＋1g 柠檬酸 100mL 饱和苦味酸水溶液＋适量苯磺酸钠煮沸 1～3min 10g 氯化铁＋15mL 盐酸＋50mL 乙醇 10g 氯化铁＋150mL 乙醇＋100mL 水	结构钢淬火、调质
3	饱和苦味酸水溶液＋浓硝酸＋浓盐酸＋乙醇（15＋10＋25＋50） 浓硝酸＋浓盐酸＋乙醇＋海鸥洗涤剂（10＋30＋59.5＋0.5） 饱和苦味酸水溶液＋浓硝酸＋浓盐酸＋甲醇（20＋10＋30＋40）	高速钢淬火、回火
4	在 480～700℃的敏化温度加热，使碳化物沿晶界析出，采用适于显示碳化物的腐蚀剂显示	不稳定的奥氏体钢
5	55mL 饱和苦味酸水溶液＋18g 氯化铁＋30mL 甘油	奥氏体耐热钢

铁素体钢的奥氏体晶粒度如果没有特别规定，可按渗碳法、模拟渗碳法、铁素体网法、氧化法、直接淬硬法、渗碳体网法进行显示。各方法的具体使用范围及试验过程可参考 GB/T 6394—2002《金属平均晶粒度测定方法》中附录 C 的有关内容。

三、 钢的脱碳层深度测定方法

钢在各种热加工工序的加热或保温过程中，由于氧化气氛的作用，使钢材表面的碳全部或部分丧失的现象称为脱碳。钢材或零件表面层发生脱碳，会引起表面硬度、强度和耐磨性的降低，对于弹簧零件还会使表面弹性疲劳强度降低，对于高速钢刃具还会降低红硬性。

1. 几种脱碳层深度的定义

（1）有效脱碳层深度 从产品表面到规定的碳含量或硬度水平的点的距离，规定的碳含量或硬度水平以不因脱碳而影响使用性能为准（如产品标准中规定的碳含量最小值）。

（2）总脱碳层深度 从产品表面到碳含量等于基体碳含量的那一点距离，它是部分脱碳层和完全脱碳层之和。

（3）完全脱碳层深度 全部为铁素体组织，即铁素体脱碳层深度。从试样边缘至最初出现珠光体或其他组织的距离。

（4）部分脱碳层深度 部分脱碳的区域，该区域铁素体数量比基体多，但还有部分珠光体存在。

2. 几种测定方法

脱碳层深度的测量方法有金相法、硬度法、化学法或光谱分析法。采用何种方法测定，由产品标准或双方协议确定。无明确规定时采用金相法。

（1）金相法 试样面应为横截面（垂直于纵轴），如果产品无纵轴，试样检验面的选取应由有关各方商定。小试样应检测整个周边；大试样应截取试样同一截面的一个或几个部位进行检验。试样边缘不得有倒圆、卷边，为此可镶嵌或固定在夹持容器内。试样的浸蚀可用 1.5%～4% 硝酸酒精溶液或 2%～5% 的苦味酸酒精溶液。

测量脱碳层时，一般在 100 倍的放大倍数下进行（必要时也可以采用其他放大倍数），应观察试样的全部周边，以从试样表面到和基体组织无区别的那一点的深度作为总脱碳层深度。当过渡层和基体较难分辨时，可在更高放大倍数下进行观察，确定界限。对每一试样，在最深的均匀脱碳区的一个显微镜视场内，应随机进行几次测量（至少需要五次）。依据该评定方法评定图 3-11 中最大完全脱碳层深度为 0.24mm，最大总脱碳层深度为 0.58mm。

（2）硬度法 可采用维氏硬度法或洛氏硬度法进行测定。

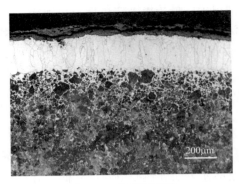

图 3-11　脱碳层形貌

① 显微（维氏）硬度法　试样的选取与制备和金相法相同，腐蚀与否以准确测定压痕尺寸为准。在制好的试样上，沿垂直于表面方向的显微硬度梯度测定，为减少测量数据的分散性，要尽可能用大的载荷，原则上载荷应在 50～500gf 之间，压痕之间的距离至少为压痕对角线长度的 2.5 倍。从表面测到已达到所要求硬度值的那一点。脱碳层深度的测量界限可以是：由试样边缘测至产品标准或技术协议规定的硬度值处；由试样边缘测至硬度值平稳处；由试样边缘测至硬度值平稳处的某一百分数。原则上要在相互距离尽可能远的位置进行两组测定，其测定值的平均值作为总脱碳层深度。

② 洛氏硬度法　洛氏硬度对不允许有脱碳层的情况，直接在试样的表面进行测定；对允许有脱碳层的情况，在去除允许脱碳层的面上测定。它属于力学性能检测，只用于判定产品是否合格。

（3）化学法　此方法适用于那些具有恰当的几何形状（圆柱或具有平面的多面体），并且其尺寸适合机械加工，不需要进行任何热处理的情况。

采用等距离逐层车削进行化学定碳分析，并根据化学分析作出碳含量与表面距离的关系曲线，从表面起至碳含量达到心部碳含量为止。

四、 钢的渗层深度测定和金相组织评定方法

将金属工件放入含有某种活性原子的化学介质中，通过加热使介质中的原子扩散渗入工件一定深度的表层，改变其化学成分和组织，获得与心部不同性能的热处理工艺称为化学热处理。化学热处理种类繁多，根据渗入元素不同，可分为渗碳、渗氮、碳氮共渗等。

1. 渗碳层深度检验

渗碳层深度检验方法有金相法、硬度法、断口法、化学分析法，其中硬度法是仲裁方法。

硬度法是从试样边缘起测量显微硬度分布的方法，一般按 GB/T 9450—2005《钢件渗碳淬火有效硬化层深度的测定与校核》进行检验，当被测零件厚度在 0.3mm 以下时，一般按 GB/T 9451—2005《钢件薄表面总硬化层深度或有效硬化层深度的测定》。

GB/T 9450—2005 适用于有效硬化层深度在 0.3mm 以上的零件，且距表面 3 倍于有效硬化层深度处的硬度小于 450HV。如果不能满足上述条件，有关各方可

协商确定。对距离表面 3 倍硬化层深度处硬度大于 450HV 的零件，可选择比 550HV 大的临界硬度值（以 25HV 为一级）。渗碳或碳氮共渗淬火后，有效硬化层深度是指从零件表面到维氏硬度值为 550HV1 处的垂直距离。有效硬化层深度用字母 CHD 表示，单位为 mm。测试采用的试验力为 1kgf，在适当条件下，可使用 HV0.1 至 HV1 之间的试验力进行试验，并在足够大的放大倍数下测量压痕。

测量时一般宽度在 1.5mm 的范围内，沿与表面垂直的两条平行线呈之字形进行，两相邻压痕间的距离不应小于压痕对角线的 2.5 倍。从表面到各逐次压痕中间直接的距离不应超过 0.1mm。测量压痕中心至试样表面的距离精度应在 ±0.25μm 的范围内，各压痕对角线的测量精度应为 ±0.5μm。测量时应至少选择两条硬化线，并以硬度值为纵坐标，至表面的距离为横坐标，绘制出每条线的硬度分布曲线，用图解法确定硬度值为 550HV 处至表面的距离。如果两数值小于或等于 0.1mm，则取它们的平均值作为硬化层深度。如果大于 0.1mm，则需要重复测试，直到确认试验没有问题后，如实给出试验数据。

2. 渗氮层检验

渗氮层检验依据为 GB/T　11354—2005《钢铁零件渗氮层深度测定和金相组织评定》进行，包括渗氮层深度检验和金相组织评定两部分。

（1）渗氮层深度检验　有硬度法和金相法，其中硬度法为仲裁方法。

① 硬度法　规定采用维氏硬度试验方法进行，试验力为 0.3kgf，从试样表面测至比基体维氏硬度高 50HV 处的垂直距离。基体硬度是在距离表面 3 倍渗氮层深度处的硬度值（至少三点平均）。渗氮层深度用字母 DN 表示，单位为 mm，取小数点后两位。例如，0.25DN（300HV0.5）表示界限硬度是 300HV，试验力为 0.5kgf 时，渗氮层深度为 0.25mm。当试验力为 0.3kgf 时，HV 后面的数字可省略。

当渗氮层硬度变化很平缓时，其渗氮层深度可以从试样表面测至比基体维氏硬度高 30HV 处；当渗氮层深度与压痕尺寸不合适时，各方可协商确定采用 0.2～2kgf 范围的试验力，但必须在 HV 后注明。

② 金相法　一般在 100 倍的放大倍数下进行，必要时也可以采用其他放大倍数，在显微镜下从表面测至与基体组织有明显分界处的距离。有时客户需要测量白亮层深度时，则只能采用金相法进行测试，注意可以通过镶嵌等方法避免制样出现倒角等现象。

（2）金相组织评定

① 渗氮层脆性检验　渗氮层脆性是指在 10kgf 作用下，缓慢加载（5～9s 内完成），并停留 5～10s，观察维氏硬度压痕边角碎裂的程度，共分为五级，具体分级情况见表 3-9。如有特殊情况，各方可协商采用 5～30kgf，但必须按表 3-10 的值换算。维氏硬度压痕应在 100 倍的放大倍数下进行检验，每件只是测三点，其中两点

以上处于同一级别，方能定级，否则需重复测定一次。经气体渗氮的零件必须进行脆性检验。

表 3-9　渗氮层脆性级别说明

级别	渗氮层脆性级别说明
1	压痕对角完整无缺
2	压痕一边或一角碎裂
3	压痕两边或两角碎裂
4	压痕三边或三角碎裂
5	压痕四边或四角碎裂

表 3-10　压痕级别换算

试验力/N(kgf)	级别				
49.03(5)	1	2	3	4	4
98.07(10)	1	2	3	4	5
294.21(30)	2	3	4	5	5

② 渗氮层疏松检验　渗氮层疏松按化合物内微孔的形状、数量、密集程度分为五级，具体见表 3-11。渗氮层疏松应在 500 倍的放大倍数下进行检验，对疏松最严重的部位，参照渗氮层疏松级别进行评级。经过氮碳共渗处理的零件必须进行疏松检验。一般零件 1～3 级合格，重要零件 1～2 级合格。如图 3-12 所示，经气体渗氮后，渗氮层疏松级别为 4 级。

表 3-11　渗氮层疏松级别说明

级别	渗氮层疏松级别说明
1	化合物层致密，表面无微孔
2	化合物层较致密，表面有少量细点微孔
3	化合物层微孔密集成点状孔隙，由表及里逐渐减少
4	微孔占化合物层 2/3 以上厚度，部分微孔聚集分布
5	微孔占化合物层 3/4 以上厚度，部分孔洞密集分布

图 3-12　气体渗氮

③ 渗氮层中氮化物检验　按扩散层中氮化物按形态、数量和分布情况分为五

级，具体见表 3-12。氮化物检验一般在 500 倍的放大倍数下进行检验，取组织最差的部位参照级别进行评定。经气体渗氮或离子渗氮的零件必须进行氮化物检验，一般零件 1～3 级合格，重要零件 1～2 级合格。

表 3-12　氮化物级别说明

级别	氮化物级别说明
1	扩散层中有极少量呈脉状分布的氮化物
2	扩散层中有少量呈脉状分布的氮化物
3	扩散层中有较多呈脉状分布的氮化物
4	扩散层中有较严重呈脉状分布和少量断续网状分布的氮化物
5	扩散层有连续网状分布的氮化物

五、 钢的共晶碳化物不均匀度评定方法

高速钢及莱氏体型合金钢（Cr12MoV 等）钢锭冷凝过程中，由于实际冷却速度有限，当温度继续下降时，钢液发生共晶反应形成鱼骨状莱氏体，在钢中呈网状分布，这样形成的碳化物不均匀分布，即是通常所说的碳化物不均匀度。碳化物不均匀度评定参照 GB/T 14979—1994《钢的共晶碳化物不均匀度评定》标准，该标准适用于经过压力加工变形的莱氏体型高速工具钢、合金工具钢、高碳铬不锈轴承钢、高温轴承钢和高温不锈轴承钢。

1. 试样的选取与制备

在钢材或钢坯上切取纵向截面试样，纵向磨面长为 10～12mm。圆钢或方钢的磨面宽度根据试样不同，具体取样原则如表 3-13 所示。对于扁钢，根据厚度不同，取样宽度如表 3-14 所示。

表 3-13　圆钢和方钢磨面宽度

钢材（或钢坯）尺寸	圆钢	方钢
≤25mm	直径	对角线长度
25～60mm	半径	1/2 对角线长度
>60mm	1/2 半径	1/4 半径

3-14　扁钢磨面长度和宽度

扁钢厚度	磨面位置	磨面宽度
≤30mm	宽度的 1/4 剖面处	扁钢厚度
>30mm	宽度的 1/4 剖面处	1/2 厚度

对于不同材料，标准推荐了几种腐蚀剂，其具体成分和适用材料如表 3-15 所示。

2. 评定方法

评级原则：放大倍数应为 100 倍。对于共晶碳化物呈网状形态的，主要考虑网的变形、完整程度及网上碳化物的堆积程度；对于共晶碳化物呈条带形态的，主要

考虑条带宽度及带内碳化物的聚集程度。在规定检测部位应选择共晶碳化物不均匀最严重的视场与相应的评级图比较，然后评出不均匀级别数。

表 3-15　腐蚀剂及其相应材料

编号	成分	适用材料
1	4％～10％硝酸酒精,5％硝酸水溶液	高速工具钢、合金工具钢、高温轴承钢
2	三氯化铁 20g,盐酸 20～30mL,水 100mL	高碳铬不锈轴承钢、高温不锈轴承钢
3	盐酸 20mL,酒精 100mL,苦味酸加至饱和	
4	硫酸铜 4g,盐酸 20mL,水 20mL	

评级图：本标准共有六套，使用时根据钢类及规格分别选用。各套评级图原图可查阅标准，各评级图分别适用情况如下。

第一套评级图适用于直径、边长或厚度不大于 120mm 的热轧、锻制及冷拉钨系高速工具钢钢棒、钢板。

第二套评级图适用于直径、边长或厚度不大于 120mm 的热轧、锻制及冷拉钨钼系高速工具钢、高温不锈轴承钢钢棒、钢板。

第三套评级图适用于直径大于或等于 120mm 的高速工具钢锻材。

第四套评级图适用于热轧、锻制及冷拉合金工具钢钢材。

第五套评级图适用于热轧、锻制及冷拉高碳铬不锈轴承钢钢材。

第六套评级图适用于高温轴承钢钢材。

图 3-13 中的试样材料为 Cr12MoV，经热轧后的组织根据第四套评级图评定共晶碳化物不均匀度级别为 5 级。

图 3-13　共晶碳化物不均匀度评级

六、　钢的显微组织评定方法

GB/T 13299 规定了钢的游离渗碳体、低碳变形钢的珠光体、带状组织及魏氏组织的金相评定方法、评定原则和组织特征等；本标准适用于低碳、中碳钢的钢板、钢带和型材的显微组织评定；其他钢种根据有关标准或协议，可参照本标准评定。

1. 试验的切取和制备

按 GB/T 13298 的有关规定进行，关于低碳变形钢的珠光体、带状组织试样应取与变形方向相同的磨面；游离渗碳体和魏氏组织试样磨面横向和纵向均可。

2. 显微组织评定

评定游离渗碳体和低碳变形钢珠光体的放大倍数为 400 倍（允许 360～450 倍）；评定带状组织和魏氏组织的放大倍数为 100 倍（允许 95～110 倍）；评定视场直径为 80mm，选择磨面最高级别视场与标准评级图比较；评定结果以级别数表示，在相邻两级之间可出现半级，必要时应标明系列字母。

（1）游离渗碳体　评定适合的碳含量质量分数不大于 0.15%，是根据渗碳体形状、分布及尺寸特征确定的，共有六个级别，三个系列，具体评级图及评级描述可参考 GB/T 13299—1991。A 系列：根据形成晶界渗碳体网的原则确定，以个别铁素体晶粒外围被渗碳体网包围部分的比率作为评定原则。B 系列：根据游离渗碳体颗粒成单层、双层及多层不同长度链状和颗粒尺寸的增大原则确定。C 系列：根据均匀分布的点状渗碳体向不均匀的带状结构过渡的原则确定。

（2）低碳变形钢的珠光体　碳含量为 0.10%～0.30%，根据珠光体的结构（粒状、细粒状珠光体团或片状）、数量和分布特征确定，共有六个级别，三个系列，具体的评级图和评级描述参见标准。A 系列：适用于碳含量为 0.10%～0.20% 的冷轧钢中粒状珠光体的评级，级别数增大，则渗碳体颗粒聚集并趋于形成带状。B 系列：适用于碳含量为 0.10%～0.20% 的热轧钢中细粒状珠光体团的评级，级别数越大，则粒状珠光体向形成变形带的片状珠光体过渡（并形成分割开的带）。C 系列：适用于碳含量为 0.21%～0.30% 热轧钢中珠光体的评级，级别数增大，则细片状珠光体由大小不均而均匀分布的团状结构过渡到不均匀的带状结构，此时必须根据由珠光体聚集所构成的连续带的宽度评定。

（3）带状组织　根据带状珠光体数量增加，并考虑带状贯穿视场的程度、连续性和变形铁素体晶粒多少的原则确定，同样具有六个级别，三个系列，评级图及评级描述见标准。三个系列按碳含量多少区分，A 系列碳含量不大于 0.15%；B 系列碳含量为 0.16%～0.30%；C 系列碳含量为 0.31%～0.50%。图 3-14 中的带状组织级别可根据 B 系列评定为 3 级。

（4）魏氏组织　是珠光体钢的过热组织，根据析出的针状铁素体数量、尺寸和由铁素体网确定的奥氏体晶粒大小的原则确定。分为六个级别，两个系列，评级图及评级描述见标准。两个系列按碳含量多少区分，A 系列碳含量为 0.15%～0.30%；B 系列碳含量为 0.31%～0.50%。

七、 钢质模锻件金相组织评定方法

GB/T 13320—2007 标准适用于经调质处理、正火处理、等温正火处理、锻后

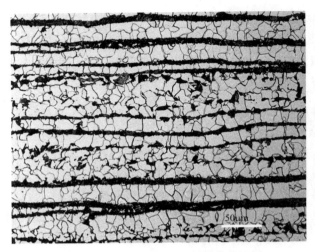

图 3-14   16MnDR 轧制板材的带状组织

控冷处理的结构钢模锻件。不适用于锻件脱碳、过热、过烧等组织的评定。

1. 试样的选取和制备

一般根据供需双方的技术协议，没有协议的以锻件有效厚度处作为取样部位，试样部位按以下原则确定：当锻件取样部位有效厚度≤20mm 时，以 1/2 处作为检验部位制取试样；当锻件取样部位有效厚度＞20mm 时，以距表面 10mm 处作为检验部位制取试样。

试样应在冷态下用机械方法制取，如用热切等方法切取则必须将热影响区完全去除。试样不能出现因受热而导致组织改变的现象，试样抛光后，可用 2%～5% 的硝酸酒精浸蚀。

2. 评级图及其评定

评级图共有三套，每套有八个级别图。第一套适用于中碳结构钢正火处理的锻件以及中碳低合金非调质钢锻后空冷处理的锻件；第二套适用于渗碳钢正火、等温正火及锻后控冷处理的锻件；第三套适用调质钢调质处理的锻件。调质组织在 500 倍的放大倍数下观察，正火组织在 100 倍的放大倍数下观察。各类金相组织合格级别由供需双方协商确定，没有约定的以 4 级及以上为合格。

第四节   常用钢铁及合金及其检验

本节主要从结构钢、工具钢、铸铁、特殊用途钢及高温合金的检测标准、检测项目、试验方法及所用的一些腐蚀剂方面，介绍它们的金相检验过程，其中铸铁的检验介绍了灰铸铁和球墨铸铁的检验，特殊用途钢的检验介绍了不锈钢和耐热钢的检验。

一、 结构钢的检验

结构钢在机械制造和工程建筑行业中应用最为普遍，其碳含量为 0.10%～0.70%，大多为亚共析钢，通常在热轧或正火、调质态下使用。由于结构钢构件制作往往要经过各种不同的热、冷加工工序，故出现不同的显微组织。因此，结构钢的金相检验主要包括鉴别各种状态下的显微组织，评定晶粒度、非金属夹杂物、带状偏析等，测定渗碳层、脱碳层、渗氮层、硬化层深度，以及各生产工序中出现的缺陷判定等。

1. 冷变形钢

在常温下进行冲压或拉拔工艺以制成零件或毛坯的钢材称为冷变形钢。

典型的冷轧薄板显微组织形态为等轴或"饼形"的铁素体晶粒和均匀分布的颗粒状碳化物。其非金属夹杂物检验标准为 GB/T 10561—2005《钢中非金属夹杂物含量的测定——标准评级图显微检验法》，其晶粒度评定标准为 GB/T 4335—2013《低碳钢冷轧薄板铁素体晶粒度测定法》，其游离渗碳体评定按 GB/T 13299—1991《钢的显微组织评定方法》进行，其交货状态允许的晶粒度和游离渗碳体允许范围应符合 GB/T 710—1991《优质碳素结构钢热轧薄板和钢带》中的规定。

热轧钢板由于热轧温度偏高或冷速不当会出现魏氏组织，其特征是铁素体呈针片状平行或交叉分布在珠光体基体上。一般碳含量小于 0.15% 的碳钢不易形成魏氏组织，魏氏组织可经过适当的正火处理加以消除。检验魏氏组织及带状组织可按 GB/T13299—1991《钢的显微组织评定方法》进行评级。

冷拉结构钢金相检验按 GB/T 3078—1994 进行，主要有断口检验（GB/T 1814—1979）、低倍组织和缺陷（GB/T 226—1991，GB/T 1979—2001）、脱碳层深度（GB/T 224—2008）、非金属夹杂物（GB/T 10561—1991）、晶粒度（GB/T 4335—2013）、带状组织（GB/T 13299—1991）。

2. 易切削钢

易切削钢是在普通结构钢中加入硫、磷、钙、铅等合金元素，使其形成某种易切削的夹杂物，从而改善切削性能。主要牌号有 Y12、Y15、Y40Mn、Y45Ca、YT12Pb 等。铅系易切削钢可用表 3-16 中的化学蚀剂进行浸蚀，来识别铅颗粒和基体组织。

表 3-16 显示钢中铅的试剂

编号	无水乙醇	碘化钾（分析纯）	甘油（分析纯）	硝酸（分析纯）	浸蚀时间
1	100mL	2.5g	5mL	0.8mL	15～20s 仅观察铅
2	100mL	3g	6mL	1mL	15～30s 显示铅颗粒及基体组织

对于热轧条钢和盘钢表面不得有裂缝、折叠、撕裂和瘢疤；对于冷拉条钢和钢丝表面不得有裂纹、夹杂、气孔和氧化皮等。对于低倍组织及缺陷按 GB/T 226—1991 和 GB/T 1979—2001 进行检验，在横向腐蚀片上不得有肉眼可见的缩孔、气泡、夹杂、裂纹，一般疏松和偏析均不应超过 3 级。易切削钢的基体组织一般为铁素体（或奥氏体）及碳化物。低碳易切削钢基体组织应为铁素体和粗片状珠光体或冷拔变形的铁素体和珠光体；中碳易切削钢的基体组织应为部分球化珠光体组织；高碳易切削钢基体组织应为完全球化组织，以利于提高切削性能。

3. 调质钢

调质钢是采用调质处理（淬火＋高温回火）的中碳优质碳素结构钢和合金结构钢，代表牌号有 45、40Cr、30CrMnSi、40CrNiMo 等。调质组织应为回火索氏体，具有较高的综合力学性能。调质工件在淬火前最理想的组织应为细小均匀的铁素体和珠光体。调质工件在和热处理时，表面因与炉气作用形成脱碳层，因此需要进行脱碳层深度测量，检验脱碳层深度是否超过加工余量。

调质组织有时由于热处理不到位，使组织并非为均匀且弥散分布的回火索氏体。淬火加热温度过低，或保温时间不够，奥氏体未均匀化，或淬火前预处理不当，未使原始组织变得均匀一致，导致工件淬火后的组织为马氏体和未溶铁素体，回火后也不能消除。淬火加热温度正常，保温足够，但冷却速度不够，导致不能淬透，结构各部位得到不同的组织，从表层至中心依次出现马氏体、马氏体和屈氏体、屈氏体和铁素体等组织。结构钢调质组织可参考 GB/T 13320—2007 《钢质模锻件 金相组织评级图及评定方法》进行评级。

4. 高强度马氏体钢

低合金高强度钢是在普通低碳钢的基础上加入少量 V、Nb、Ti、Cr、Ni、Al 等合金元素，合金元素含量在 5% 以下，屈服强度可达 1380MPa 以上。常用的材料牌号有 40CrNiMo、40CrNi2MoA、4SCrNiMoV、32Si2Mn2MoVA 等。

这种钢由于相之间硬度相差不大，因此制样不算困难，试验浸蚀可用 4% 的硝酸酒精。使用状态下的金相组织有板条马氏体、下贝氏体、上贝氏体、粒状贝氏体、残留奥氏体。但是，日常检测过程中有时遇到的组织并不典型，且可能含有多种组织，因此组织检验相对来说需要较丰富的经验。对于各类组织的典型描述，可参考相关书籍。

5. 贝氏体钢

贝氏体钢是在中低碳结构钢的基础上加入 B、Mo 及 Mn、W、Cr 等合金元素，以推迟珠光体转变，促进贝氏体转变，使钢在奥氏体化后在较大的连续冷却范围内得到贝氏体组织。贝氏体钢主要有 10CrMnBA、10CrMnMoBA、10Cr2Mn2MoBA、18Mn2CrMoBA 和 55SiMnMo 等。

贝氏体钢常用 4% 的硝酸酒精浸蚀。为显示无碳贝氏体中的奥氏体，可采用染色法，染色剂为：亚硫酸钠 2g，冰醋酸 2mL，水 50mL。先用硝酸酒精浸蚀得到组织，再浸入染色剂中 1～2min。染色后的奥氏体为蓝色，铁素体呈棕色。

6. 轴承钢

轴承钢是一种专业结构钢，是用来制造在各种不同环境中使用的各类滚珠、滚柱和轴承套圈等。按用途可分为高碳铬轴承钢（GCr15、GCr15SiMn）、渗碳轴承钢（25 钢、15Mn、G20CrMo、G20Cr2Ni4）、不锈钢轴承（9Cr18、1Cr18Ni9）、高温轴承钢（Cr4Mo4V、W18Cr4V、W6Mo5Cr4V2）、防磁轴承钢（25Cr18Ni10W 或铍青铜 QBe2.0）。

由于轴承钢的性能要求较高，如高而均匀的硬度和耐磨性，以及高的弹性极限，因此对冶金质量的控制非常严格。对轴承钢的化学成分的均匀性、非金属夹杂物的含量和分布、碳化物的分布等要求都十分严格，是所有钢铁生产中要求最严格的钢种之一。主要的检测标准有 JB/T 1255—2014《滚动轴承　高碳铬轴承钢零件　热处理技术条件》、GB/T 3203—1982《渗碳轴承钢　技术条件》、JB/T 8881—2011《滚动轴承　零件渗碳热处理　技术条件》、GB/T 3086—2008《高碳铬不锈轴承钢》、JB/T 2850—2007《滚动轴承　Gr4Mo4V 高温轴承钢零件　热处理技术条件》、JB/T 6366—2007《滚动轴承　中碳耐冲击轴承钢零件　热处理技术条件》等。涉及的检测项目有低倍组织、非金属夹杂物、碳化物不均匀度、脱碳层深度、显微组织。

二、 工具钢的检验

1. 碳素工具钢

碳素工具钢碳含量较高，在 0.65%～1.35% 之间。原材料大多为锻造加工后的退火状态，由片状珠光体和网状渗碳体组成。为了淬火回火后获得细马氏体和颗粒渗碳体，需要进行球化退火，球化退火后组织为球状与片状混合珠光体。组织检验主要按 GB/T 1298—2008《碳素工具钢》进行，包括珠光体组织、网状碳化物和脱碳层。标准中规定了不同碳素工具钢的珠光体组织、网状碳化物级别及脱碳层的最大深度。

不正常退火组织：片状珠光体，由于退火温度过高造成；网状碳化物，在热加工后的冷却工程中，二次碳化物沿晶粒边界析出形成，是碳素工具钢的检测项目之一；石墨碳，退火温度高、保温时间长、冷却慢、多次退火都有可能产生；脱碳，由于钢材热加工时，表面与炉气发生氧化反应，加热温度高或时间长都会引起脱碳。

不正常淬火组织：过热和过烧组织，晶粒粗大、马氏体针叶粗大、残余奥氏体增多、渗碳体颗粒减少；淬火欠热组织，出现未转变的细珠光体或托氏体；裂纹，淬火温度选择不当、加热或冷却速度过快、冷却不均匀都会出现淬火裂纹。

2. 合金工具钢

在碳素工具钢的基础上，加入一种或几种合金元素（Cr、W、Mn、Mo、Si

等）。主要按 GB/T 1299—2000《合金工具钢》进行检验，涉及的金相检测项目有珠光体、网状碳化物、共晶碳化物不均匀度、脱碳层。

珠光体检验在退火状态下进行，按标准中的评级图进行评定，1～5 级为合格。退火状态的 CrWMn、Cr2 等钢，一般需要进行网状碳化物检验，而热压力加工用钢不检验网状碳化物。网状碳化物检验按标准所附第二级别图进行评定；截面小于 60mm 的，其合格级别等于或小于 3 级，螺纹刀具用钢合格级别等于或小于 2 级；当然也可由供需双方协定。退火状态的 Cr12、Cr12MnV 等应按 GB/T 14979—1994 进行检验，合格级别可参考 GB/T 1299—2000 中表 4 规定。脱碳层检验为总脱碳层深度，边长或直径小于 150mm 的热轧锻制钢材一边总脱碳层允许深度可参考 GB/T 1299—2000 中表 5 规定，供需双方也可协议规定按 I 组供应。冷拉钢材一边总脱碳层，除含硅钢外应不大于其公称尺寸的 1.5%，含硅合金钢不大于其公称尺寸的 2%，银亮钢表面不允许有脱碳层。

合金工具钢正常的退火组织为球状珠光体。合金工具钢淬透性好，马氏体多呈丛集状，不如碳素工具钢中的马氏体清晰，以及含有细小颗粒碳化物。回火后得到回火马氏体和细小颗粒碳化物。不良组织有球化不良、网状碳化物、表面脱碳、共晶碳化物不均匀，过热和过烧组织。

3. 模具钢

冷作模具钢除使用碳素工具钢、低合金工具钢外，莱氏体钢、基体钢也被经常使用。莱氏体钢主要的金相检测项目有共晶碳化物不均匀度、珠光体球化、二次碳化物网、淬火组织及晶粒度。前三项可参照 GB/T 1299—2000《合金工具钢》进行检验，淬火组织及晶粒度按《工具钢热处理金相检验》行业标准进行。规定一次硬化马氏体针不大于 2 级，晶粒度为 10～12 级；二次硬化马氏体针不大于 3 级，晶粒度为 8～9 级。基体钢的主要金相检测项目有脱碳层、碳化物带状偏析、二次碳化物网、共晶碳化物及回火程度，碳化物带状偏析按《铬轴承钢技术条件》评定。回火程度评定时，试样制备避免磨抛发热，用硝酸酒精浸蚀后观察到灰黄色不均匀为回火不足，但需要同一试样上切下一块，补做回火后，再与前一试样在相同条件下浸蚀观察对比。

热作模具钢由于反复受热和冷却，还承受比较大的冲击力，因此需要良好的热强度和热疲劳性。主要的金相检验按《铬轴承钢技术条件》、《工具钢热处理金相检验》、《合金工具钢技术条件》。一般需要检验原始组织、球化质量、碳化物网、碳化物带状偏析及组织检验。

4. 高速工具钢

高速工具钢在高速连续切割时，刀具刃口的温度可高达 500～600℃，因此碳素工具钢、合金工具钢均不适用。高速工具钢具有较高的硬度、耐磨性和红硬性，同时还具有足够的强度和韧性。主要成分有 C、W、Cr、V、Mo、Co

等。按化学成分可分为两种基本系列高速工具钢，即钨系高速工具钢和钨钼系高速工具钢。

高速工具钢的金相检验和其他工具钢类似，但又有其特点，除了包括共晶碳化物不均匀度、脱碳层外，还需要进行淬火晶粒度、回火程度、过热程度等检验。具体的合格或允许级别可参考《工具钢金相检验标准》。

三、 铸铁的检验

铸铁是指碳含量大于 2.11% 的铁碳合金，根据石墨形状可分为：灰铸铁，碳全部或大部分以片状石墨存在；蠕墨铸铁，碳全部或大部分以蠕虫状石墨形式存在；可锻铸铁，碳全部或大部分以游离团絮状石墨形式存在；球墨铸铁，碳全部或大部分以球状石墨形式存在。

铸铁的机械性能主要取决于基体组织及石墨（渗碳体）的数量、形状、大小和分布。铸铁最常用的检测标准是 GB/T 7216—2009《灰铸铁金相检验》和 GB/T 9441—2009《球墨铸铁金相检验》。

1. 灰铸铁

灰铸铁按 GB/T 9439《灰铸铁件》标准规定的抗拉强度分级，从而形成相应的材料牌号，有 HT100、HT150、HT200、HT250、HT300、HT350 六个。灰铸铁的组织可看成钢的组织加片状石墨。GB/T 7216—2009《灰铸铁金相检验》中石墨分布形状有六种，分布用字母 A～F 表示。试样在 100 倍的放大倍数下观察，具体说明见表 3-17，评级图参考标准。在生产中，同一铸件的同一部位上往往存在几种形态的石墨，此时通过估计各类型石墨的百分含量并加以表示，如 70%A＋20%D＋10%E。从石墨形态对灰铸铁性能的影响来看，A 型和 B 型石墨为好。

表 3-17　石墨分布形状

石墨类型	说明
A	片状石墨呈无方向性均匀分布
B	片状及细小卷曲的片状石墨聚集成菊花状分布
C	初生的粗大直片状石墨
D	细小卷曲的片状石墨在枝晶间呈无方向性分布
E	片状石墨在枝晶二次分枝间呈方向性分布
F	初生的星状（或蜘蛛状石墨)

石墨长度也是影响铸铁力学性能的重要因素，抗拉强度随石墨长度的增加而减少。《灰铸铁金相检验》标准把石墨长度分为 8 个级别，在 100 倍的放大倍数下选择具有代表性的视场，按其中最长的三条石墨的评级值作为分级依据，各级别具体分析情况参见表 3-18。

灰铸铁中珠光体数量越多，铸铁的强度、硬度和耐磨性越高。国家标准规定珠光体数量检验在 100 倍的放大倍数下进行，按珠光体的百分含量进行评级（珠光体

＋铁素体＝100％），共有 8 个级别，具体含量见表 3-19。

表 3-18　石墨长度分级

级别	100 倍的放大倍数下石墨长度/mm	实际石墨长度/mm	级别	100 倍的放大倍数下石墨长度/mm	实际石墨长度/mm
1	≥100	≥1	5	＞6～12	＞0.06～0.12
2	＞50～100	＞0.5～1	6	＞3～6	＞0.03～0.06
3	＞25～50	＞0.25～0.5	7	＞1.5～3	＞0.015～0.03
4	＞12～25	＞0.12～0.25	8	≤1.5	≤0.015

表 3-19　珠光体数量

级别	名称	珠光体数量/％	级别	名称	珠光体数量/％
1	珠 98	≥98	5	珠 70	＜75～65
2	珠 95	＜98～95	6	珠 60	＜65～55
3	珠 90	＜95～85	7	珠 50	＜55～45
4	珠 80	＜85～75	8	珠 40	＜45

在生产中大多数普通的灰铸铁碳化物含量均较少，但在合金铸铁和耐磨铸铁中，会出现较多的碳化物。国家标准将碳化物数量分为 1～6 级，级别名称依次为碳 1、碳 3、碳 5、碳 10、碳 15、碳 20。各级别中的数字表示该级碳化物的数量体积分数。

磷共晶是指磷化铁和奥氏体、碳化物的共晶组织，有二元、三元、二元-碳化物、三元-碳化物四种类型。磷共晶数量的分级类似碳化物数量，分为磷 1、磷 2、磷 4、磷 6、磷 8、磷 10，其中数字代表该级磷共晶的近似含量。在为了鉴别碳化物和磷共晶，也可采用染色法，常用的染色剂配方、染色方法和碳化物、磷共晶着色情况见表 3-20。

表 3-20　常用染色剂及染色效果

编号	成分	浸蚀温度/℃	浸蚀时间/min	染色效果
1	20mL 硝酸,75mL 乙醇	室温	1～3	基体呈黑色,磷共晶未蚀
2	20mL 硝酸,80mL 水	室温	1～3	基体呈黑色,磷共晶未蚀
3	25g 氢氧化钠,2g 苦味酸,75mL 水	煮沸	2～5	渗碳体呈棕色,磷化铁呈黑色
4	10g 氢氧化钠,10g 铁氰化钾,100mL 水	50～60	1～3	渗碳体不染色,磷化铁呈浅黄色或黄褐色
5	5g 高锰酸钾,5g 氢氧化钠,100mL 水	40	2	渗碳体不染色,磷化铁呈棕色

共晶团越细小，铸铁强度越高。检验共晶团数量时，常用的腐蚀剂为氯化铜 1g，氯化镁 4g，盐酸 2mL，酒精 100mL；或硫酸铜 4g，盐酸 20mL，水 20mL。共晶团数量是在 10 倍或 50 倍的放大倍数下，观察直径为 70mm 的视场内共晶团的个数，或计算每平方厘米内共晶团的个数来表示，共晶团数量共分为 8 级，详见标准中的表 6。

图 3-15 和图 3-16 显示的灰铸铁试样依据 GB/T 7216—2009《灰铸铁金相检

验》评定：石墨分布形状 A 型；石墨长度 4 级；珠光体数量 1 级，珠光体 98％；
磷共晶数量 1 级，磷 1。

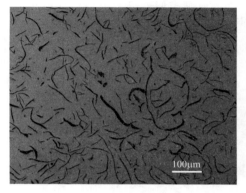

图 3-15　抛光态时灰铸铁中石墨

图 3-16　4％硝酸酒精浸蚀时灰铸铁组织

2. 球墨铸铁

球墨铸铁的石墨呈球状或接近球状，从而对金属基体的割裂作用不严重，可以
通过热处理提供球墨铸铁的基体组织性能，从而发掘其性能潜力。为此，对球墨铸
铁的石墨和基体组织的检验是球墨铸铁生产的一个重要环节。球墨铸铁用 QT＋最
低抗拉强度＋最低伸长率表示，如 QT500-7。球铁共有八种牌号，分别为 QT400-
18、 QT400-15、 QT450-10、 QT500-7、 QT600-3、 QT700-2、 QT800-2、
QT900-2。

球墨铸铁检验按 GB/T 9441—2009《球墨铸铁金相检验》进行，有球化分级
和评定、石墨大小和评定、珠光体数量、分散分布的铁素体数量、磷共晶数量、碳
化物数量。该标准中关于石墨的分类只是在附录 A 中进行了描述。

石墨球化率是指在规定的视场内，球状（Ⅵ型）和团状（Ⅴ型）石墨个数所占
石墨总数量的百分比。共分 1～6 个级别，分别对应的球化率为≥95％、90％、
80％、70％、60％、50％。

石墨大小对铸铁性能也有影响，实际生产中希望得到均匀、圆整、细小的石
墨，可以使球墨铸铁具有高的强度、塑性、韧性和疲劳强度。国家标准中石墨大小
是按石墨平均直径分为 3～8 级，共 6 个级别。平均直径是指代表性视场中，直径
大于最大石墨球半径的石墨球直径的评级值。具体石墨大小分级见表 3-21 所示。

表 3-21　石墨大小分级

级别	3	4	5	6	7	8
石墨直径（100 倍）/mm	＞25～50	＞12～25	＞6～12	＞3～6	＞1.5～3	≤1.5

分散分布的铁素体数量检验一般很少遇到，当采用直接加热至三相区进行部分
奥氏体化正火工艺，铁素体呈分散分布的块状；采用完全奥氏体化后炉冷至三相区
保温进行两阶段正火工艺，铁素体呈分散分布的网状。一般情况下分散分布的铁素

体数量很少，为了便于检验，国家标准按块状和网状两个系列，按分散分布的铁素体含量各分六个级别，依次为铁5、铁10、铁15、铁20、铁25、铁30。珠光体数量、磷共晶数量、碳化物数量的评定与灰铸铁的原则类似，只是级别稍有不同，各相具体级别可参考标准《球墨铸铁金相检验》。

图 3-17 和图 3-18 显示的球墨铸铁依据 GB/T 9441—2009《球墨铸铁金相检验》评定：球化分级 3 级；石墨大小 6 级；珠光体数量珠 10。

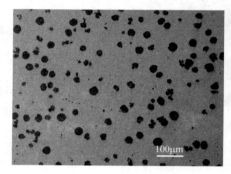

图 3-17　抛光态石墨

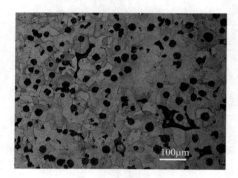

图 3-18　4％硝酸酒精浸蚀时球墨铸铁组织

四、 特殊用途钢的检验

特殊用途钢是指具有某些特殊物理、化学性能和特殊用途的钢。随着工业技术的发展，对材料的要求越来越高，在机械制造、航空、化学、石油、电机及国防等工业部门广泛需要各种特殊用途钢。这里钢主要介绍不锈钢和耐热钢的金相检验。

1. 不锈钢

不锈钢是不锈耐酸钢的简称，耐空气、蒸汽、水等弱腐蚀介质或具有不锈性的钢种称为不锈钢；而将耐化学腐蚀介质（酸、碱、盐等化学浸蚀）腐蚀的钢种称为耐酸钢。不锈钢制品的强制性、推荐性标准和行业标准约 40 个，这些标准中除规定产品尺寸、外形及允许偏差，牌号及化学成分，力学性能，工艺性能，表面质量外，还规定了低倍组织、非金属夹杂物、晶粒度、铁素体含量、耐腐蚀性能等需要进行金相检验。

金相试样制备应以不引起组织变化为前提，磨制样应仔细，不宜产生高热，压力不宜过大。可采用电镜抛光，抛光条件为：60％的高氯酸 200mL，酒精 800mL，电压 35～80V，时间 15～60s；铬酸 600mL，水 830mL，电压 1.5～9V，时间 1～5min。不锈钢浸蚀常用的腐蚀剂有硫酸铜盐酸水溶液、氯化铁盐酸水溶液、苦味酸盐酸酒精溶液、王水溶液。

不锈钢中可能还会同时出现铁素体、奥氏体、碳化物、δ 铁素体、σ 相等，可以通过形态、化学或电解浸蚀等方法区别。铁素体形态呈带状或枝晶状；奥氏体呈规则多边形，有时有孪晶及滑移线；马氏体呈针状。用碱性铁氰化钾溶液浸蚀后铁素体呈玫瑰色，奥氏体呈光亮色，σ相呈褐色，碳化物溶解；碱性高锰酸钾溶液浸蚀后σ相呈橘红色，铁素体呈浅棕色，铁素体呈褐色。

马氏体不锈钢退火后的组织为铁素体和碳化物，碳化物常沿铁素体晶界呈网状分布；淬火后的组织为马氏体＋碳化物＋少量残余奥氏体；低温回火得到回火马氏体及细颗粒碳化物，高温回火后得到回火索氏体。铁素体不锈钢一般常用两种工艺：一种是加热到900℃保温并空冷，相应的显微组织是铁素体及铬的碳化物；另一种是加热到1200℃保温并水淬，相应的显微组织是δ铁素体和低碳马氏体。奥氏体不锈钢常用的热处理工艺有固溶处理、稳定化退火、消除应力退火、消除σ相处理和敏化处理。固溶处理后得到单相奥氏体组织，稳定化退火后得到奥氏体＋碳化物＋少量铁素体组织。双相不锈钢是指铁素体-奥氏体双相类型的不锈钢，在奥氏体不锈钢的基础上提高铬含量或加入其他铁素体形成元素，使铁素体和奥氏体含量相当。沉淀硬化不锈钢有马氏体型、半奥氏体型、奥氏体型。这类不锈钢必须通过固溶处理、调质处理和时效处理三个过程。

低倍组织按GB/T 226—1991《钢的低倍组织及缺陷酸蚀检验方法》和GB/T 1979—2001《结构钢低倍组织曲线评级图》进行检验，不锈钢棒低倍组织按照GB/T 1220—2007《不锈钢棒》进行检验。非金属夹杂物按GB/T 10561—2005《钢中非金属夹杂物含量的测定标准评级图显微检验法》进行检验。晶粒度按照GB/T 6394—2002《金属平均晶粒度测定法》进行检验。δ铁素体含量按GB/T 13305—2008《不锈钢中α-相面积含量金相测定法》和GB/T 8732—2004《汽轮机叶片用钢》进行检验。

2. 耐热钢

耐热钢是指在高温下具有较高的强度和良好的化学稳定性的合金钢。耐热钢的金相检验制样、磨抛、浸蚀和一般合金钢基本相同，奥氏体耐热钢制样时应主要避免产生机械滑移和扰乱层。铁素体耐热钢显微组织为单相的铁素体组织，具有高的抗氧化性，主要用于燃烧室、喷嘴和炉用部件。珠光体-铁素体耐热钢经过正火加高温回火后，组织为铁素体和珠光体或贝氏体，广泛用于锅炉管、汽包和汽轮机紧固件、主轴、叶轮等零件。马氏体耐热钢原材料在冷拉退火状态时，显微组织为铁素体和均匀分布的颗粒碳化物；热轧缓冷状态时，显微组织为富铬铁素体和碳化物；淬火加高温回火后，得到回火索氏体或回火索氏体和δ铁素体。这类耐热钢常用于汽轮机的动、静叶片和内燃机的进、排气阀。奥氏体耐热钢常采用固溶处理加时效处理，处理后其显微组织为奥氏体和碳化物，常用于高温炉中的部件、高强重载排气阀等。

耐热钢的金相检验项目与不锈钢类似。对于制作内燃机进、排气阀的中碳耐热钢金相检验在行业中有特殊规定，JB/T 6012.2—2008《内燃机进、排气门　第2

部分：金相检验》。用于高温主蒸汽管道的珠光体-铁素体耐热钢，为确保安全使用，需要定期对服役的管道按行业标准进行珠光体球化率检验。其他耐热钢的检验标准有 GB/T 1221—2007《耐热钢棒》、GB/T 4238—2007《耐热钢钢板和钢带》、GB/T 5310—2008《高压锅炉用无缝钢管》等。

五、 高温合金的检验

高温合金是指用于生产高温下（260℃以上）长期使用的零部件的一类高性能的材料，其具有良好高的抗氧化性、抗蠕变性与持久强度。通常高温合金的检验包括低倍检验、高倍检验、断口检验。

低倍检验主要检测疏松、中心疏松、点状或锭型偏析等；高倍检验（金相检验）有非金属夹杂物、显微组织、晶粒度等。高温合金相关标准有 GB/T 14999《高温合金试验方法》，共有六个部分，分别为 GB/T 14999.1—2012《高温合金试验方法　第 1 部分：纵向低倍组织及缺陷酸浸检验》、GB/T 14999.2—2012《高温合金试验方法　第 2 部分：横向低倍组织及缺陷酸浸检验》、GB/T 14999.3—2012《高温合金试验方法　第 3 部分：棒材纵向断口检验》、GB/T 14999.4—2012《高温合金试验方法　第 4 部分：轧制高温合金条带晶粒组织和一次碳化物分布测定》、GB/T 14999.6—2010《锻制高温合金双重晶粒组织和一次碳化物分布测定方法》、GB/T 14999.7—2010《高温合金铸件晶粒度、一次枝晶间距和显微疏松测定方法》。试样的选取、制备和腐蚀可参考该系列标准。

X射线衍射技术

第一节　概述

X射线是1985年德国物理学家伦琴发现的，因此，人们也把它称为伦琴射线。它具有很高的穿透能力，能透过许多对可见光不透明的物质。在X射线被发现后的几个月时间里，就被应用到医学方面，用于检查人体内伤。后来用于工程方面，检验金属构件的内部缺陷。而对于X射线的本质认识是德国物理学家劳厄等人利用晶体作衍射光栅，观察到了X射线的衍射现象，从而证实了X射线是一种电磁波。英国物理学家布拉格父子首次利用X射线衍射方法测定了NaCl的晶体结构，从而开始了X射线晶体结构分析的历史。

一、X射线的产生

X射线是由于原子中的电子在能量相差悬殊的两个能级之间的跃迁而产生的粒子流，凡是高速运动的带电粒子被突然减速时便能产生X射线。由此可见，要获得X射线必须具备几个基本条件：产生自由电子；使电子作定向高速运动；使其突然减速。按照这个原理制成了X射线发生器，通常有X射线管和为其提供电能的电器装置。

X射线管可分为离子式X射线管和电子式X射线管。离子式X射线管是借助高压电场内少量的气体发生电离产生电子，而电子式是借助加热阴极灯丝发射电子。离子式X射线管已基本被淘汰，现在普遍使用的是电子式X射线管。电子式X射线管又分为密闭式和可拆式，大部分情况使用密闭式。密闭式X射线管的基本结构如图4-1所示，主要由阴极、阳极、窗口、焦点等组成。

阴极是发射电子的地方，由绕成螺旋形的钨丝制成。通过一定的电流加热到白热，便能放射热辐射电子，在几十万伏高压电场下，这些电子将以高速奔向阳极。

阳极又称靶，是使电子突然减速和发射X射线的地方。由于高速运动的电子束在轰击靶时，只有1%的能量转换成X射线，其余99%的能量都转变成热能，因此在阳极必须有良好的循环冷却水，以防止靶熔化。常用的靶材料有Cr、Fe、Co、Ni、Cu、Mo、Al等。阳极外面装有阳极罩，用于吸收二次电子，避免管壁

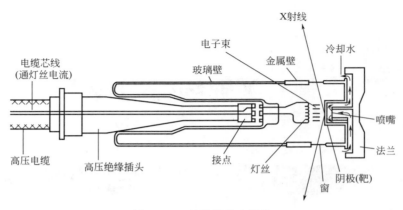

图 4-1　X 射线管基本结构

带有较大的负电荷，而阻止电子束的运动。

　　窗口是 X 射线从阳极靶向外射出的地方，一般与靶面的角度为 $3°\sim6°$ 最合适。为了减少 X 射线的损失，同时又要有足够的强度以保持管内真空，一般选用铍片作为窗口材料。

　　焦点是指阳极靶被电子束轰击的地方，也是产生 X 射线的地方，焦点的尺寸和形状是 X 射线管的重要特性之一。在 X 射线衍射工作中，希望有较小的焦点和较强的 X 射线强度。现代的 X 射线管多用螺线形灯丝，产生长方形焦点。

二、 X 射线衍射

　　X 射线照射到晶体时，首先被电子散射，每个电子都是一个新的辐射波源，向空间辐射出与入射波相同频率的电磁波。这些散射波相互干涉，在某些方向上始终相互叠加，于是得到衍射；而在某些方向上始终相互抵消，于是没有衍射。因此，X 射线衍射现象实际上是大量原子散射波相互干涉的结果。

　　X 射线衍射的分布规律由晶胞的大小、形状和位向决定，而衍射强度取决于原子在晶胞中的位置。在描述 X 射线在晶体中的衍射时，常用布拉格方程表示。当一束平行的 X 射线以 θ 角投射到一个原子面时，任意两原子的散射波在原子面上的光程差为零，如图 4-2（a）所示。

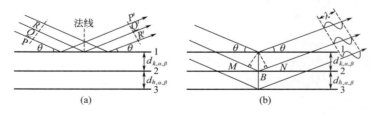

图 4-2　布拉格反射

由于 X 射线有很强的穿透能力，当衍射是由多个平行原子面的反射波振幅叠加的结果时，干涉加强的条件是晶体中相邻两原子面上的原子散射波在原子面反射方向的相位差为 2π 的整数倍，即光程差为波长的整数倍。由图 4-2（b）可以看出，经过两原子面反射的反射波光程差为 $MB + NB = 2d\sin\theta$，干涉条件即为 $2d\sin\theta = n\lambda$。只有当 λ、θ 和 d 三者之间满足布拉格方程式，才能发生反射，把 X 射线的这种反射称为选择反射。

三、X 射线散射

电子是散射 X 射线的最基本单元，一个电子对 X 射线的散射强度可用汤姆逊公式表示。当 X 射线与一个原子相遇时，由于原子核质量比电子质量要大得多，因此原子核的受迫振动可以忽略不计，主要以原子系统中的所有电子对 X 射线的散射。而晶体对于 X 射线的散射可以看成是单位晶胞在空间的一种重复体，在简单晶胞中，每个晶胞只由一个原子组成，这时单胞的散射与一个原子的散射相同。而在复杂晶胞中，原子的位置影响衍射强度，在特殊情况下，某些方向上的衍射强度可能消失。每一个电子，每一个原子，每一个晶胞，一个晶体对于 X 射线的散射强度均有复杂的公式，由于所需理论知识较强，不在本书中介绍。

四、X 射线强度

在 X 射线的强度计算中，只介绍一下晶体结构的消光规律，可以由结构因子的计算公式得出。结构因子只与原子在晶胞中的位置有关，而不受晶胞形状和大小的影响。因此，系统消光规律可以演示布拉菲点阵与其衍射花样之间的具体联系，十四种布拉菲点阵中四种基本类型的消光规律见表 4-1。

表 4-1　布拉菲点阵消光规律

布拉菲点阵	出现的反射	消失的反射
简单点	全部	无
底心点阵	h、k 为全奇或全偶	h、k 奇偶混杂
体心点阵	$h+k+l$ 为偶数	$h+k+l$ 为奇数
面心点阵	h、k、l 为全奇或全偶	h、k、l 奇偶混杂

表 4-1 所列的仅仅是由同类原子组成的晶体的系统消光规律，对于那些晶胞中原子数目较多的晶体以及由异类原子所组成的晶体，还要引入附加的系统消光条件。

第二节　常用 X 射线衍射技术

X 射线衍射仪是利用各种辐射探测器（计数器）来记录和测量 X 射线的衍射

花样，由射线发生器、测角仪、辐射探测器和测量记录器等部分组成。

一、 晶体点阵常数测定

任何晶体物质在一定状态下，都有确定的点阵常数。在金属材料的研究中，常常需要通过点阵常数的测定来研究相变过程、晶体缺陷和应力状态。用 X 射线衍射法测定晶体物质的点阵常数是一种间接方法，根据衍射线的 2θ 值，然后利用布拉格方程和各晶系的面间距公式，求出该晶体点阵。

对试样的要求：颗粒度为 $0.5 \sim 5\mu m$。测试条件：铜靶电压 $35 \sim 40kV$，管电流 $15 \sim 25mA$，发散狭缝 $DS = 1°$，接收狭缝 $RS = 0.15°$，防散射狭缝 $SS = 1°$。要求室温变化不大于 $1℃$，采用步进法，步长为 $0.01°$，要求每个衍射峰的封顶计数 $N \geqslant 2 \times 10^4$。

在用 X 射线衍射仪测试晶体点阵时，首先需要确定每条衍射线的布拉格角的准确值。常用的方法：衍射线外观极大值代表峰位，切线法，中点连线法等，标准 YB/T 5337—2006 中规定采用三点抛物线法确定衍射角位置，确定步骤见标准。三点抛物线法定峰位的公式为

$$2\theta_m = 2\theta_1 + \frac{\Delta 2\theta}{2} \times \frac{3m + L}{m + L}$$

$$m = I_0 - I_1$$

$$L = I_0 - I_2$$

$$\Delta 2\theta = 2\theta_0 - 2\theta_1$$

式中　　$2\theta_0$——衍射线上强度极大 I_0 处的角位置；

$2\theta_m$——用抛物线法求出的衍射线峰值位置；

$2\theta_1$——低角侧衍射强度为约 $85\% I_0$（即 I_1）处的角位置；

I_2——特定点处的衍射强度（图 4-3）。

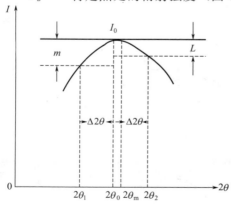

图 4-3　三点抛物线法确定峰位

得到峰位值后可通过下面公式计数相应的点阵常数。

$$a_i = \sqrt{h_i^2 + k_i^2 + l_i^2} \frac{\lambda}{2\sin\theta_i}$$

式中　　i——衍射线的序号；

a_i——第 i 条衍射线计算点阵常数，nm；

h_i、k_i、l_i——第 i 条衍射线的衍射指数；

λ——所用辐射波长，nm；

θ_i——第 i 条衍射线的半衍射

角，（°）

相应的误差修正和温度修正公式参考标准。

二、　物相分析

X射线衍射物相分析是最基础也是最常用的分析，是以X射线衍射效应为基础的定性分析方法。任何一种晶体物质，都具有特定的结构参数（包括晶体结构类型、晶胞大小等），在给定波长的X射线辐射下，呈现出该物质特有的多晶体衍射花样（衍射线的位置和强度）。因此，多晶衍射花样就成了晶体物质的特有标志，多相物质的衍射花样是各相衍射花样的机械叠加。物相定性分析就是根据多晶衍射花样与各种已知物质的衍射数据进行对比，从而知道该材料由什么物相组成。

既然要与已知衍射数据进行对比，就意味着必须要大量收集各种物质的多晶衍射花样。这项工作早在20世纪30年代就由J. D. Hanawalt及其协作者开展，后由美国材料试验协会接管，后来多次修正及补充并出版，即大家熟知的PDF卡片。目前，基本已不再使用手动查找比对PDF卡片，大多使用软件进行比对处理，较常用的软件如JADE。

在进行衍射花样与已知花样进行比对时，最基本的原则是要对好三强线，即已知相的PDF卡片中的最强的三个衍射峰的位置和强度都能与测试花样匹配。当然，如果试样经过变形加工或存在织构的块状试样进行测试，这时衍射峰的强度明显与正常值不同，给物相分析带来一定的困难。因此，在制备试样是，必须使择优取向减至最小。当待测材料是多相时，物相定性分析过程自然会复杂得多，但同样以三强线为主要的比对依据，进行逐一分析。特别注意的是，多相混合的衍射线可能存在重叠现象，特别是在高角度时。此外，当该材料中某相含量很少时，或该相晶面反射能力很弱时，难于显示该相的衍射线，因此X射线物相定性分析只能肯定某相的存在，而不能断言某相的绝对不存在。

X射线衍射物相定量分析是确定混合物中各相的相对含量。根据衍射强度理论，各相衍射线的强度随着该相在混合物中相对含量的增加而增加。在物相定量分析中，即使对于最简单的两相混合情况，要直接从衍射强度计算含量也是很困难的，通常要建立待测相某根衍射线强度和标准物质参考线强度的比值与待测相含量的关系。按照标准物质的不同，物相定量分析具体方法有单线条法、掺和法和直接比较法。其中直接比较法测钢中残余奥氏体含量是物相定量分析中使用较多的方法，也建立了相应的标准，即YB/T 5338—2006《钢中残余奥氏体定量测定X射线衍射仪法》。该标准适用于中、低碳钢和中、低碳低合金钢，同时织构不宜过强，马氏体的（200）、（211）之间的衍射线强度比，及奥氏体的（200）、（220）、（311）之间的衍射线强度比应满足一定要求，具体要求见表4-2。

表 4-2 马氏体相、奥氏体相中各衍射线间的累积强度比

相	衍射线间累积强度比	最佳比值	允许波动的相对范围
马氏体	$\dfrac{I_{(200)}}{I_{(211)}}$	0.49	
奥氏体	$\dfrac{I_{(200)}}{I_{(220)}}$	1.87	±30%
	$\dfrac{I_{(220)}}{I_{(311)}}$	0.74	
	$\dfrac{I_{(311)}}{I_{(200)}}$	0.72	

试样尺寸一般为 20mm×20mm 的平板状，表面应无脱碳、无氧化层、无热影响区。试样必须先用水砂纸磨平，然后电解抛光。2θ 扫描速度不应大于 1°/mim；采用步进扫描时，每度的总记录时间不应小于 1min。根据测试获得的衍射线强度，通过公式计算奥氏体含量，公式如下：

$$V_A = \frac{1 - V_C}{1 + G\dfrac{I_{M(hkl)i}}{I_{A(hkl)j}}}$$

式中　V_A——钢中奥氏体相的体积分数；

　　　V_C——钢中碳化物相总量的体积分数；

　$I_{M(hkl)i}$——钢中马氏体 $(hkl)_i$ 晶面衍射线的累积强度；

　$I_{A(hkl)j}$——钢中奥氏体 $(hkl)_j$ 晶面衍射线的累积强度；

　　　G——奥氏体 $(hkl)_j$ 晶面与马氏体 $(hkl)_i$ 晶面所对应的强度因子之
　　　　　比，具体见表 4-3。

表 4-3 强度因子 G

马氏体 ＼ 奥氏体	(200)	(220)	(311)
(200)	2.46	1.32	1.78
(211)	1.21	0.65	0.87

为便于计算，一般情况下鉴于低碳钢碳化物含量较少，视其含量近似为零，然后将每一 I_M/I_A 值及相应的 G 值代入公式，逐次算出六个 V_A，然后求其算术平均值。当奥氏体含量低于 10% 时，其结果不再可靠，其下限探测量为 4%~5%。

三、 宏观应力的测定

宏观应力是指金属构件中在相对大区域内均匀分布的一种内应力，当产生应力的作用消除后，仍残留在构件内、在相当大范围内分布的内应力称为残余应力。残余应力按作用范围又分为第一类残余应力（又称宏观残余应力）、第二类残余应力和第三类残余应力，后两类又称微观残余应力。

金属材料中残余应力的大小和分布对机械构件的静态强度、疲劳强度和构件尺寸稳定性都有直接影响，测定残余应力对检测焊接、热处理及表面强化处理的工艺效果，控制切削、磨削等表面加工质量有很大意义。残余应力的测量方法有很多，其中 X 射线衍射法是一种无损测定法，测量工件表面的应力，一般贯穿 $10\mu m$ 左右。

X 射线衍射测量残余应力的原理可参照各类相关教材，本书仅以 GB/T 7704—2008《无损检测 X 射线应力测定方法》作为检测标准，介绍残余应力的测试。

仪器应至少具备有半高宽法、抛物线法和交相关法衍射峰位确定方法。同时仪器的综合稳定度优于 1%，对半高宽小于 3°敏锐衍射峰的已知应力试样，不小于 5 次测量的误差小于 ±25MPa，且算术平均值和标准偏差要在 0～25MPa 范围内。测定方法可用同倾固定 φ_0 法、同倾回摆法、同倾固定 φ 法，侧倾固定 φ 法和侧倾固定 φ 回摆法等。

首先，待测试样表面应没有污垢、油膜、厚氧化层和附加应力膜等，表面粗糙度 Ra 要小于 $10\mu m$，有必要的可进行清洗和抛光。试样应在测角仪旋转中心，沿表面法线试样设置误差，平行光束法为 ±2.0mm，准聚焦法为 ±1.0mm。θ 零位校正后偏差要小于 0.01°。尽量采用峰高大于背底波动 4 倍且峰高约为半高宽 4 倍的衍射峰为宜。固定 φ_0 或 φ 法测应力时，φ_0 或 φ 推荐 0°、15°、30°和 45°。为进一步提高精度，也可适当增加 φ_0 或 φ 的个数。

在残余应力计算时，需要材料的弹性模量、泊松比等材料常数，表 4-4 为日本理学汇总的应力测定常数（部分）。

表 4-4　几种常用材料的应力测量常数

被测材料	晶体结构	晶格常数/Å	弹性模量/$(10^3 kgf/mm^2)$	泊松比	靶	衍射角 2θ
α-Fe	B.C.C	2.8664	21～22	0.28～0.3	CrKα	156.08
					CoKα	161.35
γ-Fe	F.C.C	3.656	19.6	0.28	CrKβ	149.6
					MnKα	154.8
Al 合金	F.C.C	4.049	7.03	0.345	CrKα	156.7
					CoKα	162.1
					CrKα	148.7
					CuKα	164.0
Cu	F.C.C	3.6153	12.98	0.364	CrKβ	146.5
					CoKα	163.5
					CuKα	144.7

注：1Å=0.1nm；1kgf/mm²=9.80665MPa。

对于铁素体钢系，标准中还给出了应力强度修正公式，简化公式为

$$\sigma_{修}=\sigma_{测}+2.1B^2$$

式中　$\sigma_{修}$——修正后的应力值，MPa；

$\sigma_{测}$——未经修正的测定应力值，MPa；

B——0°入射衍射线的半高宽，(°)。

四、织构测定

金属材料经过冷加工变形之后，各晶粒的晶体取向出现一定的择优分布，这种晶粒取向趋于一定方向的聚集现象称为择优取向或织构。不同的加工变形方式所形成的织构类型也不同，比较典型的是丝织构和板织构。

织构的表示方式有很多种，有晶体学指数表示法（丝织构用<uvw>表示，板织构表示为 {hkl} <uvw>）、直接极图表示法、反极图表示法、三维取向分布函数（ODF）表示法。

测量织构的方法有照相法、透射法、反射法和背散射电子衍射（EBSD 技术）。其中透射法和反射法又称衍射仪法。照相法测丝织构轴指数的思路是：首先从衍射图中测算出 θ 和 δ，通过 θ、δ 和 ρ 三者的关系求出 ρ 角，然后再已知 h、k、l 和 ρ 角的情况下，确定织构轴指数<uvw>。目前，照相法已被衍射仪法所取代，在织构测量过程中多用衍射仪法。

透射法的几何原理如图 4-4 所示，厚度为 $0.05 \sim 0.08$mm 的薄片试样安置在专用试样架上，使薄片能绕衍射仪轴及试样表面发现旋转。前者称 α 转动，后者称 β 转动。探测器 D 固定在几个 h、k、l 反射的 2θ 位置不动。开始时，$\alpha = 0°$，$\beta = 0°$。测量前可根据实际情况，设定 α 以 5°或 10°顺时针转动，直到接近一（$90° - \theta hkl$）为止。在每个 α 角度下，β 顺时针从 0°旋转到 360°，并同时探测织构弧斑的分布。

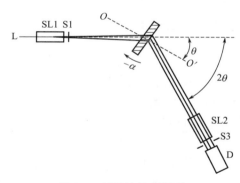

图 4-4　透射法几何原理

反射法几何原理如图 4-5 所示。反射法采用厚板试样，以保证透射部分的 X 射线衍射全部被吸收。厚板试样安装在专用的试样架上，试样不仅能绕衍射仪轴 OO' 旋转，还能绕试样表面水平轴 FF' 旋转。为了测绘极图，试样的初始位置设计为轧向与衍射仪轴重合，入射线和衍射线处于试样的同一侧，且与试样表面成 θ 角。当试样绕 FF' 轴转动时，垂直于试样表面的 OO' 轴即在一个竖立平面内转动，但发射面法线始终固定于和 FF' 轴垂直的水平位置上。由于反射法和透射法测绘同一张极图，为使反射法能够与透射法一样将 α 和 β 标绘于极图上，规定试样表面在水平位置时 $\alpha = 0°$，轧向与水平轴 FF' 左方重合时 $\beta = 0°$，图中试样所处位置为 $\alpha = -90°$、$\beta = 90°$，此时，反射面与轧面平行，其极点在极网中心。

当试样绕 FF' 逆时针转动 α 角时，反射面法线的极点自投影中心向上移动 α

角；在此位置下，再令试样绕板面法线
顺时针转动 β 角时，反射面法线的极点
将沿其所在同心圆周逆时针方向移动 β
角。因此在反射法中，如果使 α 每隔 $5°$
或 $10°$ 转动一次，逐步使 α 由 $-90°$ 降至
$-40°$，在每次 α 旋转后，β 作 $0°\sim360°$
旋转，同时探测织构弧斑的分布，由此
可以查明 $\{hkl\}$ 极点在极图中心区域
的分布情况。

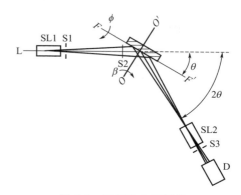

图 4-5　反射法几何原理

目前，X 射线衍射法测量织构建立
了 YB/T 5360—2006《金属材料定量极
图的测定》标准。标准规定了用 X 射线衍射仪测绘金属材料定量极图的基本方法，
将 Schulz 反射法作为反射法测量的基本试验方法，将 Decker 等人的透射法作为透
射法测量的基本试验方法。极图数据用于计算晶体取向分布时，优先采用反射法测
量部分极图。

反射法测量时试样表面平整光洁，且要足够厚，使 X 射线穿透试样造成的强
度损失可以忽略。如果入射强度 1% 的损失是可以接受，则必须使 μt 不小于
$2.3\sin\theta$。如果必须使用薄试样，则要进行必要的强度修正。透射法试样厚度选择
的主要参考是 $\mu t=\cos\theta$ 时得到最大的衍射强度，可以适当放宽。对于试样的尺寸
要求，以经过狭缝限制后的入射 X 射线束始终全部照射在试样表面上即可。

五、 荧光分析

当能量高于原子内层电子结合能的高能 X 射线与原子发生碰撞时，驱逐一个
内层电子而出现一个空穴。当较外层电子跃入内层空穴所释放的能量不在原子内被
吸收，而以辐射的形式放出，便产生 X 射线荧光。荧光 X 射线的波长与元素的原
子序数 Z 之间符合莫塞莱定律：$\lambda=K（Z-S）^{-2}$，其中 K 和 S 都是常数。而根
据量子力学，X 射线又可以看成一种光子或量子组成的粒子流，每个粒子具有的能
量为 $E=h\nu=hC/\lambda$，其中 E 为 X 射线光子的能量，h 为普朗克常数，ν 为光波频
率，C 为光速。

利用 X 射线荧光的能量或波长具有与元素一一对应的关系，通过测定试样中
特征 X 射线的波长和强度，确定钢铁及合金中存在的元素和含量。由于该方法具
有分析元素范围广（Be~U），对试样无特殊要求，分析元素含量范围宽，且属于
非破坏性分析等特点，目前已作为常规方法应用到钢铁工业中的化学分析。

X 射线荧光分析仪根据分光方式不同，可分为能谱色散和波长色散两类，也就
是能谱仪和波谱仪。根据激发方式不同，可分为源激发和管激发两种。源激发式利
用放射性同位素源放出的 X 射线；管激发式用 X 射线发生器产生 X 射线。X 射

荧光波长色散仪的基本构造包括 X 射线管、试样架、梭拉光阑、分光晶体和探测器等，如图 4-6 所示。

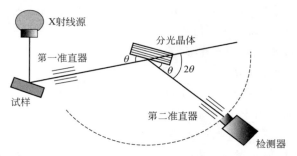

图 4-6　平面晶体型荧光 X 射线波长色散仪的基本部件示意图

目前，日本工业标准（JIS）、美国材料与试验协会标准（ASTM）都有了 X 射线荧光分析检测的相关标准，如 JIS G1256—1997《钢铁 X 射线荧光光谱分析法》，ASTM E572—2013《用波长色散 X 射线荧光光谱测定法分析不锈钢及合金钢的试验方法》。我国也有相关检测标准，如 GB/T 16597—1996《冶金产品分析方法 X 射线荧光光谱法通则》，SN/T 2079—2008《不锈钢及合金钢分析方法 X 射线荧光光谱法》。GB/T 16597—1996 中规定了常用的一些分光晶体及其适用范围，见表 4-5。标准 SN/T 2079—2008 规定了不锈钢及合金钢中 Si、Mn、P、S、Cr、Ni、Cu、Mo、V、Ti、Co、Nb、Al、W、Zr 15 种元素含量的 X 射线荧光光谱分析方法及其测定范围。

表 4-5　常用分光晶体及其适用范围

晶体名称	衍射面(hkl)	$2d$/nm	适用元素范围	
			K 系线	L 系线
LiF	220	0.285	Cr(24)以上	Nd(60)以上
LiF	200	0.403	K(19)以上	In(49)以上
NaCl	200	0.564	S(16)以上	Ru(44)以上
Ge	111	0.653	P(15)以上	Zr(40)以上
石英(SiO₂)	1011	0.667	P(15)以上	Zr(40)以上
石墨	002	0.671	P(15)以上	Zr(40)以上
InSb	111	0.748	Si(14)以上	Rb(37)以上
PET(PE)	002	0.874	Al(13)以上	Rb(37)以上
EDDT	020	0.881	Al(13)以上	Br(35)以上
ADP	101	1.065	Mg(12)以上	As(33)以上
TIAP(TAP)	011	2.575	O(8)以上	V(23)以上

注：已有 2d 值更大的人工合成多层膜晶体用于分析超轻元素。

X 射线荧光光谱定量分析是一种相对分析技术，要有一套已知含量的标准试样系列（经化学分析过的或人工合成的）进行测量标定，常用的方法有外标法和内标法两大类。

外标法就是 GB/T 16597—1996 标准中的 6.2.1 标准曲线法，在测定某种试样中元素 A 含量时，预先制备一套（不少于 5 个）成分已知的标样，绘制出标准试样中分析元素的含量与 X 射线强度的关系曲线，即校正曲线。然后根据待测试样中该元素的 X 射线强度，从校正曲线上找出相应的百分含量。

当待测的未知试样是粉末或溶液时，采用内标法较方便。内标法是把一定的内标元素加到分析元素含量已知的试样中作为标准试样，测量标准试样中分析元素与内标元素的 X 射线强度比，用该相对分析元素含量绘制校准曲线。分析试样中也加入同一种内标物质和同样的量，按同样的方法得出 X 射线强度比，从校准曲线求得相应的含量。内标法适于含量低于 10％的元素测量；内标元素的原子序数必须接近于待测元素的原子序数，避免产生选择吸收或选择激发；适当的基体元素谱线和散射线也可作为内标线；内标元素在试样中必须分布均匀。标准加入法也称增量法，是在未知试样中混入一定数量的已知元素 j，作为参考标准，然后测出待测元素 i 和内标元素 j 的 X 射线强度比，从而得出各自在复合试样中的百分含量比。该方法要求分析元素含量与相应的 X 射线强度成线性关系，且增量值不应少于两个，该方法适用元素含量低于 10％的测定。

X 射线荧光分析的测量值是谱线强度，通过计算或对比，使强度与成分发生联系，因此是一种相对方法。在相对方法中，必须要考虑精密度与准确度。精密度是指强度观察值与真实值符合的程度，只有当强度与含量关系的换算和修约恰当时，试验测量的精密度才有可能成为准确值。谱线测量的精密度仅取决于所测得的脉冲总数，与计数的统计涨落、背景、试样的均匀性、仪器稳定性等有关。为了获得准确的定量分析结果，应注意：使用含量数据可靠或经过验证的标准试样；标准试样与分析试样组成尽可能一致，制样方法也应完全相同；为了消除共存元素的影响，要选择正确的校正方法；分析元素含量不要超过标准试样所限制的范围；仪器的漂移会导致校准曲线的位移，应在日常分析开始前先用标准化试样对仪器进行校正。

第五章

电子显微分析技术

一、 电子与固体物质的作用

入射电子与表面原子相互作用时，依据能量损失情况可以分为弹性散射（无能量损失）和非弹性散射（损失部分能量）。在非弹性散射过程中，入射电子所损失的能量部分转变为热，使物质产生各种激发现象（如原子电离、自由载流子、二次电子、俄歇电子、特征 X 射线、特征能量损失电子、阴极发光等）。不同信号的产生区域不同，因此对应的分辨率也不同，如图 5-1 所示，其中俄歇电子和二次电子的分辨率最高，与入射电子束在样品表面的束斑面积相等，背散射电子和特征 X 射线的分辨率低，是电子在固体物质中散射后形成的梨形区域。此外由于俄歇电子只产生于样品表面非常浅的位置，所以适合分析表面小于 1nm 深度的成分，而特征 X 射线适合用来分析表面以下 $0.5\sim5\mu m$ 深度的平均成分。根据收集和分析的信号种类研制出相应的分析仪器，如分析俄歇电子信号的俄歇能谱仪，分析二次电子和背散射电子信号的扫描电镜，分析特征 X 射线信号的电子探针，分析透射电子信号的透射电镜。

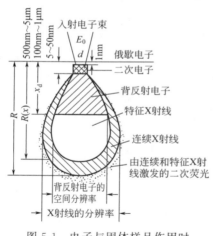

图 5-1　电子与固体样品作用时
产生的信号种类和空间范围

1. 背散射电子

背散射电子是被固体样品的原子核反弹回来的一部分入射电子，包括弹性背散射电子和非弹性背散射电子。弹性背散射电子的能量没有损失，散射角相对于入射电子大于 $90°$。如果有些电子多次散射后仍能反弹出样品表面，就形成了非弹性背散射电子。非弹性散射伴随着能量损失。非弹性散射电子的能量分布也很宽，从数十电子伏到数千电子伏。弹性背散射电子的数量远大于非弹性背散射电子的数量。由于背散射电子产额随着样品原子序数增大而增多，所以其衬度可以显示原子序数的差异，可以定性地用于成分分析。

2. 二次电子

部分样品表面原子的核外电子在高能入射电子束的轰击下，电离逸出样品表面形成自由电子，将这种自由电子称为二次电子。二次电子主要来自样品原子外层的价电子。二次电子的能量很低，一般不超过 50eV。二次电子一般在表层很浅的范围内（5~10nm）产生，因此它对样品外表形貌非常敏感，可以有效表征样品的表面形貌。由于二次电子的数量和原子序数没有明显的关系，所以它对样品的成分不敏感。

3. 特征 X 射线

当样品原子的内层电子被入射电子激发或电离时。原子就会处于能量较高的激发状态。此时外层电子将向内层跃迁以填补内层电子的空缺，同时释放具有特征能量的 X 射线。根据莫塞莱定律，如果用 X 射线探测器测到了样品微区内存在某一种特征波长，就可以判定这个微区中存在着相应的元素。

4. 俄歇电子

入射电子激发样品的特征 X 射线过程中，如果在原子内层电子能级跃迁时释放出来的能量并不以 X 射线的形式发射出去，而是用这部分能量把空位层内的另一个电子发射出去，这个被电离出来的电子称为俄歇电子。由于俄歇电子的平均自由程只有 1nm 左右，所以只有距离表面层 1nm 左右范围内逸出的俄歇电子才具备特征能量，因此俄歇电子适用于样品表面成分分析。

5. 吸收电子

部分入射电子进入样品后，经多次非弹性散射能量损失殆尽，最后被样品吸收。如果有一个灵敏电流表可以测量样品和地接地线连通后产生的电流信号，这个电流的大小就代表了吸收电子的多少。由于不同原子序数部位产生二次电子的数量基本相同，所以产生背散射电子较多的部位（原子序数大），其吸收电子的数量就较少，反之亦然。因此，吸收电子能产生原子序数衬度，同样也可以用来进行定性的微区成分分析。

6. 透射电子

当试样厚度小于入射电子的穿透深度时，入射电子将穿透试样，从另一表面射出，称为透射电子。透射电子信号由微区的厚度、成分和晶体结构来决定。透射电子中除了有能量和入射电子相当的弹性散射电子外，还有各种不同能量损失的非弹性散射电子，其中有些遭受特征能量损失 ΔE 的非弹性散射电子（即特征能量损失电子）和分析区域的成分有关，因此可以利用特征能量损失电子配合电子能量分析器来进行微区成分分析。

二、 显微镜的分辨率

显微镜的分辨率是显微镜最重要的指标，它是指可以分辨的两个物点之间的最小距离，由下面的瑞利公式给出：

$$\Delta r_0 = \frac{0.61\lambda}{n\sin\alpha}$$

式中 Δr_0——最小可分辨距离；

λ——光源的波长；

n——物点和透镜之间的折射率；

α——孔径半角，即透镜对物点的张角的一半；

$n\sin\alpha$——称为数值孔径。

从上面的公式可以看出，显微镜的分辨本领与人的眼睛和其他记录装置没有任何关系。而仅仅取决于公式中的三个参数，对于光学显微镜而言，孔径半角一般最大可以做到 $70°\sim75°$，n 的值也不可能很大。光学显微镜中，可见光的波长在 $390\sim760\mathrm{nm}$ 之间，因此认为普通光学显微镜的分辨率不会超过 $200\mathrm{nm}$（$0.2\mu\mathrm{m}$）。既然是光源的波长限制了显微镜的放大倍数，那么要造出放大倍数更大的显微镜，首先应该选择合适波长更短的光源，而电子波正是这样一种理想的光源。

三、 电子显微镜成像原理

无论是光学透镜还是电磁透镜，只要它们能够将光波（无论是可见光还是电子波）会聚或者发散，就可以做成透镜。而且无论是何种透镜，它们的几何光学成像原理都是相同的（图 5-2），所以对于透射电子显微成像的光路，可以像分析可见光一样来处理。

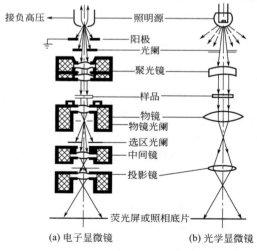

(a) 电子显微镜   (b) 光学显微镜

图 5-2 电子显微镜的构造原理
及其与光学显微镜的对比

图 5-3 所示为电磁透镜成像原理，与光学透镜的成像原理相似，电磁透镜的物距 d、像距 l，焦距 f 三者之间也满足以下关系式：

$$\frac{1}{f} = \frac{1}{d} + \frac{1}{l}$$

放大倍数 M 与三者之间的关

系如下：

$$M=\frac{1}{d}；\quad M=\frac{f}{d-f}；\quad M=\frac{1-f}{f}$$

电磁透镜的焦距可以由下式求出：

$$f\approx K\frac{U_r}{(IN)^2}$$

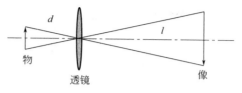

图 5-3　电磁透镜成像原理

式中　K——常数；

　　　U_r——经相对论校正的电子加速电压；

　　　I——通过线圈的电流强度；

　　　N——线圈每厘米长度上的圈数。

从上式可看出，无论励磁方向如何，电磁透镜的焦距总是正的。改变励磁电流，电磁透镜的焦距和放大倍数将发生相应变化。因此，电磁透镜是一种变焦距或变倍率的会聚透镜。

四、电子显微镜的特征

1. 电子波长

德布罗意指出，不仅光存在波粒二象性，而且运动的微观粒子如电子等也存在这种性质。因此运动的电子也会显示出波的性质，电子波长 λ 与电子运动速度 v、电子质量 m 之间存在以下关系：

$$\lambda=\frac{h}{mv}$$

式中　h——普朗克常数。

电子运动速度 v 与加速电压 U 之间存在如下关系：

$$v=\sqrt{\frac{2eU}{m}}$$

式中　e——电子所带电荷，$e=-1.6\times10^{-19}$C。

由上面两式可以得到：

$$\lambda=\frac{h}{\sqrt{2emU}}$$

相对论修正以后，最终可以得到电子波长与加速电压的关系式：

$$\lambda=\frac{h}{\sqrt{2m_0eU\left(1+\dfrac{eU}{2m_0c^2}\right)}}$$

可见，电子波长 λ 与加速电压 U 成反比，U 越高，λ 越短。目前电子显微镜常用的加速电压为 100~1000kV 之间，对应的波长比可见光的波长短了约 5 个数量级，表 5-1 列出了不同加速电压对应的电子波长。

表 5-1   不同加速电压对应的电子波长

加速电压 U/kV	电子波长 λ/nm	加速电压 U/kV	电子波长 λ/nm
20	0.00859	120	0.00334
60	0.00487	200	0.00251
100	0.00371	1000	0.00087

2. 电子透镜

与光波不同，电子波不能通过玻璃透镜会聚成像。但是电子波在静电场或磁场中运动会受力偏转，与光在不同折射率的介质中传播的光学性质相似。由这个原理研制出了两种透镜：静电透镜和磁场透镜。

（1）静电透镜   当电子在电场中运动，由于电场力的作用，电子会发生偏转。电场中等电位面是对电子折射率相同的曲面，与光学中光在两种介质界面处折射起着相同的作用。既然凸透镜可以使光波聚焦成像，那么类似形状的等电位曲面也可以使电子波聚焦成像。这种产生旋转对称等电位曲面簇的电极装置称为静电透镜，如图 5-4 所示。

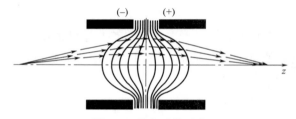

图 5-4   静电透镜示意

由于电场中电位是连续变化的，所以电场对电子的折射也是连续变化的，电子在静电透镜场中沿着曲线轨迹运动；而光学显微镜中光在介质表面发生折射率突变，所以光在玻璃透镜系统中沿着折线的轨迹传播。

（2）磁场透镜   电子在磁场中运动会受到洛伦兹力：电子和可见光不同，它是一带电粒子，因此不能凭借光学透镜会聚成像，但可以利用磁场与电子间的交互作用力使电子波发散或会聚，从而达到成像的目的。电子透镜就是依据这一原理设计制成的，人们把用磁场做成的透镜，称为磁场透镜，如图 5-5 所示。

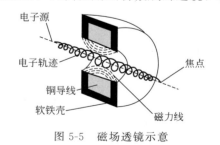

图 5-5   磁场透镜示意

磁场透镜和静电透镜相比，具有如下优点：改变线圈中的电流强度，就能很方便地控制透镜焦距 f 和放大倍率 M；用来供给磁场透镜线圈电流的电源电压通常在 $60\sim100V$ 之间，不用担心击穿；像差较小。

3. 电磁透镜的景深和焦长

（1）电磁透镜的景深   电磁透镜具有景

深大，焦长长的特点，这是由小孔径成像导致的。任何样品都有一定的厚度。因此当透镜焦距、像距一定时，原理上只有一层样品平面，与透镜的理想物平面相重合，只能在透镜像平面获得该平面的理想像，而偏离理想物平面的物点都存在一定程度的失焦，它们在透镜像平面上产生一个具有一定尺寸的失焦圆斑。如果失焦斑点不超过由像差引起的散焦斑，那么对透射电镜分辨率不产生什么影响。将电镜物平面允许的轴向偏差定义为景深，如图 5-6（a）所示，用 D_f 表示。

$$D_f = \frac{2\Delta r_0}{\tan\alpha} \approx \frac{2\Delta r_0}{\alpha}$$

式中　Δr_0——电镜的分辨率；

　　　　α——孔径半角。

由上式可以看出，电磁透镜的孔径半角和景深成反比。电磁透镜的孔径半角 α 一般为 $10^{-2}\sim10^{-3}$ rad，如果电镜分辨率 $\Delta r_0=10$Å（1nm），则电镜景深 $D_f=200\sim2000$，$\Delta r_0=2000\sim20000$Å（$200\sim2000$nm）。电磁透镜景深大，对于图像的聚焦操作是非常有利的。

（2）电磁透镜的焦长　同样的道理，由于像平面的移动也会引起失焦，如果失焦斑尺寸不超过透镜因衍射和像差引起的散焦斑尺寸，也不会影响图像的分辨率。定义像平面允许的轴向偏差为透镜的焦长，如图 5-6（b）所示，用 D_L 表示，则它与透镜的分辨率 Δr_0、像点所张的孔径半角 β 之间的关系式可用下式表示：

$$D_L = \frac{2R_0}{\tan\beta} = \frac{2\Delta r_0 M}{\tan\beta} \approx \frac{2\Delta r_0 M}{\beta} = \frac{2\Delta r_0}{\alpha}M^2$$

如果电磁透镜的分辨率为 0.1nm，孔径半角 $\alpha=10\sim2$rad，放大倍数取 100000 倍，则焦长为 100cm。透射电镜的这一特点给电子显微图像的记录带来了极大的方便。

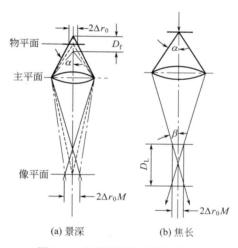

(a) 景深　　　(b) 焦长

图 5-6　电磁透镜的景深和焦长

4. 电子显微镜和光学显微镜的特点

电子显微镜和光学显微镜的基本光学原理是相似的，它们之间的区别仅在于所使用的照明源和聚焦成像的方法不同。前者用电子束照明，用一定形状的磁场聚焦成像；后者是可见光照明，用玻璃透镜聚焦成像，更详细的参数对比见表 5-2。

表 5-2　电子显微镜与光学显微镜的比较

参数	电子显微镜	光学显微镜
射线源	电子束	可见光
波长	0.00251nm(200kV)	400~760nm(可见光)

续表

参数	电子显微镜	光学显微镜
介质	真空	大气
透镜	电磁透镜	玻璃透镜
孔径角	几度	70°
分辨率	点分辨率0.23nm，线分辨率0.14nm	200nm
放大倍数	几十倍至数百万倍	数倍至2000倍
聚焦方式	电磁控制、电子计算机控制	机械操作
衬度	质厚、衍射、相位、原子序数 Z 衬度	吸收、反射衬度

第二节　扫描电镜分析技术

1935年德国学者诺尔首次提出了扫描电镜的概念，1952年剑桥大学 Oatley等制作了第一台扫描电镜，并在1965年推出第一台商品扫描电镜。随着科学技术的提高，扫描电镜逐渐向高亮度光源和低真空分析环境发展，由此开发出了场发射扫描电镜和环境扫描电镜。图5-7所示为 QUANTA FEG 450 扫描电镜。在材料领域，扫描电镜技术发挥着极其重要的作用。扫描电镜结合能谱仪和 EBSD 等配件后应用范围非常广泛，研究内容包括材料的断口、微区的织构、成分、晶粒尺寸、微区应力、微区组织等，成为材料断裂事故原因分析以及材料的设计、制备工艺、加工工艺等合理性判定的强有力手段。

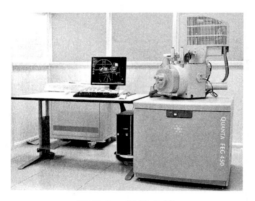

图 5-7　扫描电镜

一、 扫描电镜的结构原理

扫描电子显微镜（简称扫描电镜）是利用细聚焦电子束与样品表面原子核以及核外电子发生作用产生的各种信号来表征分析样品性质的。

1. 扫描电镜的基本原理

图5-8所示为扫描电镜的基本原理和结构，由电子枪发射出的电子，经过电场加速和磁透镜聚焦后在样品表面形成极细的高亮度电子束，这个电子束在末级透镜上的偏转线圈作用下对样品表面逐行扫描。高能电子束与样品表面相互作用激发出

各种物理信号，其强度随着样品的表面特征改变。这些信号被相应的探头配件接收后经过放大器件放大、信号调制最终逐行扫描在荧光屏上形成能反映样品表面特征的图像。控制系统保证了扫描线圈的电流和荧光屏的偏转线圈的电流同步，这样从样品表面任意点收集的信号强度就与屏幕上相应点的亮度一一对应，这与闭路电视系统非常相似。

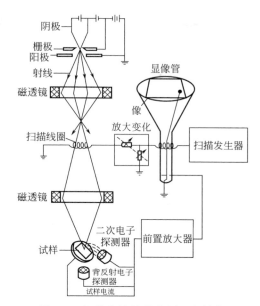

图 5-8　扫描电镜的基本原理和结构

2. 扫描电镜的基本结构

扫描电镜由电子光学系统、扫描系统、信号收集放大系统、图像显示和记录系统、真空系统和电源系统六大部分组成。

（1）电子光学系统　由电子枪、电磁透镜、光阑和样品室等部件组成。目的是获得高亮度和小束斑直径的激发电子束。

① 电子枪　其作用是利用阴极与阳极灯丝间的高压产生高能量的电子束。目前大多数扫描电镜采用热阴极电子枪，而高等级扫描电镜采用六硼化镧（LaB_6）或场发射电子枪。普通热阴极或六硼化镧阴极电子枪都属于热发射电子枪，场发射电子枪属于冷发射电子枪。配备场发射电子枪可以使样品表面的电子束直径小于3nm，所以场发射电子枪是高分辨扫描电镜的理想电子源。

② 电磁透镜　其作用主要是把电子枪的束斑逐渐缩小，使原来直径约为 $50\mu m$ 的束斑缩小成一个只有数纳米的细小束斑。扫描电镜一般有三个聚光镜，前两个透镜是强透镜，用来缩小电子束光斑尺寸，第三个聚光镜是弱透镜，具有较长的焦距，在该透镜下方放置样品可避免磁场对二次电子轨迹的干扰。

③ 光阑　其有两种作用：一个作用是过滤远轴电子，减小能量色差，提高光源的质量；另外一个作用是改变孔径角，影响景深。

④ 样品室　其中主要部件是样品台。它除能进行三维空间的移动，还能倾斜和转动。

（2）扫描系统　其作用是提供入射电子束在样品表面上以及阴极射线管内电子束在荧光屏上的同步扫描信号。改变入射电子束在样品表面扫描振幅，以获得所需放大倍率的扫描像。

（3）信号收集放大系统　其作用是收集样品在入射电子作用下产生的物理信

号，然后经处理放大作为显像系统的调制信号。不同的物理信号需要不同类型的收集系统，大致可分为三类：电子检测器，阴极荧光检测器和 X 射线检测器。在扫描电镜中最普遍使用的是电子检测器，它由闪烁体、光导管和光电倍增器所组成，可以用来检测二次电子、背散射电子和透射电子等信号。

（4）图像显示和记录系统　　其作用是将信号收集放大系统输出的反映样品表面状态的调制信号，转换成屏幕上可观察的图像，并在磁盘等记录系统中保存。

（5）真空系统和电源系统　　真空系统的作用是为保证电子光学系统正常工作，防止样品污染，提高灯丝寿命，一般情况下要求保持 $10^{-4} \sim 10^{-5}$ mmHg（1mmHg＝133.322Pa）的真空度。电源系统由稳压、稳流及相应的安全保护电路所组成，其作用是提供扫描电镜各部分所需的电源。

二、　扫描电镜的主要性能

扫描电镜的最主要性能是放大倍数和分辨率，此外还有景深等参数。

1. 扫描电镜放大倍数

当入射电子束作光栅扫描时，若电子束在样品表面扫描的幅度为 A_s，在荧光屏阴极射线同步扫描的幅度为 A_c，则扫描电镜的放大倍数 M 为 $M＝A_c/A_s$。由于扫描电镜的荧光屏尺寸是固定不变的，因此放大倍数的变化是通过改变电子束在试样表面的扫描幅度 A_s 来实现的。如果荧光屏的宽度 $A_c＝100mm$，当 $A_s＝5mm$ 时，放大倍数为 20 倍，如果减小扫描线圈的电流，电子束在试样上的扫描幅度减小为 $A_s＝0.05mm$，放大倍数可达 2000 倍。可见改变扫描电镜的放大倍数十分方便。目前商品化的扫描电镜放大倍数可以从 20 倍调节到 20 万倍左右。

2. 扫描电镜分辨率

分辨率是扫描电镜最主要的性能指标。扫描电镜的极限分辨率通常是由测量图像上两个亮点之间的最小间隙宽度，然后除以总的放大倍数得到的。对微区成分分析而言，它是指能分析的最小区域；对成像而言，它是指能分辨两点之间的最小距离。分辨率大小由入射电子束直径和调制信号类型共同决定。电子束直径越小，分辨率越高。但由于入射电子束在样品中有扩展效应，所以用于成像的物理信号不同（如二次电子和背反射电子），在样品表面的发射范围也不同，从而影响其分辨率。二次电子和俄歇电子本身能量较低，平均自由程很短，所以这两种信号主要来自样品表面与电子束直径相当的范围内，所以这两种信号的分辨率相当于束斑直径。扫描电镜的分辨率通常指二次电子相的分辨率。电子进入样品较深部位时，在横向已经有了很宽的扩展，形成梨形区域，从这个范围中激发出的背散射电子分辨率比二次电子的低。X 射线也可以用来调制成像，但其深度和广度都远较背反射电子的发射范围大，所以 X 射线图像的分辨率远低于二次电子像和背反射电子像。

仪器标定的分辨率通常是指扫描电镜在最佳状态下达到的性能。由于电源的稳定性、环境振动、外界杂散磁场、电镜真空度以及电子束的状态等因素都会降低扫描电镜的分辨率，所以实际使用中的分辨率常常低于标定分辨率。

3. 景深

景深是指一个透镜对高低不平的试样各部位能同时聚焦成像的一个能力范围。扫描电镜的末级透镜采用小孔径角、长焦距，所以可以获得很大的景深，它比一般光学显微镜景深大 100～500 倍，比透射电镜的景深大 10 倍。由于景深大，扫描电镜图像的立体感强，形态逼真。对于表面粗糙的端口试样来讲，光学显微镜因景深小无能为力，透射电镜对样品要求苛刻，即使用复型样品也难免出现假像，且景深也较扫描电镜为小，因此用扫描电镜观察分析断口试样具有其他分析仪器无法比拟的优点。

三、 样品制备

扫描电镜试样的要求：试样可以是块状或粉末颗粒，表面受到污染的试样，要在不破坏试样表面结构的前提下进行适当清洗，然后烘干；新断开的断口或断面，一般不需要进行处理，以免破坏断口或表面的结构状态，如果断口不小心被污染可以用 AC 纸（需要在 AC 纸上滴加少量丙酮）把脏物粘下来；有些试样的表面需要进行适当的浸蚀才能显示出结构细节，则在浸蚀后应将表面清洗干净，然后烘干；对磁性试样要预先去磁，以免观察时电子束受到磁场的影响；试样大小要适合仪器专用样品座的尺寸，不能过大，样品座尺寸各仪器不同，一般小的样品座为 $\phi3$～$5mm$，大的样品座为 $\phi30$～$50mm$，以分别用来放置不同大小的试样；样品的高度也有一定的限制，一般为 5～10mm。

1. 块状试样制备

（1）普通块状试样制备　对于块状导电材料，除了大小要适合仪器样品座尺寸外，基本上不需要制备，用导电胶把试样粘在样品座上，即可放在扫描电镜中观察，如断口试样；需要拍背散射电子像的块状试样，要求待观察面为平面，并且经过抛光处理；对于块状的非导电或导电性较差的材料（如用非导电料镶嵌的金属样品），要先进行镀膜处理，一般是喷碳、或喷金或喷铬，在材料表面形成一层导电膜，以避免电荷积累，影响图像质量，并可防止试样的热损伤。

（2）EBSD 块状试样制备　试样经线切割后用丙酮清洁油污，然后将准备好的试样用水砂纸在金相预磨机上粗磨，以除去试样表面的浮雕及割痕。试样在水砂纸上磨削时容易发热，并且产生的热量随下压力增加而增大。所以粗磨要用力适中，保证样品不会严重发热且表面不会产生很深的变形层。粗磨后的试样表面较深的磨痕，需要用细磨消除。磨制时砂纸应平铺于厚玻璃板上，在小压力作用下推磨试样，力道要均匀平稳。砂纸从 240#磨至 1200#。当磨面上只留下单一方向的均匀细磨痕及较浅的变形层时进行抛光。粗抛光时可选用 1μm 粒度的金刚石抛光液；精抛光时可选用约 0.2μm 粒度的金刚石抛光液。精抛光后为了完全去除样品表面的变形层，提高 EBSD 的标定率，需要进行电解抛光。电解抛光是靠电化学的作用使试样磨面平整、光洁。不同材质电解抛光工艺不同，需要摸索合适的抛光剂，钢铁材料常用的电解抛光剂为高氯酸酒精水溶液，比例约为高氯酸:酒精:水＝8:1:1，电解温度为 -25℃左右。实际操作中电解液和电解温度可以根据样品的具体情况进行适当调整。

2. 粉末试样制备

先将双面导电胶粘在样品座上，再均匀地把粉末样撒在上面，用洗耳球吹去未粘住的粉末，再镀上一层导电膜，即可上电镜观察。

3. 试样镀膜技术

镀膜的技术有两种：一种是离子溅射镀膜，另一种是真空喷镀镀膜。离子溅射镀膜的原理是，在低气压系统中，气体分子在相隔一定距离的阳极和阴极之间的强电场作用下电离成正离子和电子，正离子飞向阴极，电子飞向阳极，两电极间形成辉光放电，在辉光放电过程中，具有一定动量的正离子撞击阴极，使阴极表面的原子被逐出，称为溅射，如果阴极表面为用来镀膜的材料（靶材），需要镀膜的样品放在作为阳极的样品台上，则被正离子轰击而溅射出来的靶材原子沉积在试样上，形成一定厚度的镀膜层。离子溅射时常用的气体为惰性气体氩，要求不高时，也可以用空气，气压约为 5×10^{-2} Torr（1Torr＝133.322Pa）。真空喷镀镀膜的原理是将所镀的碳棒或者金属颗粒在真空下加热到一定温度，使其快速蒸发，蒸发的原子就会喷落在试样表面，使其覆盖上一层导电层。离子溅射镀膜与真空镀膜相比特点是：使用方便，所需时间短，镀膜质量好，并且金属消耗少（每次仅约几毫克），但是真空喷镀镀膜可以实现廉价的喷碳，或者选用廉价的铜或者铝。

这里简单介绍真空喷镀镀膜的操作步骤。首先将试样放在样品台上，并在样品旁边放一张白色相片纸，上面滴一滴真空油，作为喷镀时镀层厚度的指示。盖好钟罩，抽真空到 $10^{-5} \sim 10^{-6}$ Torr。打开加热器开关，并慢慢加大电流使碳棒或者金属颗粒蒸发，待相片纸变棕色时喷镀完成。

四、 断口分析

由于二次电子像对形貌敏感，并且扫描电镜的景深很大，所以扫描电镜的二次电子像一个重要的应用就是断口分析。根据断口微观形貌特点将其分为韧窝断口、解理断口、疲劳断口和沿晶断口。

1. 韧窝断口

当样品是由微孔聚集长大并相互连接最终断裂时，所形成的断口是韧窝断口。

其特点是断裂面上有很多显微坑，如图 5-9 所示。根据作用在金属材料上的应力状态，微坑的形状有等轴、剪切长形和撕裂长形三种。研究表明，微坑一般在夹杂物或者第二相质点处形核，因为在这些位置它们与基体的结合力比较弱，在外应力作用下容易在界面撕裂形成微孔，然后逐渐长大形成微坑。由于扫描电镜的景深大，因此利用扫描电镜可以在高放大倍数下清晰观察到微坑底部的夹杂物或者第二相粒子，证明了夹杂物或者第二相粒子是微坑形核的位置。

2. 解理断口

解理断裂是金属在拉应力作用下，破坏了原子间的结合键，形成的穿晶断裂。通常沿着一定的晶面断开，这个晶面就是解理面，有时也会沿着滑移面或者孪晶面发生解理断裂。通常解理断裂都是脆性断裂，但是有的解理断裂会伴随着一定程度的塑性变形。

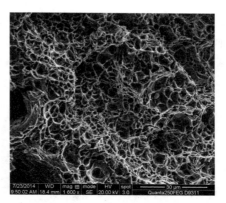

图 5-9　碳素钢韧窝断口

解理断口的特征是宏观断口十分平坦，而实际上其微观形貌则是由一系列相互平行的、位于不同高度的小台阶（称之为解理阶）构成，如图 5-10 所示。由于解理阶边缘很尖锐，电子束作用体积接近甚至暴露于表面，所以在二次电子形貌像中显得非常明亮。解理阶的形态是多种多样的，这与金属的组织状态和应力状态的变化有关。其中"河流花样"是解理断口的最基本的微观特征。在解理裂纹扩展过程中，众多的台阶互相会合形成了河流状花样。支流解理阶会合的方向与断裂的扩展方向一致，这也是判断解理裂纹在微小区域内扩展方向的依据。当解理裂纹穿过晶界扩展时，如果相邻晶粒方位相差较小，属于小角晶界时，河流花样呈现连续变化，从前一个晶粒延伸到下一个晶粒。因为小角倾斜晶界是由同号刃型位错构成的，以晶界为轴，两部分晶粒只转动了很小的角度，所以河流通过该晶界时只稍微改变了方向，然后继续前进。当解理裂纹越过扭转晶界时，会在新晶粒内再分成若干平行的亚解理裂纹，河流激增。因此，通过对河流花样解理阶进行分析，就可以帮助寻找主断裂源的位置，判断金

图 5-10　合金钢冷脆解理断口

属的脆性程度。

3. 疲劳断口

疲劳断口是材料在交变载荷作用下，多次循环后造成的断裂。宏观上观察所有的金属材料疲劳断裂的断口，几乎都由三个部分组成，即疲劳源、裂纹扩展区（辉纹区）、瞬时破断区。

（1）疲劳源 由于材料质量缺陷、加工缺陷等原因，使零件局部区域应力集中，这些区域即为疲劳裂纹产生之处，成为疲劳源。零件表面的裂纹源多是表面上有油孔、过渡圆角、台阶、粗大刀痕等应力集中处在交变应力作用下形成的微裂纹及零件近表面材料内部由于冶炼和冷、热加工的缺陷、晶体滑移和晶界缺陷等在交变应力作用下产生的微裂纹。

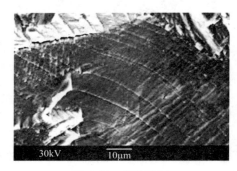

图 5-11　疲劳断口

（2）裂纹扩展区 该区域是疲劳断口最主要的特征区，在这个区域随着应力循环周期增加，裂纹逐渐扩展成贝壳状或光滑状条纹，即为疲劳辉纹。裂纹是由一系列基本上互相平行、略有弯曲呈波浪形的条纹组成，其大小与工作应力有关，工作应力小，裂纹寿命长，断口大。裂纹扩展的方向与最大拉应力方向垂直，如图 5-11 所示。

（3）瞬时断裂区 或称脆断区，由于疲劳裂纹的扩展，使零件的有效断面越来越小，应力逐步增加，当最终超过材料强度极限时，零件瞬间突然断裂，断口晶粒较粗大，与发暗的裂纹扩展区明显不同。脆性材料呈结晶状断口；塑性材料呈纤维状，断口呈灰色。

4. 沿晶断口

沿晶断裂指的是多晶体沿着晶粒边界彼此分离。氢脆、应力腐蚀、蠕变、高温回火脆性以及焊接热裂纹等常发生沿晶断裂。沿晶断裂通常是脆性断裂，其断口主要特征是有冰糖状的晶界刻面，图 5-12 的断口形貌呈现的主要特征是沿晶断裂，同时存在少量的韧窝。

五、 表面成分分析

由于背散射电子的产额对原子序数敏感，样品中重元素富集的区域对应于图像上的亮区，而轻元素富集的位置对应于图像上的暗区。利用背散射电子的衬度分析样品中不同种类的析出相是十分有效的。因为析出相的成分往往和基体成分不同，因此激发出的背散射电子的数量也不同，最终在图像上呈现出明暗衬度。例如，图 5-13 中亮区对应于富稀土元素相，灰色区为富含 Mo 元素的析出相，而较暗的基体

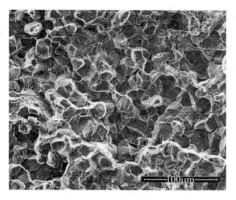

图 5-12　沿晶断口

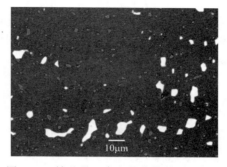

图 5-13　铁基稀土合金的背散射电子衬度

区域对应于铁相。为了避免形貌衬度对原子序数衬度造成的干扰，背散射样品在制备时常常只抛光不浸蚀。

六、 电子背散射衍射分析

1. 电子背散射衍射（EBSD） 分析原理

在扫描电镜中，入射电子束会在束斑范围内与每一个晶粒的晶面发生衍射。通过收集和计算这些衍射信息（菊池线，见图 5-14）可以得到该点的晶面取向和晶面间距等数据。所有这些点的晶面取向和晶面间距的数据收集起来并进行分析就可以得到样品大量的有用信息，如织构和取向差，晶粒尺寸及形状分布，晶界、亚晶界及孪晶界性质；应变和再结晶，相鉴定及相比计算等。

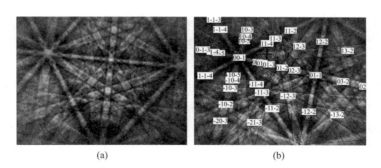

(a)　　　　　　　　　　　　(b)

图 5-14　样品的菊池线及其标定

下面举例介绍 EBSD 技术的织构分析和物相分析。

2. 织构分析

单晶体的特点之一就是存在各向异性，也就是在不同的晶体学方向上单晶的物理和力学性质会出现差异。而当多晶体是由大量无规则的统计分布的单晶体组成时，多晶体会表现为各向同性。但是，多晶体在形成过程中，如冷热加工，多晶体中的晶粒就会倾向沿着某个面或者方向排列，这种现象称为织构。织构的形成会使多晶体表现出力学和物理化学的各向异性，影响材料使用。图 5-15 是合金钢的 EBSD 图，晶粒的不同颜色代表了不同的取向，通过统计不同取向的晶粒所占的比例就可以得到样品的织构信息，由于图中也给出了该区域晶粒大小的信息，因此也可以得到样品的晶粒度。

图 5-15　合金钢的 EBSD 图

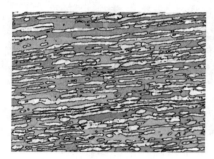
图 5-16　双相钢的 EBSD 图

3. 物相分析

钢中不同的相如铁素体和奥氏体对应不同的晶体学常数，也就是对应有不同的晶面间距和晶面夹角，这些性质都可以从 EBSD 采集的菊池线图谱上计算得到。这是对样品进行物相分析的基础。通过计算区分不同相的面间距和面夹角就可以得到不同相的分布情况。图 5-16 给出了双相钢的铁素体（白色）和奥氏体（灰色）的分布。

第三节　透射电镜分析技术

1932 年，德国柏林工科大学高压实验室的 M. Knoll 和 E. Ruska 研制成功了第一台实验室电子显微镜（简称电镜），这是后来透射式电子显微镜（Transmission Electron Microscope，TEM）的雏形。它证明了使用电子束和电磁透镜可形成与光学影像相似的电子影像，为以后电子显微镜的制造研究和技术水平的提高奠定了基础。1933 年，E. Ruska 用电子显微镜获得了金箔和纤维的 1 万倍的放大像。虽然电子显微镜的放大率已超过了光学显微镜，但是电子显微镜的分辨率仅达到了光学显微镜的水平。1937 年，柏林工业大学的 Klaus 和 Mill 拍出第一张细菌和胶体的照片，并获得了 25nm 的分辨率，使电子显微镜的性能全面超越了光学显微镜的性能。1939 年德国的 Siemens 公司制成了分辨率优于 10nm 的第一台商品电子显微镜。由于 E·Ruska 在电子光学和设计第一台透射电子显微镜方面的开拓性工作，被誉为"本世纪最重要的发现之一"，并且荣获 1986 年诺贝尔物理学奖。除

Knoll、Ruska 以外，还有其他的实验室和公司也在研制电子显微镜，如荷兰的菲利浦公司、美国的无线电公司、日本的日立公司等。1944 年菲利浦公司设计了 150kV 的透射电子显微镜，并首次引入中间镜。1947 年法国设计出 400kV 的高压电子显微镜。20 世纪 60 年代初，法国制造出 1500kV 的超高压电子显微镜。1970 年法国、日本又分别制成 3000kV 的超高压电子显微镜。

随着电子技术的发展，特别是计算机科学的发展，透射电镜的性能和自动化程度有了很大提高。通过提高电子光源质量，消除或减小球差、相差和色差等影响图像分辨率的各种因素，透射电镜的分辨率得到了极大的提高，甚至达到了亚原子级。现代透射电镜（如日立公司的 H-9000 型）的晶格分辨率最高已达 0.1nm，放大率达 150 万倍。人们借助于透射电镜的高分辨率，并配合各种原位样品杆，可以实现样品在各种外加条件如热场、电场、应力场等，以及真空、气体、液体不同环境中的原位动态响应观察。图 5-17 为 TITAN G2 80-200 型透射电镜。

现代材料科学的迅速发展，要求材料科学工作者能够改变以往简单的研究方法，要从材料的微观成分、组织和结构出发对材料进行研究和设计。透射电镜可以从形貌（明暗场像、高分辨像）、结构（选区衍射、会聚束衍射）、成分（背散射电子像、能谱分析）多种角度，全方位地分析材料的相变（如沉淀、析出）、界面（如晶界面、相界面）、缺陷（如位错、层错、孪晶）等信息，进而揭示材料成分-工艺-微观结构-性能之间关系的规律，大大提高了材料科学研究的深度。

图 5-17　透射电镜

一、 透射电镜的结构原理

1. 透射电镜的工作原理

电子枪发射出的电子在加速电压（50～100kV）作用下高速穿过阳极孔，并在聚光镜作用下会聚成极细的电子束。该电子束与几十纳米厚的样品相互作用，在透过样品的电子束中就包含了样品的厚度、位相、晶体结构、平均原子序数等各种信息，经过物镜聚焦放大在像平面上形成一幅能够反映样品特征，并且具有高分辨率的样品图像。该图像再经过中间镜和投影镜进一步放大后，最终投影在荧光屏上，透射电子在相应区域的强度分布通过荧光屏转换成肉眼可以观察的光信号，最终由照相底片或者 CCD 相机记录。

2. 透射电镜的组成系统

透射电镜一般由电子光学系统、真空系统和电源与控制系统三大部分组成。

（1）电子光学系统 是透射电镜的核心，它又分为照明系统、成像系统和观察记录系统。在电镜的电子光学系统中，一般将电子枪和聚光镜归为照明系统，将物镜、中间镜和投影镜归为成像系统，而观察记录系统则一般是荧光屏和照相机，现在的透射电镜一般配备 CCD 相机，用来记录高分辨像和一般的电子显微像。

① 照明系统 由电子枪、聚光镜以及相应的平移、倾转和对中等调节装置组成，其作用是提供一束亮度高、照明孔径半角小、平行度好、束流稳定的照明源。

a. 电子枪 透射电镜的电子枪与扫描电镜的电子枪相同，分为热阴极电子枪和场发射电子枪。热阴极电子枪的材料主要是钨丝和六硼化镧（LaB_6），场发射电子枪又可以分为热场发射、冷场发射和 Schottky 场发射三种。场发射电子枪的材料必须是高强度材料，以承受高电场加在阴极尖端的高应力。一般采用的是力学强度高的单晶钨。

b. 聚光镜 用来会聚电子枪射出的电子束，以最小的损失照明样品，调节照明强度、孔径半角和束斑大小。透射电镜常采用双聚光镜，第一聚光镜一般是短焦距强励磁透镜，作用是尽量缩小电子枪产生的电子束斑，第二聚光镜是长焦距弱励磁透镜，它将由第一聚光镜得到的电子束聚焦在试样上。

② 成像系统 主要由物镜、中间镜和投影镜及物镜光阑和选区光阑组成。它主要是将穿过试样的电子束在透镜后成像或成衍射花样，并经过物镜、中间镜和投影镜接力放大，图 5-18 为透射电镜成像示意。

a. 物镜 透射电镜的分辨率主要取决于物镜，它是成像系统中最关键的部分，用来形成第一幅高分辨电子像。在透射电镜中，物镜由两部分组成，分为上物镜和下物镜，上物镜起强聚光作用，下物镜起成像放大作用，试样置于上下物镜之间。为了减小物镜的球差和提高像的衬度，在物镜后焦面上可安放一个孔径可调的物镜光阑，物镜光阑的另一作用是进行暗场及衍衬成像操作。

b. 中间镜 是弱励磁的长焦距变倍透镜，在电镜操作中，主要是通过中间镜来控制电镜的总放大倍率。当放大倍率大于 1 时，物镜像被放大，当放大

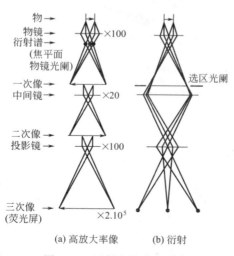

图 5-18 透射电镜成像示意

倍率小于 1 时，物镜像被缩小。如果把中间镜的物平面和物镜的像平面重合，则在荧光屏上得到一幅放大的电子图像，这就是成像操作；如果把中间镜的物平面和物镜的背焦面重合，则在荧光屏上得到一幅电子衍射花样，这就是透射电镜的电子衍射操作。在物镜的像平面上有一个选区光阑，通过它可以进行选区电子衍射操作。

c. 投影镜　作用是把经中间镜放大（或缩小）的像（或电子衍射花样）进一步放大，并投影到荧光屏上，它也是一个短焦距的强励磁透镜。投影镜的励磁电流是固定的，因为成像电子束进入投影镜时孔径角很小，因此它的景深和焦长都非常大。即使中间镜的放大倍数有很大变化，也不会影响图像的清晰度。

③ 观察记录系统　观察和记录装置包括荧光屏、照相机（底片记录）、TV 相机和慢扫描 CCD 相机。

（2）真空系统　电子显微镜正常工作要求整个光路通道都必须在真空环境中。

（3）供电系统　透射电镜需要两部分电源：一是供给电子枪灯丝的高压部分；二是供给电磁透镜的低压稳流部分。

3. 透射电镜图像衬度

透射电镜的图像主要有三种衬度：质厚衬度、衍射衬度和相位衬度。

（1）质厚衬度　是由试样各处的厚度以及组成物质原子种类的不同造成的。复型试样的非晶体物质薄膜和合金中第二相的一部分衬度，就属于这一类衬度。

（2）衍射衬度　是由于各处晶粒取向不同和（或）晶粒结构不同，导致满足布拉格条件的程度不同，从而在下表面形成一个随位置而异的衍射振幅分布。衍射衬度对晶体结构和取向十分敏感，当样品中存在晶体缺陷时，意味着该处相对于周围完整晶体的衍射条件发生了变化，将缺陷显示出来。因此衍衬技术也是常用的晶体缺陷分析技术。

（3）相位衬度　当透射束和至少一束衍射束同时参与成像，透射束与衍射束相互干涉，形成反映晶体点阵周期性结构的一维晶格像、二维晶格像和晶体结构中原子配置的二维结构像。高分辨相位衬度的解释是非常复杂的，因为在一定的离焦量范围内都可以获得清晰的高分辨像，但图像的衬度会随着离焦量的变化而改变。只有在一定的欠焦量下拍摄才能将样品的原子位置与图像衬度准确对应，因此在利用高分辨像解析样品结构时还需要配合模拟软件以提高结果的准确性。

这三种衬度的形成机制不同，它们相辅相成、互相补充，要善于综合运用不同技术的优点，以达到最终的研究目的。

二、 透射电镜的主要性能

透射电镜的主要性能指标包括分辨率、放大倍数和加速电压。

1. 分辨率

分辨率是透射电镜最主要的性能指标，它反映了电镜显示亚显微组织、结构细节的能力。分辨率常用两种指标表示：点分辨率，表示电镜所能分辨的两个点之间的最小距离；线分辨率，表示电镜所能分辨的两条线之间的最小距离。近年来随着球差矫正技术的进步，新型带球差矫正的透射电镜的分辨率又有了进一步提高，如FEI 公司的 Titan 系列透射电镜，其中 FEI Titan80-300 STEM 场发射扫描透射电镜的分辨率可达 0.078nm。

2. 放大倍数

放大倍数指电子图像对于所观察试样区的线性放大率，现代透射电镜放大倍数多为 100 万倍以上。

3. 加速电压

加速电压是指电子枪的阳极相对于阴极的电压，它决定了电子枪发射的电子的能量和波长，透射电镜的加速电压可达到几千千伏，常用的透射电镜的加速电压为 200kV 和 300kV，高的加速电压虽然能穿透更厚的样品，但是也容易对样品造成热损伤和辐照损伤。

三、 透射电镜样品制备技术

1. 透射电镜样品要求

电子束只能穿透很薄的样品，当电子的加速电压为 200kV 时，只可以穿透 500nm 的钢薄膜，因此制备面积大、质量高的薄膜样品是透射电镜研究中至关重要的工作，常常要占到整个研究过程中一半以上的时间。

要真实地表征块体材料，制备的薄膜样品除了厚度要满足要求外，还要注意以下两点：从大块样品上取的小块待测样品的组织结构，要能够反映大块样品的真实情况；薄膜样品要有一定的力学性能，以保障在样品制备、转移和夹持固定过程中不会引起变形和损坏。

钢铁材料透射电镜样品的制备主要是薄膜样品，下面对薄膜样品制备方法进行详细介绍。

2. 薄膜样品制备

通过削减块体样品厚度的方法制备薄膜样品主要包括切片、预减薄、终减薄三个步骤。

（1）切片　用电火花线切割（只适用于导电样品）的方法从样品上切下厚度为 0.3～0.5mm 的薄片。

（2）预减薄　机械预减薄是在砂纸上手工减薄样品，其优点是快速和容易控制厚度，但是也容易发生应变损伤。在砂纸减薄过程中，需要将样品粘在研磨盘上，待一个面磨平后，用丙酮将胶水溶掉，把薄片样品翻转粘贴，磨另一面。利用研磨盘可以保持薄片表面平行度，同时可以精确控制预减薄厚度。预减薄样品要磨到

2000♯砂纸，手工减薄过程中要使样品均匀减薄，同时避免用力过度，否则会导致样品因扭折产生塑性形变，或者减薄后的样品存在很厚的应力层，引入人为假象，此外还要避免过早出现边缘倒角。

（3）最终减薄 是将几十微米厚的"薄片"制成对电子束透明的金属薄膜，常用的终减薄方法有电解双喷法和离子减薄法。

① 电解双喷法

a. 电解双喷法原理 在特定电解液中和适当电流密度条件下，金属凹凸不平的微观表面，凸起溶解速度远高于凹坑溶解速度，随着时间的推移样品表面逐渐变得平滑光亮的一种电解加工称为电解双喷，又称电解抛光。

b. 电解抛光特点 抛光的表面不会产生变质层，无附加应力，并可去除或减小原有的应力层；抛光时间短，效率高；电解抛光所能达到的表面粗糙度与原始表面粗糙度有关，一般可提高两级。

c. 电解双喷仪器及操作方法 一般电解抛光装置由直流电源、测量仪表（电流表和电压表）、电解液容器、样品（作阳极）和阴极组成。影响抛光过程的因素有很多，但对于确定的样品、阴极材料和电解液成分，抛光电压的选择应根据电压-电流（V-I）曲线来决定，实际测量的曲线和理论曲线可能有差异，如图 5-19 所示，一般选择实测曲线上拐点附近或者稍高于拐点的电压。

将几十微米厚的薄片用冲片机制成 ϕ3mm 的圆片，然后用 PTFE 塑料专用制样夹具将样品固定。样品作为阳极，四周与铂环接触，并通过铂丝引出接到直流电源。阴极是装在一对电解液喷管中的铂丝，喷管口与样品圆片中心对齐。电解液由耐酸泵带动循环，使样品在电解液和电流作用下，逐渐减薄，一旦样品发生穿孔，光敏元件就会探测到并马上切断电路，如图 5-20 所示。此时要立刻取出样

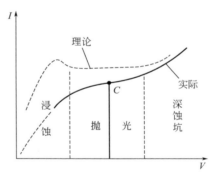

图 5-19 电解抛光的 V-I 曲线

品，并在准备好的两个烧杯的酒精溶液中分别清洗。清洗样品时只能小心上下运动，不可前后运动，否则会破坏样品薄区。采用这种方法得到的透射电镜样品在穿孔中心附近有较大的对电子透明的薄区。薄膜样品也有很好的力学性能，且大小与样品杆上的固定支架相匹配，可以直接固定观察。

② 离子减薄法 离子减薄是利用电场将氩气电离成氩离子 Ar^+，氩离子在电场作用下加速后经阴极圆孔聚焦，形成高能离子束打到样品表面，将表面离子束击出，这样样品就在离子束的轰击下逐渐减薄。离子减薄装置示意如图 5-21 所示。用离子束减薄样品可以获得比较均匀且比较大的薄区。一般先用大角度（7°～10°）快速减薄，然后用小角度（2°～4°）减薄。利用凹坑仪减薄样品中心位置可以缩短

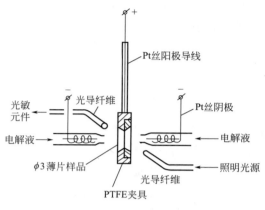

图 5-20 电解抛光装置示意

离子减薄的时间。通常用凹坑仪将样品中心减薄至小于 $10\mu m$，然后用离子减薄仪减薄至穿孔为止。

四、 材料晶体缺陷分析

透射电镜是具有原子尺度的分辨能力，同时提供物理分析和化学分析所需全部功能的仪器。特别是选区电子衍射技术的应用，可以将微区形貌和微区的晶体结构分析结合起来，再配合能谱进行微区成分分析得到样品全面的信息。透射电镜已经广泛地应用于材料、医学、化学、生物等诸多领域，它已经成为现代科学研究必不可少的科研工具。

可利用衍射衬度分析晶体缺陷。广义上说，只要晶体点阵周期性结构被破坏，都可以称晶体产生了缺陷。常见的缺陷种类有空位、间隙原子、替代原子、位错、层错、晶界、相界、孪晶界、表面等。晶体点阵的周期性被破坏，会改变该区域的衍射条件，并显示相应的衬度。下面仅介绍典型的位错衍射分析。

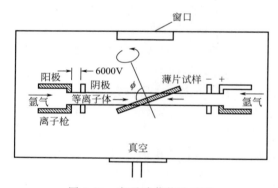

图 5-21 离子减薄装置示意

位错是一种线缺陷，伯氏矢量 **b** 是衡量位错的基本物理量，根据伯氏矢量与位错线的关系分为刃型位错和螺型位错。前者 **b** 垂直于位错线，后者的 **b** 与位错线平行。介于两者之间的是混合位错。

位错线周围点阵发生了不同程度的畸变，导致衍射条件发生改变，并产生衍射衬度。在明场像中位错一般显示为暗线，其位置与位错的实际位置不完全对应，总是出现在实际位置的一侧。位错线的图像总具有一定宽度，位错线的宽度以及位错线的像与实际位置的偏离程度与采用的操作倒易矢量 **g** 以及偏离矢量 **s** 的大小有关。为了提高位错的分辨率，常常采用弱束暗场技术，在这种条件下位错显示为亮线。与中心暗场不同，弱束暗场像采用大偏离参量，只在缺陷附近的极小区域内发生较强反射，因此位错线的像变窄，同时减小了位错像与实际位置的偏离程度。图 5-22 为不锈钢中位错线的明场像和暗场像。

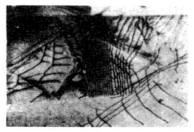

0.5μm

(a) 明场像　　　　　　　　　　　　　(b) 暗场像

图 5-22　不锈钢中的位错线像

位错的伯氏矢量 b 由表 5-3 弹性各向同性材料中位错的消失判据测定。在双束条件下（衍射模式下只有透射束和选定的一个衍射束强度最高，其他衍射束强度很低，可以忽略不计）测得两组不可见条件，也就是位错线在衍射条件满足某些倒易矢量时其衬度消失，得到 $g_1 \cdot b = 0$ 和 $g_2 \cdot b = 0$，由于 g_1 和 g_2 对应的两个平面指数已知，所以 b 可以由 g_1 和 g_2 的差乘计算得到。

表 5-3　弹性各向同性材料中位错消失判据

刃型位错	螺型位错	混合位错
$g \cdot b = 0$		$g \cdot b = 0$
$g \cdot b \times u = 0$	$g \cdot b = 0$	$g \cdot b_e = 0$
		$g \cdot b \times u = 0$

注：g 为倒易矢量；b 为伯氏矢量；b_e 为 b 的刃型分量；u 为位错在晶体中的位向矢量。

五、　相分析

材料的相分析包括相的形貌、结构以及相变产物与母相的晶体学关系等的研究。

1. 利用电子衍射图谱进行特征平面的取向分析

特征平面是指片状第二相、惯习面、层错面、滑移面、孪晶面等平面。特征平面的取向分析（即测定特征平面的指数）是透射电镜分析中经常遇到的一项工作。分析透射电镜测定特征平面指数的根据是，选区衍射花样与选区内组织形貌的微区对应性。这里介绍一种最基本的方法。该方法的要点为：使用双倾台或旋转台倾转样品，使特征平面平行于入射束方向，在此位向下获得的衍射花样中将出现该特征平面的衍射斑点，把这个位向下拍照的形貌像和相应的选区衍射花样对照，经磁转角校正后，即可确定特征平面的指数。其具体操作步骤如下：利用双倾台倾转样品，使特征平面处于与入射束平行的方向；拍照包含有特征平面的形貌像，以及该视场的选区电子衍射花样；标定选区电子衍射花样，经磁转角校正后（即确保 TEM 方式下和 SAED 方式下，没有磁转角差异），将特征平面在形貌像中的迹线

（TEM 图像的边界线）画在衍射花样中；由透射斑点作迹线的垂线，该垂线所通过的衍射斑点的指数即为特征平面的指数。

在有些情况下，利用两相合成的电子衍射花样的标定结果，可以直接确定两相间的取向关系。具体的分析方法是，在衍射花样中找出两相平行的倒易矢量，即两相的这两个衍射斑点的连线通过透射斑点，其所对应的晶面互相平行，由此可获得两相间一对晶面的平行关系；另外，由两相衍射花样的晶带轴方向互相平行，可以得到两相间一对晶向的平行关系。由这两种平行关系即可确定两相的位向关系。

2. 利用单晶电子衍射图谱鉴定第二相

电镜电子衍射图谱与 XRD 性质相似，因此其标定也有相通之处，都是利用每种化合物都对应特定的面间距，通过对比这些特定的晶面间距和这些晶面对应的衍射强度（XRD）或者面夹角（TEM）来最终确定该化合物。NiAl 固溶时效后析出相的暗场像及其衍射图谱如图 5-23 所示。

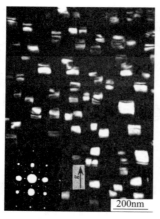

图 5-23　NiAl 固溶时效后析出相的暗场像及其衍射图谱

电镜单晶衍射斑常见的标定方法有两种，即尝试校核法和查表法。

（1）尝试校核法

① 量出透射斑到各衍射斑的矢径的长度，利用相机常数算出与最短和次短衍射斑对应的晶面间距及其夹角，确定其晶面族。

② 首先确定矢径最小的衍射斑的晶面指数，然后用尝试的办法选择矢径次小的衍射斑的晶面指数，由两个晶面指数计算出两个晶面之间的夹角，角度应该与测量值自恰。

③ 然后用两个矢径相加减，得到其他衍射斑的晶面指数，看它们的晶面间距和彼此之间的夹角是否自恰，如果不能自恰，则改变第二个矢径的晶面指数，直到它们全部自恰为止。

④ 由衍射花样中任意两个不共线的晶面叉乘，得出衍射花样的晶带轴指数。

（2）查表法（比值法）

① 选择一个由斑点构成的平行四边形，要求这个平行四边形是由最短的两个邻边组成，测量透射斑到衍射斑的最小矢径和次小矢径的长度和两个矢径之间的夹角 r_1、r_2、θ。

② 根据矢径长度的比值 r_2/r_1 和 θ 查表，在与此物相对应的表格中查找与其匹配的晶带花样。

③ 按表上的结果标定电子衍射花样，算出与衍射斑点对应的晶面的面间距，

将其与矢径的长度相乘，看它等不等于相机常数（这一步非常重要）。

④ 由衍射花样中任意两个不共线的晶面叉乘，验算晶带轴是否正确。

3. 第二相粒子衬度

第二相衬度包含结构因子衬度和取向衬度。结构因子衬度：第二相与基体组成物质不同，所以结构因子不同，从而显示基体和第二相的不同衬度。特别是当第二相与基体组成原子的原子序数差别较大时，则它们对电子的散射能力也有较大差距，这就会产生明显的衬度。取向衬度：当第二相满足布拉格衍射条件，而基体偏离第二相衍射条件时，则在明场像条件下，第二相产生暗的衬度，与基体亮的衬度形成鲜明对比。暗场像的衬度与明场像的正好

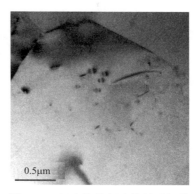

图 5-24　钢中粒状析出物的明场像

相反。小尺寸第二相的衬度特点还包括一根与 g 方向垂直的零衬度线，这是与 g 垂直的应变场平面造成的。图 5-24 是钢中粒状析出物的明场像，从图中清晰可见处于粒子像中间的零衬度线。

第四节　电子探针分析技术

电子探针（Electron Probe Microanalysis，EPMA）主要功能是进行微区成分分析。它是用 $0.5\sim1\mu m$ 的细聚焦电子束入射样品表面，激发出样品元素的特征 X 射线，通过分析特征 X 射线的波长（或能量）判断元素种类，分析特征 X 射线的强度可知元素的含量。电子探针的元素分析范围广，元素范围从硼（B）到铀（U），因为电子探针成分分析是利用元素的特征 X 射线，而氢和氦原子只有 K 层电子，不能产生特征 X 射线，所以无法进行电子探针成分分析，锂（Li）和铍（Be）虽然能产生 X 射线，但产生的特征 X 射线波长太长，通常无法进行检测，少数电子探针用大面间距的皂化膜作为衍射晶体已经可以检测 Be 元素。能谱仪的元素分析范围现在也和波谱相同。电子探针是目前微区元素定量分析最准确的仪器。电子探针的检测极限（能检测到的元素最低浓度）一般为 $(0.01\sim0.05)$ wt%，不同测量条件和不同元素有不同的检测极限。定量分析的相对误差为 $(1\sim3)$%，对原子序数大于 11，含量在 10wt% 以上的元素，其相对误差通常小于 2%。与化学成分分析相比，其优点是非破坏性分析，并且还能将形貌分析和元素分析结合起来。

一、 电子探针的结构原理

电子探针的结构与扫描电镜相似，主要由电子光学系统、试样室、真空系统和信号检测系统组成。图 5-25 所示为电子探针的结构示意。

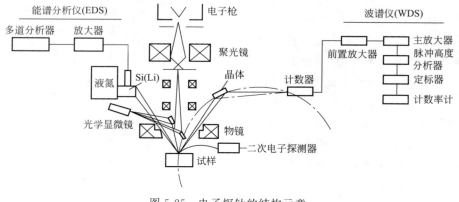

图 5-25　电子探针的结构示意

1. 电子光学系统

电子光学系统主要作用是产生稳定的高电流密度的高能电子束，并且将该电子束聚焦到样品上。同扫描电镜类似，不再重复介绍。

2. 样品室

样品室位于电子光学系统下方，可以同时安放多个样品，通过平移样品台可以自由转换样品。此外样品台还可以在 45°范围内倾斜，这个功能一般只用于扫描成像方式，不用于定量分析。

3. 信号检测系统

信号检测部分使用 X 射线谱仪，用来检测 X 射线的特征波长（波谱仪）和特征能量（能谱仪），以此对微区进行化学成分分析。

（1）波谱仪　各种元素具有特定的 X 射线波长，波谱仪通过区分特征 X 射线波长来进行成分分析，波谱仪主要由分光晶体和 X 射线检测系统组成。

（2）能谱仪　特征波长对应于能级跃迁过程中释放的特征能量 ΔE。能谱仪通过区分不同元素的特征 X 射线能量来进行成分分析。其关键部件是能谱仪方框图中的锂漂移硅固态检测器。

二、 电子探针的主要性能

1. 能谱仪与波谱仪性能比较

① 能谱仪探测 X 射线的效率高。在同一时间对分析点内所有元素 X 射线光子

的能量进行测定和计数，在几分钟内可得到定性分析结果，而波谱仪只能逐个测量每种元素特征波长。

② 能谱仪结构简单，稳定性和重现性都很好（因为无机械传动），不必聚焦，对样品表面无特殊要求，适于粗糙表面分析。

③ 波谱仪分辨率高于能谱仪：Si（Li）检测器分辨率约为 150eV；波谱仪分辨率为 0.05Å（0.5nm）相当于 5～10eV。

④ 波谱仪可以分析的元素范围大，能谱仪中因 Si（Li）检测器的铍窗口限制了超轻元素的测量，因此它只能分析原子序数大于 11 的元素，而波谱仪可测定原子序数 4～92 之间的所有元素。

⑤ 波谱仪无需额外冷却，能谱仪的 Si（Li）探头必须保持在低温态，因此必须时时用液氮冷却。

2. 定性分析

定性分析包括点分析、线分析和面分析。点分析是将电子束固定在被测定样品上某个特定点，通过收集并分析该点激发出的特征 X 射线信号给出其含有的化学元素。线分析是使电子束沿着指定的方向进行直线扫描，得到某一种或者几种元素沿着给定直线的分布情况。面分析是让电子束在样品某一区域进行光栅扫描，并给出该区域感兴趣元素的面分布情况。

3. 定量分析

电子探针进行定量分析时，需要先测得试样中某元素的特征 X 射线强度 I，并在同一条件下测出已知纯元素标准试样的特征 X 射线强度 I_0，然后分别扣除背底和计数器死时间对 I 和 I_0 的影响。然后将 I/I_0 作为该元素的质量浓度 C_w。为了消除样品中元素的原子序数、吸收效应和二次荧光等因素的影响，还需要对结果进行原子序数校正、吸收校正和荧光校正。金属和矿物样品用计算机定量分析精度可达到 1%～2%，但对于浓度低于 10%、原子序数小于 10 的元素结果误差较大。

三、 微区成分分析

电子探针的微区成分分析具有分析元素范围广、快速准确并且不破坏样品等优点，在金属材料、地质、化工、生物等领域都有广泛的应用。

电子探针不仅能在地质分析中能准确快速地分析矿石中细小颗粒的元素组成，还可以对金属样品中的夹杂物、第二相和析出相等的成分进行精确分析，并给出线分布图或者面分布图。图 5-26 所示为 Al 合金的背散射图［图（a）］以及 Al、Si、Cu、Ni 元素在各相中的面分布图［图（b）］。对经过表面化学热处理的钢铁样品（如渗碳、渗氮、渗硼等），电子探针还可以给出具有高空间分辨率的元素浓度随扩散距离的变化曲线。

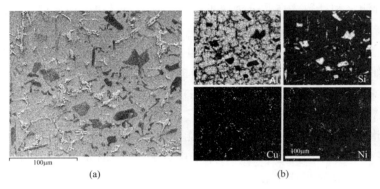

图 5-26　铝合金的背散射图以及 Al、Si、Cu、Ni 元素在各相中的面分布图

第五节　俄歇电子能谱分析技术

一、 俄歇电子能谱仪的结构原理

俄歇电子能谱仪（Auger Electron Spectrometer，AES）为常见的表面分析技术之一。通常利用电子束为激发源，电子束和样品表面原子作用，可以激发出原子的内层电子形成空穴。外层电子填充空穴向内层跃迁过程中所释放的能量，以 X 射线的形式放出，即产生特征 X 射线，核外另一电子吸收该特征 X 射线后激发成为具有特征能量的自由电子，这种具有特征能量的自由电子就是俄歇电子。如果电子束将某原子 K 层电子激发为自由电子，L 层电子跃迁到 K 层，释放的能量又将 L 层的另一个电子激发为俄歇电子，这个俄歇电子就称为 KLL 俄歇电子。

检测俄歇电子的能量，对照现有的俄歇电子能量图表，可以获得有关表层化学成分的定性信息。由于一次电子束能量远高于原子内层轨道的能量，可以激发出多个内层电子，会产生多种俄歇跃迁，因此在俄歇电子能谱图上会有多组俄歇峰，虽然使定性分析变得复杂，但依靠多个俄歇峰，会使定性分析准确度很高，可以进行除氢、氦之外的多元素一次定性分析。同时，还可以利用俄歇电子的强度和样品中原子浓度的线性关系，进行元素的半定量分析。俄歇电子能谱法是一种灵敏度很高的表面分析方法，其信息深度为 1.0～3.0nm。

俄歇电子能谱仪的组成主要包括电子光学系统、电子能量分析器、高真空系统、电源供电系统、信号处理与显示系统。下面仅介绍电子光学系统和电子能量分析器。

1. 电子光学系统

电子光学系统主要由电子激发源、电磁透镜和偏转系统组成。电子光学系统的主要指标有入射电子束能量、束流强度和束斑直径三个。其中 AES 分析的最小区域基本上取决于入射电子束的最小束斑直径；探测灵敏度取决于束流强度。这两个指标通常相互制约，因为束径变小将使束流显著下降，因此一般需要均衡探测的分辨率和灵敏度。为能得到高信噪比和高能量分辨率的俄歇信号，俄歇能谱仪中采用了一系列的新技术，如新型高传输率电子传输透镜系统、高质量的电子能量分析器和接收探测器。

2. 电子能量分析器

这是 AES 的核心，其作用是收集并分开不同动能的电子。由于俄歇电子能量极低，必须采用特殊的装置才能达到仪器所需的灵敏度。目前几乎所有的俄歇电子能谱仪都使用筒镜分析器，如图 5-27 所示。分析器的主体是两个同心的圆筒。样品和内筒同时接地，在外筒上施加一个负的偏转电压，内筒上开有圆环状的电子入口和出口，激发电子枪放在筒镜分析器的内腔中（也可以放在筒镜分析器外）。由样品上发射的具有一定能量的电子

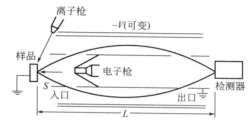

图 5-27　筒镜分析器示意

从入口位置进入两圆筒夹层，因外筒加有偏转电压，最后使电子从出口进入检测器。若连续地改变外筒上的偏转电压，就可在检测器上依次接收到具有不同能量的俄歇电子。

二、　俄歇电子能谱仪的主要性能

AES 有很多优点：在距表面 0.5～2nm 范围内，灵敏度高、分析速度快；能探测周期表上 He 以后的所有元素；对于轻元素 C、O、N、S、P 等有较高的分析灵敏度；可进行成分的深度剖析或薄膜及界面分析。

1. 定性分析

根据实测的直接谱或者微分谱上的负峰的位置识别元素，方法是与标准谱线对比。主要俄歇电子能量图和各种元素的标准图谱可在《俄歇电子谱手册》（L. E. Davis 等编）等资料上查到。由于能级结构依赖于原子序数，用确定能量的俄歇电子来鉴别元素是恰当的。因此，可以从俄歇电子谱峰的位置鉴别不同元素。原子序数 3～14 的元素的 KLL 跃迁形成的俄歇峰最明显；原子序数 14～40 的元素，最显著的俄歇峰是 LMM 跃迁造成的。

2. 定量分析

由于影响俄歇信号的因素很多，导致其定量分析比较复杂，所以俄歇谱分析精度低，常用来进行半定量分析，一般条件下相对精度为 30% 左右。如果对俄歇电

子的有效深度估计比较准确，并充分考虑了基底材料的背散射对俄歇电子产额的影响，其相对精度可以提高 5%。

三、 表面或界面成分分析

俄歇电子能谱仪是材料科学研究中分析固体物质表面有特色的工具，其主要应用有：金属、半导体、复合材料等的相界面分析、表面偏析、表面杂质分布、晶界元素分析；薄膜、多层膜生长机理研究；表面化学过程如腐蚀等研究；集成电路掺杂的三维微区分析；固体表面清洁度、吸附等分析。在钢铁材料中俄歇电子能谱仪主要用于表面和界面的成分分析。

从能量的角度来看，材料内部一些合金元素在不同的热处理和加工条件下容易在相界面处发生聚集偏析，这对材料的力学性能会产生显著的影响。当这种偏析仅仅发生在界面的几个原子层范围内时，俄歇电子能谱分析以其极高的表面灵敏度，为该类分析提供了最适合的分析方法。同时俄歇电子能谱分析在金属晶界脆断、蠕变、粉末冶金、金属和陶瓷的扩散连接、烧结和焊接工艺等研究方面都有大量的应用。下面以晶界脆断为例，说明俄歇电子能谱分析在钢铁材料分析中的应用。

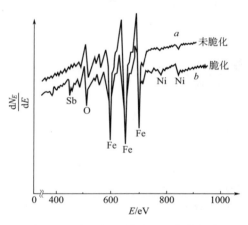

图 5-28　合金钢的俄歇电子能谱曲线

钢在 550℃ 左右回火的回火脆性、难溶金属的晶界脆断、结构合金的应力腐蚀和腐蚀疲劳等都是杂质元素在晶界偏析引起脆化的典型例子。有时脆化元素的平均含量仅有 $10^{-6} \sim 10^{-3}$，但是在晶界附近的几个原子层内浓度可以富集到 $10^{-4} \sim 10$ 倍。从图 5-28 低温晶间断裂得到的晶界表面俄歇谱可以看到，在脆性状态下（b 曲线），Sb 的浓度比平均成分高两个数量级；用氩离子轰击样品表面，剥离 5Å（0.5nm）～

后，锑的含量就下降了 5 倍。说明尽管晶界元素富集只有几层原子的厚度，却可以导致样品的脆性。非脆性样品的晶界上没有检测到 Sb 的俄歇峰。

常用物理性能检验

第一节　热性能

一、热容

1. 热容的定义

当材料被加热时温度会上升，这个过程伴随着能量吸收。热容是衡量某种材料每升高 1K 需要从外部环境吸收的能量，或者反过来说，每降低 1K 向外界所释放的能量。热容的数学表达式为

$$C = \frac{\mathrm{d}Q}{\mathrm{d}T}$$

$\mathrm{d}Q$ 是温度变化 $\mathrm{d}T$ 所需要的能量。1mol 的材料温度升高 1K 所需的热量称为摩尔热容，单位是 J/（mol·K）。比热容常用小写字母 c 表示，它表示单位质量的热容，单位是 J/（kg·K）$^{-1}$。

2. 热容的分类

根据热传递的环境不同将热容分为两种，一种是样品体积不变的热容 C_V，一种是外部压力为常数的热容 C_p，C_p 的值大于 C_V，但是对于固体材料，这两种热容在室温及室温以下温度的差异是非常小的。

3. 热容的测量方法

在不做非体积功的等压过程中，在没有物态变化和化学成分变化时的等压热容可以表示为

$$C_p = \left(\frac{\mathrm{d}H}{\mathrm{d}T} \right)_p$$

比等压热容为

$$c = \frac{C_p}{m}$$

由上面两个公式可以推出

$$\frac{\mathrm{d}H}{\mathrm{d}t} = cm \frac{\mathrm{d}T}{\mathrm{d}t}$$

由上式可见 dH/dt 为热焓变化率，这是 DSC 曲线中的纵坐标。dT/dt 为升温速率，m 为试样质量，c 是比热容。因此，用 DSC 测量比热容是合适的。DSC 测定比热容的方法有直接法和间接法两种。

（1）直接法　在 DSC 曲线上，直接读取纵坐标 dH/dt 数值和升温速率，带入公式，求出比热容 c。但是这种方法存在较大的误差，这些误差主要是由仪器造成的，包括以下几方面：第一，在测定的温度范围内，dH/dt 不是绝对线性的；第二，仪器校正常数在整个测定区不是一个恒定值；第三，在整个测定范场内，基线不可能完全平直。为了减少这些误差，一般采用间接法测定比热容。

（2）间接法　用试样和标准物质在相同条件下进行扫描，然后根据两者数据曲线的纵坐标进行计算。要求标准物质在所测温度范围内没有化学的和物理的变化，并且比热容已知。常用的标准物质是蓝宝石。具体做法是在 DSC 仪器上，先以一定的升温速度测量两个空样品皿，得到一条基线，然后放入标准物质蓝宝石样品，再用同样条件作一条 DSC 曲线，用同样条件作待试样的 DSC 曲线，得到如图 6-1 所示的三条 DSC 曲线。

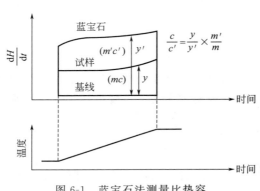

图 6-1　蓝宝石法测量比热容

样品的热焓变化率为

$$\frac{dH}{dt} = cm\frac{dT}{dt} = y$$

蓝宝石的热焓变化率为

$$\frac{dH}{dt} = c'm'\frac{dT}{dt} = y'$$

两式相除得

$$\frac{y}{y'} = \frac{cm}{c'm'}$$

所以样品的比热容 c 为

$$c = c'\frac{m'y}{y'm}$$

式中　c——试样的比热容，J/（mg·K）；

c'——标准物（蓝宝石）的比热容，J/（mg·K）；

m——试样质量，mg；

m'——标准样品的质量，mg；

y——试样在扣除基线后的高度；

y'——标准物（蓝宝石）扣除基线后的高度。

从图 6-1 上量取 y' 和 y 的长度，再通过查询蓝宝石的比热容表，依据公式，就可计算出试样的比热容。

4. 热容的测量设备

图 6-2 是 DSC 200 F3 差示扫描量热仪，已广泛应用于聚合物、橡胶、涂料、胶黏剂、药品、精细化学品、食物工业等领域，进行研究测试、质量监控和失效分析。

DSC 200 F3 的主要技术指标如下。

温度范围：－170～600℃/700℃（不同炉体）。

温度重复性：±0.01℃（标准金属）。

温度准确度：±0.1℃（标准金属）。

图 6-2　DSC 200 F3 差示扫描量热仪

升降温速率：0.001～100℃/min。

量热灵敏度：0.1μW。

量热重复性：±0.1%（标准金属）。

量热准确度：±1%（标准金属）。

基线漂移：＜±10μW（－50～300℃）。

DSC 量热范围：0～±600mW。

冷却装置：液氮、机械、空气泵、快速冷却杯（可以单独或同时连接多种制冷装置，通过软件切换）。

测量气氛：氧化、还原、惰性（动态或静态）。

二、　热膨胀

1. 热膨胀定义

物体因温度改变而发生的体积改变现象称为热膨胀。通常在压强不变的条件下，大多数物质体积随温度升高而增大。在相同条件下，气体热膨胀最大，液体次之，固体最小。也有少数物质在一定的温度范围内，体积随温度升高而减小。

从微观看，固体热膨胀的本质是固体中相邻原子间的平均距离增大。晶体中两相邻原子间的势能是原子核间距的势函数，该势函数曲线是一条非对称曲线，如图 6-3 所示。在一定的振动能量下，两相邻原子的距离在平衡位置附近改变着，由于势能曲线的非对称性，其平均距离 $\bar{r}$ 大于平衡时的距离 r_0；在吸收外界能量后，原子具有更高的振动能量，导致它们的平均距离就更大，结果使整块固体胀大。由于固体、液体和气体分子运动的平均动能大小不同，因而从热膨胀的宏观现象来看也有显著的区别。

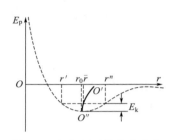

图 6-3　相邻原子的势能曲线

材料膨胀的程度用热膨胀系数表示。线胀系数 α 是指固态物质当温度改变 1℃时，其长度的变化和它在 0℃时的长度的比值。室温下许多普通材料的 α 为常数。材料长度随温度变化的规律，可用近似公式 $l = l_0 (1 + \alpha t)$ 表示，式中 l 为试件的长度，l_0 为 0℃时的长度，t 为摄氏温度。

2. 热膨胀的测量仪器

材料的热膨胀系数常用热膨胀仪来测试，图 6-4 是 DIL402C 热膨胀仪的结构示意，该热膨胀仪采用卧式设计，热电偶直接接近样品测温，保证温度测量的重复性。该仪器的 c-DTA 功能使仪器在测试热膨胀系数的同时还能测得样品的吸放热效应。仪器为真空密闭结构，可使测量在真空或设定的纯净惰性气氛下进行。测量的样品形态包括固体、液体、粉末、膏体、陶瓷纤维等。

DIL402C 的主要技术指标：热膨胀仪加热炉的最高温度为 1600℃，控温精度为 0.1℃，位移传感器最大量程为 $5000\mu m$，分辨率为 0.125nm，最大升温速率为 50℃/min，最大降温速率为 100℃/min，样品直径为 4～6mm，样品长度为 25mm。

将样品放入加热炉内，按给定的温度程序加热，加热炉和样品的温度分别由对应的热电偶进行测量，样品长度随温度变化而变化，同时样品支架和样品推杆的长度也发生变化，测量的长度变化结果是样品、样品支架和推杆三者长度变化总和。样品推杆将该长度变化总和传递给位移传感器后，使位移传感器的铁芯发生位置变化而产生电动势，该电动势由测量放大器按比例转换为直流电压，由计算机记录下来。

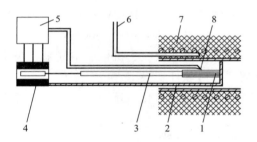

图 6-4　DIL402C 热膨胀仪结构示意

1—样品；2—样品支架；3—样品推杆；4—位移传感器；
5—计算机；6—加热炉热电偶；7—加热炉；8—样品热电偶

3. 热膨胀仪测钢铁材料的相变温度

DIL402C 热膨胀仪在钢铁及合金材料中常用来测相变临界点温度，测量的依据为标准 YB/T 5127—1993。

（1）测量原理　钢铁是一种具有多型性相变的金属。其高温组织（奥氏体）及其转变产物（铁素体、珠光体、贝氏体和马氏体）具有不同比体积。所以，当钢铁试样在加热和冷却时，由于相变引起的体积效应叠加在热膨胀曲线上，破坏了膨胀量与温度间的线性关系。从而可以根据热膨胀曲线上所显示出热膨胀的变化点来确定相变温度，即钢的固态相变临界点，简称钢的临界点。

（2）试样的要求　每炉钢取三个试样，取样部位应有代表性，试样组织应均匀；试样尺寸、平行度、表面粗糙度、公差应符合仪器要求；为防止试样脱碳、氧化，对试样表面必须进行保护，如镀铬等；每个试样只能测量一次。

（3）试验条件　选定奥氏体化温度，亚共析钢一般在 A_{c3} 以上 $30\sim50℃$；共析钢一般在 A_{c1f} 以上 $30\sim50℃$；过共析钢一般在 A_{ccm} 以上 $30\sim50℃$ 或根据实际需要而定。

选定奥氏体化保温时间 $10\sim20min$。

（4）试验步骤

① 把待测试样安放在热膨胀仪中，确保试样的端面与石英组件接触良好。安装伸长计时应保证与传输杆在同一轴线上。

② 按规定的试验条件对试样进行加热、保温及冷却。在加热和冷却过程中，观察伸长计的读数和相应的温度值，记录完整的膨胀-温度曲线。

用热膨胀仪测相变临界点温度的重要应用包括测定钢铁及合金材料的 CCT 曲线和 TTT 曲线，如标准 YB/T 5128—93 规定了钢的连续冷却转变曲线图（CCT 图）的测定方法（膨胀法），标准 YB/T 130—1997 规定了钢的等温转变曲线图（TTT 图）的测定方法（膨胀法）。测量 CCT 曲线的原理是钢试样在加热或冷却时，除了热胀冷缩引起的体积变化外，还有相变引起的体积变化，在正常热膨胀曲线上出现了转折点。根据转折点可以得出奥氏体转变时的温度和所需时间。将试样置入热膨胀仪中，加热到奥氏体化温度保温后，以不同速度连续冷却到室温。在连续冷却过程中，奥氏体发生相应的相转变，在热膨胀曲线上记录相应的冷却速度下，相转变开始点和结束点的温度。然后以温度为纵坐标，时间的对数为横坐标，将相同性质的相转变开始点和结束点分别连成曲线，并标明最终的组织和硬度值以及马氏体转变开始点等，就得到钢的连续冷却转变曲线图。测量 TTT 曲线的原理中记录发生相转变所需时间的方法与 CCT 曲线相同，测量 TTT 曲线时将样品放入热膨胀仪中，加热到奥氏体化温度保温后，急冷到临界点以下不同的温度等温，在等温过程中，奥氏体发生相应的相转变。随着等温时间的延长，相转变量也逐渐增多，直到转变结束。在热膨胀曲线上可以得到与转变量相对应的时间。然后以温度为纵坐标，时间的对数为横坐标，将转变量相同的点分别连成曲线，并标明转变的组织和最终的硬度值，以及 A_{c1}、A_{c3}、M_s 等，即得到钢的等温转变曲线图。

三、　热传导

1. 热传导的定义

热传导是热从物质的高温区向低温区传递的现象，表征材料传热能力的参数称为热导率，定义为

$$q = -k\frac{\mathrm{d}T}{\mathrm{d}x}$$

式中，q 为热通量，也就是单位时间单位面积的热流量（面积与热流方向垂直），k 是热导率，T 是温度。q 的单位是 $\mathrm{W/m^2}$，k 的单位是 $\mathrm{W/(m \cdot K)}$。上式对热通量在不随时间改变的环境下是有效的。

热在固体中是通过声子（点阵振动波）和自由电子传递的，两种热传递机制同时存在，总的热导率是点阵振动热导率和电子热导率之和。通常其中有一个占主导地位。在金属中，热传递的电子机制远大于声子机制的贡献，因为电子不像声子那样容易被散射，而且有更高的运动速度。因此金属是良好的热导体，因为金属中有大量参与热传导的自由电子。而非金属陶瓷由于自由电子数量很少，因此成为热绝缘体。声子主要承担陶瓷中的热传导，而且声子不像自由电子在热能传递中那样有效，因为声子更容易被点阵缺陷散射。表 6-1 给出了常见材料的热导率。

表 6-1　常见材料的热导率

材料	热导率/[W/(m·K)]
铜	380
铝（硅合金）	160
黄铜	120
铁	50
不锈钢	17
PVC	0.17
硬木	0.18

2. 测量热导率的方法

测定这一热物理性质的方法，就温度与时间的变化关系而言，可以分为稳态和非稳态两大类。

（1）稳态测量法　这种方法具有原理清晰，可准确、直接地获得热导率绝对值等优点，并适于较宽温区的测量，缺点是比较原始、测定时间较长和对环境（如测量系统的绝热条件、测量过程中的温度控制以及样品的形状尺寸等）要求苛刻。常用于低热导率材料的测量，其原理是利用稳定传热过程中，传热速率等于散热速率的平衡条件来测得热导率。

① 热流计法　这是一种基于一维稳态导热原理的比较法。如图 6-5 所示，将厚度一定的方形样品插入两个平板间，在其垂直方向通入一个恒定的单向热流，使用校正过的热流传感器测量通过样品的热流，传感器在平板与样品之间和样品接触。当冷板和热板的温度稳定后，测得样品厚度、样品上下表面的温度和通过样品的热流量，根据傅里叶定律即可确定样品的热导率。

$$k = \frac{Cq\delta}{\Delta T}$$

式中　q——通过样品的热通量，$\mathrm{W/m^2}$；

δ——样品厚度，mm；

ΔT——样品上下表面温差，℃；

C——热流计常数，由厂家给出，也可
用已知热导率的材料进行标定
得出。

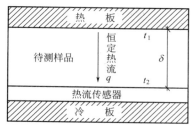

图 6-5 热流计法结构示意

上法适用于热导率较小的固体材料、纤维材料和多孔隙材料，如各种保温材料。在测试过程中存在横向热损失，会影响一维稳态导热模型的建立，扩大测定误差，故对于较大的、需要较高量程的样品，可以使用保护热流计法测定，该法原理与热流计法相似，不同之处是在周围包上绝热材料和保护层（也可以用辅助加热器替代），从而保证了样品测试区域的一维热流，提高了测量精度和测试范围。该法需要对测定单元进行标定。

② 圆管法 这是根据长圆筒壁一维稳态导热原理直接测定单层或多层圆管绝

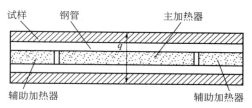

图 6-6 圆管法结构示意

热结构热导率的一种方法。要求被测材料可以卷曲成管状，并能包裹于加热圆管外侧，由于该方法的原理是基于一维稳态导热模型，故在测试过程中应尽可能在试样中维持一维稳态温度场。以确保能获得准确的热导率。为了减少由于端部热损失产生的非一维效应，根据圆管法的要求，常用的圆管式导热仪大多采用辅助加热器，即在测试段两端设置辅助加热器，使辅助加热器与主加热器的温度保持一致，以保证在允许的范围内轴向温度梯度相对于径向温度梯度的大小，从而使测量段具有良好的一维温度场特性。其结构如图 6-6 所示。

根据傅里叶定律，在一维、径向、稳态导热的条件下，管状材料的热导率可由下式得出：

$$k=\frac{Q\ln(d_2/d_1)}{2\pi L(t_2-t_1)}$$

式中 Q——通过试样的热量；

d_1——试样外表面直径；

d_2——试样内表面直径；

t_1——试样内表面温度；

t_2——试样外表面温度；

L——测量段有效长度。

在试验中，测定应在传热过程达到稳态时进行，同时加热圆管的功率要保持恒定，试样内外表面的温度可由热电偶测出。另外，为保证热流在被测材料中的单向性，试样外表面温度应该控制在环境温度以下。通过试验对保护热板法和圆管法进行比较后，发现对于相同材料，圆管法测得的热导率要大于保护热板法，且当绝热材料用于管道上时，圆管法更好地反映了其结构热导率。由于普通圆管法需要安装自控装置来调控辅助加热器的功率，使实际测试过程时间较长，设备成本较高。有人提出了一种改进的自补偿圆管法，其加热管由测试段、过渡段和补偿段组成，测试段和过渡段维持相同的热流密度，而补偿段则用大于测试段的热流密度加热，以补偿轴向热损失，使辅助加热器加热热流密度与主加热器的加热热流密度之比（功率补偿因子）为定值，省去了自控装置，同时使传热易于达到和保持稳定状态。

（2）非稳态测量法　这种方法是最近几十年内开发出的热导率测量方法，多用于研究高热导率材料，或在高温条件下进行测量。在瞬态法中，测量时样品的温度分布随时间变化，一般通过测量这种温度的变化来推算热导率。瞬态法的特点是测量时间短、精确性高、对环境要求低，但受测量方法的限制，多用于比热容基本趋于常数的中、高温区热导率的测量。

① 热线法　已建立起数种绝热材料在高温下热导率的测量方法，其中唯一的一种国际标准方法是热线法。热线法是在试样中插入一根热线。测试时，在热线上施加一个恒定的加热功率，使其温度上升。测量热线本身或平行于热线的一定距离上的温度随时间上升的关系。由于被测材料的导热性能决定这一关系，由此可得到材料的热导率。非稳态热线法测定热导率的数学模型为

$$k = \frac{q \, \mathrm{d}\ln\tau}{4\pi \mathrm{d}\theta}$$

式中　q——单位长度电热丝的发热功率；

$\quad\quad$ τ——测定时间；

$\quad\quad$ θ——测量的温升，它是时间的函数。

测量热线温升的方法一般有三种：交叉线法是用焊接在热线上的热电偶直接测量热线的温升；平行线法是测量与热线隔着一定距离的一定位置上的温升；热阻法是利用热线（多为铂丝）电阻与温度之间的关系得出热线本身的温升。热线法适用于测量不同形状的各向同性的固体材料和液体。

② 热带法　其测量原理类似于热线法。取两块尺寸相同的方形待测样品，在两者间夹入一条很薄的金属片（即热带），在热带上施加恒定的加热功率，作为恒定热源，热带的温度变化可以通过测量热带电阻的变化获得，也可以直接用热电偶测得。热带法测量物质热导率的数学模型与热线法相类似，故在获得温度响应曲线后由前面的公式可以得出待测物的热导率。

该法与热线法相比，其薄带状的电加热体能更好地与被测固体材料接触，故热带法比热线法更适合于测量固体材料的热物性。用该法对一些非导电固体材料和松散材料进行测试后，得出的测定结果有较好的重复性和准确性，其试验装置能达到的实际精度为±5％。

　　热带法可用于测量液体、松散材料、多孔介质及非金属材料。在热带表面覆盖很薄的导热绝缘层后，还可以测量金属材料，适用范围广泛，测量精度高，方便实用。

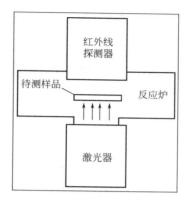

图 6-7　激光闪射法结构示意图

　　③ 激光闪射法　这是一种用于测量高热导率材料与小体积固体材料的技术，该法最早由Parker 提出。由于这种技术具有精度高、所用试样小、测试周期短、温度范围宽等优点而得到广泛研究与应用。该方法先直接测量材料的热扩散率，并由此得出其热导率，适合于高温导热率的测量。其测定原理如图 6-7 所示，t 时刻，在厚度为 L 的均质薄片状试样的正面加上一个具有一定脉冲宽度的激光，用热电偶测出试样背面的温度变化曲线以及温升达到最大值的 1/2 时的时间 $t_{1/2}$，则有

$$\alpha = \frac{0.1388L^2}{t_{1/2}}$$

式中　α——热扩散率；

　　　L——试样厚度；

　　$t_{1/2}$——试样背面温升达到最大温升一半时所需的时间。

　　根据背面温度响应曲线得到 $t_{1/2}$，代入上式即可算出热扩散率。在已知样品比热容与密度的情况下，由热扩散率定义，便可以得到样品的热导率。

$$k = \alpha c_p \rho$$

3. 测量仪器

　　热物性测试仪 FL3000（图 6-8）采用高速疝灯作脉冲加热光源及其可选择的导光组件系统。FL3000 适用于从标准的 10mm 直径到 30mm 直径、厚度达到 7mm 的各种尺寸的样品，不仅可以测量各种陶瓷、金属、聚合物和复合材料等，还可以测量粗晶材料如耐火材料、碳、岩石等含孔隙材料。

　　温度范围：-180～1100℃内可选择。热扩散率测量：重复性±2%或更好；准确度±3%或更好（用 NIST 签发的标准石墨材料确定）。测试范围：10～0.001cm²/s。

图 6-8　高速疝灯热物性测试仪 FL3000

第二节　电和磁性能

一、电阻和电阻率

1. 电阻和电阻率的定义

在物理学中，电阻表示导体对电流阻碍作用的大小。导体的电阻越大，表示导体对电流的阻碍作用越大。导体的电阻通常用 R 表示，电阻的单位是欧姆，简称欧，符号是 Ω，$1\Omega=1V/A$。电阻不仅与材料的性质相关，还与材料的形状有关，用公式表示为

$$R=\rho\frac{L}{S}$$

式中　L——导体的长度；

S——导体的横截面积；

ρ——导体的电阻率。

电阻率 ρ 是用来表示材料电阻特性的物理量，与物体的材料有关，在数值上等于单位长度、单位面积的物体在 20℃时所具有的电阻值。电阻率的单位是欧姆·米（$\Omega\cdot m$）。电阻率的倒数是电导率，$\sigma=1/\rho$，其单位是西门子每米（S/m）。

2. 影响材料电阻率的因素

（1）材料电阻率与温度的关系　高于室温的条件下，对于大多数材料，其电阻率与温度的关系可表示为

$$\rho_t=\rho_0\ (1+\alpha T)$$

（2）合金化与电阻率的关系　溶于金属中的溶质破坏了该金属原有的晶体点阵，导致晶格畸变，破坏了晶格势场的周期性，增加了电子散射概率，使电阻率增高。根据马西森定律，有

$$\rho=\rho_0+\rho'$$

式中　ρ_0——固溶体溶剂组元的电阻率；

ρ'——剩余电阻。

$$\rho'=C\Delta\rho$$

式中　C——杂质原子含量；

$\Delta\rho$——每 1%原子杂质引起的附加电阻。

$\Delta\rho$ 与溶质浓度和温度有关，随溶质浓度的增加，$\Delta\rho$ 偏离严重。由诺伯利定则，有

$$\Delta\rho=a+b(\Delta Z)^2$$

式中　a,b——随元素而异的常数；

　　　ΔZ——溶剂和溶质间的价数差。

（3）电阻率与压力的关系　压力使原子间距缩小，能带结构发生变化，内部缺陷、电子结构都将改变，从而影响金属的导电性。电阻率与压力的关系为

$$\rho_p = \rho_0 (1 + \varphi p)$$

式中　ρ_0——真空条件下的电阻率；

　　　φ——压力系数；

　　　p——压力；

（4）冷加工对电阻率的影响　冷加工变形使金属的晶格发生畸变，增加了电子散射概率，使材料的电阻率增加。根据马西森定律，冷加工金属的电阻率可写为

$$\rho = \rho' + \rho_M$$

式中　ρ_M——与温度有关的退火金属的电阻率；

　　　ρ'——剩余电阻。

试验表明 ρ' 与温度无关。

（5）缺陷对电阻率的影响　空位、间隙原子、位错等晶体缺陷，会引起点阵周期势场的破坏，使电阻率增加。根据马西森定律，缺陷引起电阻率的增值 $\Delta\rho$ 为

$$\Delta\rho = \Delta\rho_{空位} + \Delta\rho_{位错}$$

式中　$\Delta\rho_{空位}$——空位对电子散射引起的电阻率增量；

　　　$\Delta\rho_{位错}$——位错对电子散射引起的电阻率增量。

（6）电阻率的尺寸效应和各向异性　当导电电子的自由程和试样尺寸是同一量级时，材料的导电性与试样几何尺寸有关。对于金属薄膜和细丝材料的电阻尤其重要。因为电子在薄膜表面会产生散射，构成了新的附加电阻。薄膜试样的电阻率为

$$\rho = \rho_0 + \rho_d$$
$$\rho_d = \rho_\infty (1 + L/d)$$

式中　ρ_∞——大尺寸试样的电阻率；

　　　L——试验表面的电子自由程；

　　　d——薄膜厚度。

电阻率的各向异性通常在对称性较高的立方晶系中表现不明显，但在对称性较差的六方、四方、斜方晶系中，导电性表现为各向异性。电阻率在垂直或平行于晶轴方向的数值不同。

3. 材料电阻和电阻率的测量方法

（1）电阻的测量方法　若精度要求不高，常用兆欧表、万用表、欧姆表及伏安法等测量；若精度要求比较高或阻值在 $10^{-6} \sim 10^2\Omega$ 的材料电阻（如金属或合金的阻值）测量，需采用更精密的测量方法。常用的方法如下。

① 双臂电桥法　被测量与已知量在直流桥式线路上进行比较而得出测量结果，其精

确测量电阻范围为 $10^{-6}\sim10^{-3}\Omega$，误差为 $0.2\%\sim0.3\%$。缺点是受环境温度影响较大。

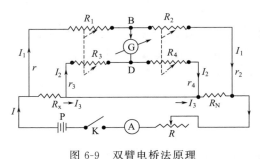

图 6-9 双臂电桥法原理

图 6-9 所示为双臂电桥法原理测量时，待测电阻 R_x 和标准电阻 R_N 相互串联后，串入一有恒电流的回路中，将可调电阻 R_1、R_2、R_3、R_4 组成电桥四臂，并与 R_x、R_N 并联，在其间 B、D 点连接检流计 G，调节 R_1、R_2、R_3、R_4 电阻使电桥达到平衡 $V_D=V_B$，则检流计示值为零。

由电路的知识可得方程组：

$$I_3R_x+I_2R_3=I_1R_1$$
$$I_3R_N+I_2R_4=I_1R_2$$
$$I_2(R_3+R_4)=(I_3-I_2)r$$

由该方程组导出待测电阻：

$$R_x=\frac{R_1}{R_2}R_N+\frac{R_4r}{R_3+R_4+r}\left(\frac{R_1}{R_2}-\frac{R_3}{R_4}\right)$$

为了使上式简化，在设计电桥时，使 $R_1=R_3$、$R_2=R_4$，并将它们的阻值设计得比较大，而导线的电阻足够小（选用短粗的导线），这样使 $\frac{R_1}{R_2}-\frac{R_3}{R_4}$ 趋向于零，则上式近似为

$$R_x=\frac{R_1}{R_2}R_N=\frac{R_3}{R_4}R_N$$

当检流计示值为零时，从电桥上读出 R_1、R_2，而 R_N 为已知的标准电阻，用上式可求出 R_x 值。在测量中应注意：连接 R_x、R_N 的铜导线的电阻应尽量小，测量尽可能快。

② 直流电位计法　通过串联电路中电压与电阻成正比的原理计算得出电阻。它的精度高于双臂电桥法，可测量 10^{-7} V 微小电动势。并且其导线和引线电阻不影响测试结果。

图 6-10 所示为直流电位计测量电阻的原理：当一恒定电流通过试样和标准电阻时，测定试样和标准电阻两端的电压降 V_x 和 V_N，R_N 已知，通过下式计算出 R_x：

$$R_x=R_N\frac{V_x}{V_N}$$

（2）电阻率的测量　将某种材料制成的长 1m、横截面积是 $1mm^2$ 的在常温下（20℃时）导线的电阻，称为这种材料的电阻率。测量电阻率的方法很多，如二探针法、扩展电阻法和四探针法等。下面仅介绍常用的四探针法。

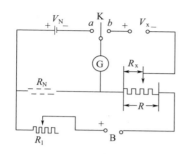

图 6-10　直流电位计测量电阻的原理

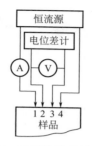

图 6-11　四探针法的测量原理

① 直流四探针法　具有设备简单、操作方便，测量精确等优点，四探针法的测量原理如图 6-11 所示。把 1、2、3、4　四根金属探针彼此相距 1mm，排在一条直线上，四根探针与样品表面接触良好。由 1、4　探针通入小电流，当电流通过时，样品各点将有电位差，同时用高阻静电计、电子毫伏计测出 2、3 探针间的电位差 V_{23}。当被测样品的几何尺寸相对于探针间距大得多时，实际测量中要求样品厚度及边缘与探针之间的最近距离大于四倍探针间距，由下式可直接计算出样品的电阻率：

$$\rho = C \frac{V_{23}}{I}$$

式中　C——与被测样品的几何尺寸及探针间距有关的测量的系数（探针系数）；

I——探针通入的电流。

当相邻探针间距为 1mm 时，$C=2\pi$。电流 I 的选择很重要，如果电流过大，会使样品发热，引起电阻率改变，使测量误差变大。

② 电阻率的测量设备　SX1944 型数字式四探针测试仪如图 6-12 所示，该测试仪分为主机和测试架两部分，其中主机部分由高灵敏度直流数字电压表（由调制式高灵敏直流电压放大器、双积分 A/D 变换器、计数器、显示器组成）、恒流源、电源、DC-DC 变换器组成。为了扩大仪器功能及方便使用，还设立了单位、小数点自动显示电路及电流调节电路、自校电路和调零电路。测试架由探头及压力传动机构、样品台构成。

仪器的测量范围：电阻率 $10^{-4} \sim 10^{5} \Omega \cdot cm$；方块电阻 $10^{-3} \sim 10^{6} \Omega$；薄膜电阻 $10^{-4} \sim 10^{5} \Omega$。可测半导体材料的尺寸：$\phi15 \sim 100mm$。

二、　磁导率和磁滞回线

1. 定义

（1）磁导率的定义　对于处于外磁场中的磁体，它的磁化强度会发生改变，磁化强度 M 和磁场强度 H 的关系由下式给出：

$$M = \chi H \quad 或 \quad \chi = H/M$$

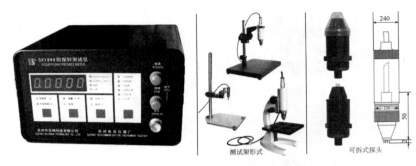

图 6-12　SX1944 型数字式四探针测试仪

磁体的磁化率 χ 是单位磁场强度在磁体内感生的磁化强度，是表征磁体磁化难易程度的参量。磁感应强度 B 与磁场的关系为

$$B = \mu_0 (H + M)$$

所以

$$B = \mu_0 (H + \chi H) = \mu_0 H (1 + \chi) = \mu_0 \mu H$$

定义

$$\mu = 1 + \chi$$

μ 为相对磁导率，由该式还可以推出

$$\mu = 1 + H/M$$

在 SI 单位中将 B/H 定义为绝对磁导率，即

$$\mu_{绝对} = \mu_0 \mu = B/H$$

在材料科学中一般所说的磁导率为相对磁导率。

在不同的磁化条件下，材料的磁导率也不同。在磁化起始点（图 6-13 的 a 点）的磁导率称为初始磁导率 μ_i，它是磁中性状态下磁导率的极限值，即

$$\mu_i = \frac{1}{\mu_0} \times \frac{\Delta B}{\Delta H} \quad (\Delta H \rightarrow 0)$$

式中　μ_0——真空磁导率，$\mu_0 = 4\pi \times 10^{-7} \, \mathrm{H/m}$；

　　　ΔH——磁场强度的变化率，$\mathrm{A/m}$；

　　　ΔB——磁感应强度的变化率，T。

对于软磁材料，起始磁导率是一个重要的参数。在起始磁化曲线上，最高点（图 6-13 的 b 点）的磁导率称为最大磁导率 μ_{max}。

$$\mu_{max} = \frac{1}{\mu_0} \times \left(\frac{B}{H} \right)_{max}$$

（2）磁滞回线的定义　当铁磁材料达到磁饱和状态后（b 点），如果减小磁场强度 H，介质的磁感应强度 B 并不沿着起始磁化曲线减小，B 的变化滞后于 H 的变化。这种现象称为磁滞。当 H 在正负两个方向上往复变化时，B 随 H 的变化规律是如图 6-13 所示的连接 b、c、d、e、f 点的闭合曲线，称为磁滞回线。磁滞回

线上的重要参数：当 $H=0$ 时，B 不为零，磁滞回线与纵轴交于 c 点，该点的磁感强度称为剩余磁感应强度，用 B_r 表示；要使介质完全退磁也就是使 B 等于零，必须加反方向磁场（H_c），如 d 点所示，这个反向磁场强度称为矫顽力。

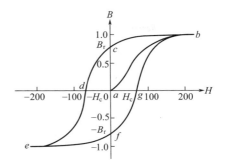

图 6-13　起始磁化强度曲线（a、b）和磁滞回线（b、c、d、e、f、g）

不同的铁磁材料具有不同形状的磁滞回线，按照矫顽力大小，铁磁材料可分为软磁、硬磁和矩磁材料。软磁材料的矫顽力小，适合制作变压器和电机中的铁芯等；硬磁材料的矫顽力大，常用于制作永磁体，应用于扬声器中；矩磁材料的磁滞回线接近于矩形，被用作磁记录材料。

2. 测量方法

（1）磁导率的测量　有两种方法：一种是通过测量磁芯上绕组线圈的电感量（电感测试仪），再用公式计算出磁芯材料的磁导率；另一种是用超导量子干涉测量出样品的磁化强度 M，再用公式 $\mu=1+H/M$ 计算出磁导率。

① 电感测试仪原理　测量磁导率 μ 的方法一般是在样环上绕 N 匝线圈测其电感 L，因为可推得 L 的表达式为

$$L=\mu_0\mu N^2 A/l$$

所以，由上式导出磁导率的计算公式为

$$\mu=\frac{Ll}{\mu_0 N^2 A}$$

式中　l——磁芯的磁路长度；

　　　A——磁芯的横截面积。

对于具有矩形截面的环形磁芯，如果把它的平均及磁路长度 $l=\pi(D+d)/2$ 当作磁芯的磁路长度 l，把截面积 $A=h(D-d)/2$ 及 $\mu_0=4\pi\times10^{-7}$ 都代入上式，可得

$$\mu=\frac{L(D+d)\times10^7}{4N^2 h(D-d)}$$

式中　D——环的外直径；

　　　d——环的内径；

　　　h——环的高度。

把环的内径 $d=D-2a$ 代入上式得

$$\mu=\frac{L(D-a)\times10^7}{4N^2 ha}$$

式中　a——环的壁厚。

对于内径较小的环形磁芯，内径不如壁厚容易测量，所以用上式比较方便。上面两式是等效的，它们都是把环的平均磁路长度当成磁芯的磁路长度。用它们计算出来的磁导率称为材料的环磁导率。环磁导率比材料的真实磁导率要偏高一些，且样环的壁越厚，误差越大。

② 超导量子干涉磁性测量系统　超导量子干涉（SQUID）磁强计，是一种新型的灵敏度极高的磁敏传感器，是以约瑟夫森（Jose Phson）效应为理论基础，用超导材料制成的，在超导状态下检测外磁场变化的一种新型测磁装置，如图 6-14 所示。SQUID 磁强计的特点是灵敏度极高；可达 10^{-15} T，比灵敏度较高的光泵式磁敏传感器要高出几个数量级；测量范围可从零场测量到几千特斯拉；响应频率可从零响应到几千赫兹。SQUID 磁强计主要应用于物理、化学、材料、地质、生物、医学等领域各种弱磁场的精确测量。

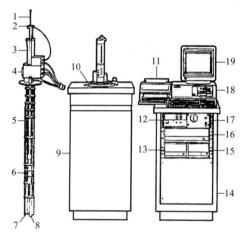

图 6-14　超导量子干涉磁强计

1—样品杆；2—样品移动电机；3—样品输送腔；
4—探测器；5—液氦探测器；6—超导磁铁；
7,8—SQUID 探测器；9—杜瓦瓶架；10—杜瓦瓶；
11—打印机；12—超导磁铁电源；13—温控器；
14—控制架；15—总电源；16—控制器；
17—气体控制器；18—计算机；19—显示器

a. 超导量子干涉磁强计的结构组成　超导量子干涉磁强计主要由七个功能系统构成：温控系统、超导磁铁系统、SQUID 探测系统、样品移动系统、气体处理系统、液氦杜瓦瓶系统、PC 自动控制系统。

SQUID 是在用超导体制作的环内引入一个或两个约瑟夫森结制成的器件。

b. 超导量子干涉磁强计的工作原理

ⅰ. 约瑟夫森效应　SQUID 磁强计的超导环中采用了约瑟夫森结的结构，约瑟夫森效应使 SQUID 磁强计具有极高灵敏度，其结构示意如图 6-15 所示。约瑟夫森结由两块超导体中间夹一层 1nm 厚度的薄绝缘层构成。绝缘层内的电势比超导体中的电势低得多，对电子的运动形成势垒。超导体中的电子的能量不足以使它通过该势垒，所以宏观上不能有电流通过。但量子力学原理指出，即使对于相当高的势垒，能量较小的电子也能有一定的概率透射，当势垒宽度逐步减小时，这种透射的概率将随之增大，在 1nm 量级，这种透射的概率已经很可观了。这种电子通过超导的约瑟夫森结中势垒隧道，而形成超导电流的现象称为超导隧道效应，也称约瑟夫森效应。

ⅱ. 约瑟夫森效应在测量磁场中的应用　超导结临界电流随外加磁场而周期起伏变化的原理，可用于测量磁场中。例如，若在超导结的两端接上电源，电压表无显示时，电流表所显示的电流即为超导电流；
电压表开始有电压显示时，则电流表所显示的
电流为临界电流 I_c，此时，加入外磁场后，临
界电流将有周期性的起伏，且其极大值逐渐衰
减，振荡的次数 n 乘以磁通量子 φ_0，可得到透
入超导结的磁通量 φ。而磁通量和磁场强度 H

图 6-15　约瑟夫森结示意

成正比关系，如果能求出 φ，H 即可求出。同理，若外磁场 H 有变化，则磁通量
也随之变化，在此变化过程中临界电流的振荡次数 n 乘以 φ_0 即得到磁通量的大小，
反映了外磁场变化的大小。因而可利用超导技术测定磁场的大小及其变化。

　　通过精确测量外磁场的大小及其变化可以精确测出样品在外磁场下的磁化强度
M，计算机通过公式 $\mu = 1 + H/M$ 计算出磁导率 μ，并记录在计算机的存储设
备中。

　　（2）磁滞回线的测量　磁滞回线一般用磁滞回线仪测量。磁滞回线仪根据磁性
材料的不同分为两类，即硬磁磁滞回线仪和软磁磁滞回线仪。

　　硬磁磁滞回线仪测量原理：被测样品被紧密夹在电磁铁极头之间与电磁铁形成
闭环回路，电磁铁产生的磁场对样品进行磁化和退磁，同时测量线圈对 H 和 B 进
行测量。

　　软磁材料的测量可分为直流测量和交流测量：对于直流测量，次级线圈产生的
感应磁场可用公式 $B = \Phi/(N_B A)$ 表示，A 是圆环的横截面积，磁通量 Φ 通过磁
通计读取；对于交流测量，感应磁场 B 通过次级线圈的感应电压 $V(t)$ 对时间的
积分获得，最大可测量至 1MHz 甚至更高。

第七章 无损检测技术

　　无损检测，英文 Nondestructiv Test，缩写为 NDT，顾名思义，就是在不损伤和破坏被检测对象用途和功能的前提下，对其内部或外表的物理、力学性能及内部结构等进行检测。无损检测利用被检测对象材料的电、磁、声、光等物理特性，通过特定的方式使这些物理特性作用于被检测对象，当材料组织结构异常时（如存在缺陷），会引起电、磁、声、光等物理量的变化，由此来推断材料组织的结构异常。例如超声波检测方法，就是利用被检测对象材料内部出现缺陷时，在材料中传播的超声波将改变原来的传播方向和方式，通过获得超声波的异常来推断材料内部存在的缺陷。无损检测主要用来检测被检测对象内部和表面的缺陷、性能和成分、结构特征等，而缺陷检测是无损检测的主要应用。

　　无损检测作为一项工业技术，在材料加工、零件制造、产品组装、产品使用等工业生产的各个领域有着广泛的应用。在工业生产中，可以用无损检测来检测产品的质量，剔除不合格品；也可以用无损检测监测在用产品结构和状态的变化，排除产品可能出现的失效或失灵。无损检测不仅可以检测产品质量，保障产品的安全，通过将检测结果反馈到生产的各个环节，还可以为产品的设计、加工制造工艺的改进提供依据，从而可以降低不合格品率、生产制造成本以及资源的消耗。随着工业生产技术的发展及人们生活水平的提高，无损检测技术越来越受到各行各业的普遍重视，在与人们生活息息相关的建筑、汽车及消费品制造、锅炉与压力容器、石油与化工等工业生产以及航空航天、核技术、兵器、船舶等军工行业中被广泛使用。

　　根据物理原理、探测及信息处理方式的不同，无损检测分为多种方法。目前在工业生产中普遍使用五大常规无损检测方法和非常规无损检测方法。五大常规无损检测方法包括超声波检测、射线照相检测、磁粉检测、渗透检测和涡流检测，非常规无损检测方法包括工业 CT 检测、声发射检测、泄漏检测、全息干涉和（或）错位散斑干涉检测、目视检测等。超声波检测、射线照相检测、工业 CT 检测等检测方法主要用于被检测对象内部缺陷及结构的检测，磁粉检测、渗透检测、涡流检测、目视检测等检测方法用于表面或近表面缺陷的检测。

　　随着科学技术的发展，新材料新工艺不断涌现，对无损检测技术提出了新的要求，因此人们也在采用各种方法提高现有无损检测技术的精度以及研究新的无损检测方法和仪器设备，从而使无损检测的应用范围更广，检测灵敏度更高。

第一节 超声波检测

一、 概述

超声波是波动频率大于 20000Hz 的机械波，可以在一定材料（介质）中传播。超声波在介质中传播的范围称为超声场。超声波检测一般是指采用一定方法形成超声场，将被检测工件置于超声场中，超声波与工件相互作用或者说超声波将在工件内部以一定方式传播，如果工件中存在不连续（即缺陷），则超声波将产生反射、透射、散射或波形转换，通过对超声波变化的研究，实现对工件的宏观缺陷检测、几何特性测量、组织结构和力学性能的检测和表征，并进而对其特定应用性进行评价的技术。

超声波检测技术是五大常规无损检测技术之一，也是目前国内外应用最广、使用最多、发展较快的无损检测技术，在工业生产中发挥着重要的作用。超声波检测技术始于 20 世纪 20～30 年代，从最初的穿透法发展到脉冲发射法、衍射时差法等，近些年出现了相控阵超声波、超声显微镜、导波等新的检测技术。

超声波检测主要用于金属、非金属和复合材料制品的检测，具有穿透能力强的优点，可以对较大厚度范围内的工件内部缺陷进行检测，可以确定缺陷的大小、位置、取向等信息，也可以根据超声波的特点推断缺陷的性质。超声波检测设备轻便，检测成本低，检测速度快，检测过程对人体及环境无害。超声波检测的主要局限性是对缺陷定量是通过当量的方式给出的，通常与实际大小不符，且对缺陷的定性不准确。超声波检测不适合形状、结构复杂工件的检测，工件材料内部的晶粒度、非均匀性、非致密性等特征对检测结果影响较大。

二、 超声波检测物理基础

1. 超声波的基本概念

超声波是在声波概念的基础上扩展而来的，声波是人耳可以听得到的机械波，而超声波是频率大于 20000Hz 人耳听不到的机械波，还有次声波是频率低于 20Hz 人耳听不到的机械波。机械波是机械振动在介质中的传播，机械波的产生必须具备波源和传播介质。用周期（T）、频率（f）和振幅（A）来描述其机械振动的规律，周期就是完成一次完整往复运动的时间，频率是单位时间内振动的次数，振幅是离开平衡位置的最大距离。

用来进行无损检测的超声波是采用压电晶片在电脉冲的激励下产生机械振动形成波源，被检测材料作为传播介质，形成了从波源到介质传播的超声波。

用来描述超声波的物理量有波长、声速、声压、声强和声阻抗。在相邻周期，相位相同的点之间的距离称为波长（λ），如图 7-1 所示，即波完成一个周期所传播的距离。单位时间内超声波传播的距离称为声速（c），即超声波传播的速度。超声波的波速与传播介质的密度、弹性模量等性质相关，还与超声波的波型相关，不同材料的声速不同。超声波的周期（T）和频率（f）与波源振动的周期和频率相同。

波长、声速、频率、周期之间的关系为

$$\lambda = c / f = cT$$

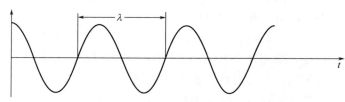

图 7-1　超声波波长示意

充满超声波的空间，称为超声场。超声场具有一定的空间大小和形状，只有当缺陷位于超声场内时，才有可能被发现。声压、声强和声阻抗用来描述超声波在传播过程中的特性。声压（p）是超声波传播到某质点时与没有声波时的静压强的差。声强（I）是单位面积上单位时间内所通过的声能量。声强与声压的平方成正比。声阻抗（Z）是材料密度与声速的乘积（$Z = \rho c$），是材料本身的声学特性，决定着超声波在通过不同介质的界面时能量的分配。

根据波动中质点的振动方向与波的传播方向的关系，超声波可分为纵波、横波、表面波（瑞利波）和兰姆波等。纵波是波的振动方向与波的传播方向相同，声波的传播方式就是纵波。横波是波的振动方向与波的传播方向垂直，常见的水面上的波纹就是横波。超声波检测中应用最广的就是纵波和横波。

2. 超声波的传播规律

超声波从一种介质传播到另一种介质时，在两种介质的分界面上，一部分能量反射回原介质内，称为反射波；另一部分能量透过界面在另一种介质内传播，称为透射波。在界面上声能（声压、声强）的分配和传播方向的变化遵循一定的规律。

当超声波垂直入射到两种介质的界面时，会产生透射和反射（图 7-2），透射波的传播方向不变，反射波的传播方向与入射波相反。通常用声压反射率（r）、声压透射率（t）、声强反射率（R）、声强透射率（T）来描述超声波在遇到界面时的超声能量的分配关系（$r + 1 = t$、$R + T = 1$）。

$$r = \frac{Z_2 - Z_1}{Z_2 + Z_1}; \quad t = \frac{2Z_2}{Z_2 + Z_1}; \quad R = \left(\frac{Z_2 - Z_1}{Z_2 + Z_1}\right)^2; \quad T = \frac{4Z_2 Z_1}{(Z_2 + Z_1)^2}$$

式中　Z_1——入射介质的声阻抗；

　　　Z_2——透射介质的声阻抗。

由以上公式可以看出，界面两侧的声阻抗差越大，声压反射率（r）与声强反射率（R）越大，声压透射率（t）与声强透射率（T）越小，即反射声能越大，透射声能越小。在进行超声波检测时，必须考虑超声波探头与工件的耦合以及缺陷与材料之间的声阻抗差异所引起的声压反射率对检测的影响。

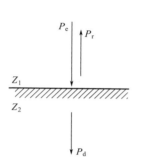

图 7-2　纵波垂直入射的透射和反射

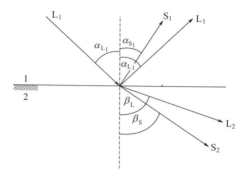

图 7-3　纵波斜入射时的反射和折射

L_1—入射、反射纵波；L_2—折射纵波；

S_1—反射横波；S_2—折射横波

当超声波倾斜入射到两种介质的界面时，会产生透射、反射和波形转换（图 7-3），可能产生反射横波和纵波、投射横波和纵波，各种波的传播方向服从斯奈尔定律：

$$\frac{\mathrm{Sin}\alpha_{L_1}}{c_{L_1}} = \frac{\mathrm{Sin}\alpha_{S_1}}{c_{S_1}} = \frac{\mathrm{Sin}\beta_L}{c_{L_2}} = \frac{\mathrm{Sin}\beta_S}{c_{S_2}}$$

式中　α_{L_1}，α_{s_1}——反射角；

　　　β_L，β_s——折射角。

超声波在介质中传播时，随着距离增加，超声波能量逐渐减弱的现象称为超声波衰减。引起超声波衰减的主要原因是波束扩散、晶粒散射和介质吸收。扩散衰减是超声波在传播过程中，由于波束的扩散，使超声波的能量随距离增加而逐渐减弱的现象。超声波的扩散衰减仅取决于波阵面的形状，与介质的性质无关。散射衰减是超声波在介质中传播时，遇到声阻抗不同的界面产生散乱反射引起衰减的现象。散射衰减与材质的晶粒密切相关，当材质晶粒粗大时，散射衰减严重，被散射的超声波沿着复杂的路径传播到探头，在示波屏上引起林状回波（又称草波），使信噪比下降，严重时噪声会淹没缺陷波。吸收衰减是超声波在介质中传播时，由于介质中质点间内摩擦（即黏滞性）和热传导引起超声波的衰减。通常所说的介质衰减是指吸收衰减与散射衰减，不包括扩散衰减。

3. 超声场

超声波检测时，超声场是由探头晶片发射的声波形成的在一定方向传播的超声波束。一般以圆盘波源辐射的纵波声场作为超声场理论研究的模型，圆盘形声源轴线上声压分布如图 7-4 所示。

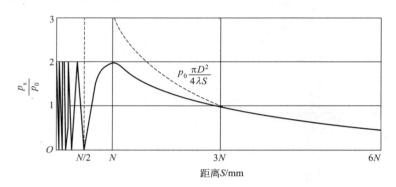

$$p_0 \frac{\pi D^2}{4 \lambda S}$$

图 7-4　圆盘形声源轴线上声压分布

在不考虑介质衰减的条件下，当离波源较远处轴线上的声压与距离成反比，与波源面积成正比。波源附件由于波的干涉而出现一系列声压极大极小值的区域，称为超声场的近场区。近场区声压分布不均，是由于波源各点至轴线上某点的距离不同，存在波程差，互相叠加时存在相位差而相互干涉，使某些地方声压互相加强，另一些地方互相减弱，于是就出现声压极大极小值的点。波源轴线上至波源的距离 $x > N$ 的区域称为远场区。远场区轴线上的声压随距离增加单调减少。当 $x > 3N$ 时，声压与距离成反比，近似球面波的规律。因为距离 x 足够大时，波源各点至轴线上某一点的波程差很小，引起的相位差也很小，这样干涉现象可以略去不计，所以远场区不会出现声压极大极小值。

在实际检测中一般采用反射法，即根据缺陷反射回波声压的高低来评价缺陷的大小。然而工件中的缺陷形状性质各不相同，目前的检测技术还难以确定缺陷的真实大小和形状，回波声压相同缺陷的实际大小可能相差很大，为此特引用当量法。当量法是指在同样的探测条件下，当自然缺陷回波与某人工规则反射体回波等高时，则该人工规则反射体的尺寸就是此自然缺陷的当量尺寸。自然缺陷的实际尺寸往往大于当量尺寸。

超声波检测中常用的规则反射体有平底孔、长横孔、短横孔、球孔和大平底面，这些规则反射体的回波声压在距离大于 3 倍近场长度时，可以采用理论公式进行计算。

三、超声波检测设备

超声波检测设备包括超声波检测仪、探头、耦合剂和试块等，如图 7-5 所示。超声波检测仪的作用是产生电振荡并加于换能器（探头）上，激励探头发射超

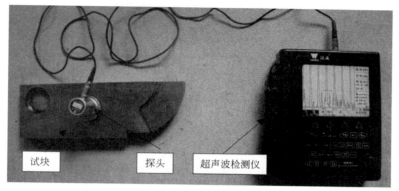

图 7-5　超声波检测仪、探头和试块

声波，同时将探头送回的电信号进行放大，通过一定方式显示出来，从而得到被检工件内部有无缺陷及缺陷位置和大小等信息。按缺陷显示方式分类，超声波检测仪分为 A 型、B 型、C 型三种。目前，检测中广泛使用的超声波检测仪是 A 型脉冲反射式检测仪。随着电子技术和计算机技术的发展，目前大多采用数字式超声波检测仪。在传统的超声波检测仪的基础上，采用计算机技术实现仪器功能的自动控制、信号获取和处理的数字化和自动化，使检测结果实现可记录和可再现，同时增加了超声波数据测量、存储与输出功能。

超声波探头是产生和接收超声波的器件，其性能直接影响所发射超声波的特性，从而影响到超声波检测系统的检测能力。超声波探头的关键部件是压电晶片，压电晶片具有压电效应。压电效应是某些晶体在交变拉、压应力作用下产生交变电场及在交变电场作用下产生伸缩形变的现象。当探头压电晶片受到电脉冲激励产生形变并振动，将电能转换为声能，发射超声波；当探头压电晶片接收到超声波，压电晶片受到交变拉、压应力作用产生交变电场，将声能转化为电能，并传回超声波检测仪进行放大显示。超声波探头分为直探头、斜探头、双晶探头、聚焦探头等多种类型。直探头用于发射和接收纵波。斜探头可分为纵波斜探头、横波斜探头和表面波斜探头，常用的是横波斜探头。双晶探头有两块压电晶片，一块用于发射超声波，另一块用于接收超声波。聚焦探头是将超声波会聚成一定形状，使分散的超声波能量更加集中，提高检测的能力。

耦合剂是使探头产生的超声波进入工件的物质。由于超声波在一般情况下无法在空气中传播，为了能使超声波进入工件，需要在探头和工件之间施加耦合剂，排除探头与工件间的空气间隙，增大声能的透过率。超声波检测中常用的耦合剂有机油、水、化学糨糊、甘油、水玻璃等。

试块是按一定用途设计制作的具有简单几何形状的人工反射体的试样。超声波检测的结果不是直接显示的，而是通过与一定基准对比获得的。超声波检测用试块通常分为标准试块、对比试块和模拟试块三大类。标准试块通常由权威机构发布，其特性与制作要求由专门的标准规定，可以对仪器和探头系统性能进行测试和校准。对比试块是以特定方法检测特定工件时所用的试块，与被检测工件的声学特性相同和相似，含有意义明确的参考反射体（平底孔、槽等），用来调节超声波检测设备的状态，调整检测灵敏度，对比缺陷的大小。模拟试块是模拟工件中实际缺陷而制作或含有自然缺陷的样件，主要用来验证检测方法、仪器探头的检测能力和检测工艺的正确性。

四、 纵波检测法

纵波检测法是从工件检测面入射纵波的超声反射检测技术中的一种，包括纵波直探头接触法、液浸法等，通常在锻件、铸件、板材、复合材料、棒材中使用，是超声波检测中最常用的检测方法之一。该技术依据缺陷波的位置确定缺陷深度，依据缺陷波的幅度判定缺陷当量，按规定方法测定缺陷延伸长度。图 7-6 给出的是纵波直探头接触法技术的基本方法。

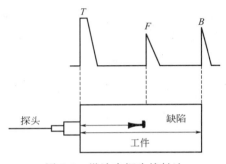

图 7-6　纵波直探头接触法

1. 工件的准备

超声波检测中工件的准备主要包括对被检测对象材质、形状、制造工艺等情况的了解，大概判断检测缺陷类型、大小等方面信息，结合检测具体要求，选择检测面及检测表面状态。当工件存在多个可供选择的声入射面时，首先考虑缺陷的最大可能取向，检测面的选择应尽可能选择使超声波入射方向与缺陷主反射面垂直。当工件可能存在的缺陷可能有多个取向时，需要从多个检测面进行检测。为了保证超声波能够进入工件，需要检测面提供良好的声耦合，因此需要对检测面的表面状况进行检查和准备，必要时采用机械加工、打磨等方式去除表面的杂物。

2. 仪器和探头的选择

正确地选择仪器和探头可以有效地检测缺陷，可以更加准确地对缺陷进行定位、定量和定性。仪器和探头的选择应根据工件的结构形状、材质、加工工艺和技术等方面的信息综合考虑。

目前市场出售的大部分 A 型脉冲反射式超声波检测仪的基本性能一般能够满足通常超声波检测的需要。对于特定任务，如需要采用特别高的或特别低的频率时，应选择可以响应高频和低频的仪器；如检测大厚度或高衰减材料时，应选择发射功率大、增益范围大、电噪声低的仪器；自动快速检测需要选择重复频率高的仪器。

探头的选择包括探头类型、频率、晶片直径、聚焦探头的焦距等参数的选择。

纵波法一般选择直探头，利用纵波进行检测，主要检测与检测面大致平行的缺陷。

超声波检测的常用频率在 $0.5\sim10\text{MHz}$ 之间，频率的选择主要考虑对缺陷的探测能力。频率高时，缺陷定位准确，发现小缺陷的能力强，同时超声波衰减大，对近场缺陷的定量、定位不利。

晶片直径大，声能集中，在近场时的覆盖范围大，远场时的覆盖范围小。一般来说，检测厚度大的工件，采用大晶片探头，检测厚度较小的工件，采用小晶片探头。

聚焦探头的焦距应选择在检测最关注的特定位置。

3. 超声波检测仪的调节

在超声波检测前，要对超声波检测仪的时基线和检测灵敏度进行调节，以保证在确定的检测范围内发现一定大小的缺陷以及缺陷的定量和定位。

时基线的调节，通过调整材料的声速和探头零位使仪器显示的回波深度信息与其实际深度成一定的比例关系或者一一对应，通过调整测量范围使其覆盖检测的最大深度。时基线的调节一般采用标准试块或已知厚度的工件本身来调整。

检测灵敏度是指在确定的声程范围内发现规定大小缺陷的能力。检测灵敏度的调整一般采用试块对比法和当量计算法。试块比较法是利用试块中的人工缺陷直接进行灵敏度的调整，根据被检测工件的厚度和灵敏度要求，将探头对准人工缺陷，调节仪器，使人工缺陷波的发射高度达到基准高度。试块常用在被检测工件厚度小于 3 倍近场长度的情况。当量计算法是检测厚度大于 3 倍近场长度的工件时，采用规则反射体的回波声压公式进行灵敏度的计算。

4. 扫查

将探头放置于工件上，以一定方式移动探头，使工件上需要检测的所有体积都能被声束有效覆盖。为了避免漏检，相邻两次扫查要有足够的重叠。扫查速度应控制在一定范围，应保证能看清缺陷回波信号或记录仪能记录下缺陷回波信号。

5. 缺陷的评定

检测中发现缺陷显示信号后，要对缺陷进行评定，以判断是否对使用造成危害。缺陷评定的内容主要是缺陷定位和定量。缺陷定位就是缺陷位置的确定，缺陷定量包括确定缺陷的大小和数量。常用的定量方法有当量法、底波高度法和测长法三种。当量法和底波高度法用于缺陷尺寸小于声束截面的情况，测长法用于缺陷尺寸大于声束截面的情况。

采用当量法确定的缺陷尺寸是缺陷的当量尺寸，常用的当量法有当量试块比较法、当量计算法。当量试块比较法是将工件中的自然缺陷回波与试块上的人工缺陷回波进行比较来对缺陷定量的方法。此法的优点是直观易懂，当量概念明确，定量比较稳妥可靠。但成本高，操作也较繁琐，很不方便。所以此法应用不多，仅在 $x<3N$ 的情况下或特别重要零件的精确定量时应用。当 $x>3N$ 时，规则反射体的回波声压变化规律基本符合理论回波声压公式，当量计算法就是根据检测中测得的缺陷波高的分贝数，利用各种规则反射体的理论回波声压公式进行计算来确定缺陷当量尺寸的定量方法。

当工件中缺陷尺寸大于声束截面时，一般采用测长法来确定缺陷的长度。测长法是根据缺陷波高与探头移动距离来确定缺陷的尺寸，按规定的方法测定的缺陷长度称为缺陷的指示长度。由于实际工件中缺陷的取向、性质、表面状态等都会影响缺陷回波高度，因此缺陷的指示长度总是小于或等于缺陷的实际长度。根据测定缺陷长度时的基准不同将测长法分为相对灵敏度法、绝对灵敏度法和端点峰值法。

五、 横波检测法

横波检测法主要用于焊接接头和管棒类材料中的缺陷检测，也用于锻、铸件和板材等的辅助检测，一般采用横波斜探头。

横波检测法同纵波检测法的检测程序一样，也需要进行工件的准备、仪器和探头的选择、超声波检测仪的调节、扫查、缺陷的评定。但是由于采用斜探头，在仪器调节、扫查和缺陷评定时与纵波法有较大差异，横波检测法如图 7-7 所示。

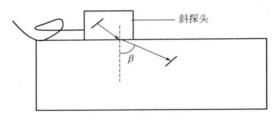

图 7-7　横波检测法

1. 超声波检测仪的调节

斜探头前端一般采用有机玻璃斜楔使晶片和工件表面形成一个夹角，以保证晶片发射的超声波按照设定的入射角斜入射到工件表面，从而产生波形转换获得横波。在检测前，要测定斜探头的入射点和折射角，从而能更精确地进行时基线的调整和缺陷定位。

入射点和折射角的测定一般采用特定的对比试块，经过测量和计算获得。如图 7-7 所示，入射点即为超声波进入工件时的位置，折射角即图中 β 角。斜探头的 K 值就是 β 角的正切值（$K = \tan\beta$）。

斜探头横波检测时，时基线的调节可采用声程调节法、水平调节法和深度调节法，最常用的是深度调节法。深度调节法是指仪器示波器水平刻度代表缺陷距检测面的距离，其他位置根据深度进行计算获得。时基线的调节采用特定的对比试块，使缺陷回波显示的位置信息与实际位置成一定的比例关系或一一对应。

斜探头横波检测时，还需要制作距离-波幅曲线。距离-波幅曲线是指相同大小的反射体的回波波幅随反射体距探头距离的变化而变化的曲线。需要通过检测用的特定探头在不同深度人工反射体的试块上进行实际测量。通过距离-波幅曲线可以进行检测灵敏度的调整，也可以进行缺陷的评定。

2. 扫查

横波扫查时，扫查速度和扫查间距的要求与纵波检测时相似，但扫查方式不仅要考虑探头相对于工件的移动方向、移动轨迹，还要考虑探头的朝向。一般情况下探头前后移动并以锯齿的形式向一个方向扫查。为了发现缺陷和测定缺陷的位置与大小，通常需要前、后、左、右移动探头，还需要将探头转动和环绕。

3. 缺陷的评定

横波检测中缺陷的评定包括缺陷水平位置和垂直深度的确定以及缺陷尺寸的评定。缺陷水平位置和垂直深度的确定以缺陷反射回波幅度最大时，在仪器示波屏水平基线上缺陷回波的前沿位置所代表的声程距离或水平、垂直距离，按已知的探头折射角计算得到。缺陷尺寸的评定通过测量缺陷反射波高与基准反射体回波高相比并测定缺陷的延伸长度来综合评定，距离波幅-曲线是评定的对比基准。

六、 超声波检测新技术

1. 超声波 C 扫描检测

超声波 C 扫描检测是相对于 A 型超声波检测而言的，A 型超声波检测即本节前面介绍的常规超声波检测，是通过超声波仪器显示的缺陷波形的位置、波高等信息判断缺陷的位置、大小及性质。超声波 C 扫描检测通过计算机控制机械扫查装置带动探头对工件以一定方式进行扫查（平面弓字形、平面圆环、圆柱面、曲面跟踪等），将工件特定深度范围内的反射波的幅度、深度等信息进行数据采集，使反射波幅度以灰度或彩色的形式绘制在机械扫查装置提供的相应探头位置处，形成工件特定深度范围的二维截面图像，即 C 扫描图像（图 7-8、图 7-9）。C 扫描图像可以提供缺陷的具体位置和缺陷的反射波的幅度，使缺陷的显示更加直观。

超声波 C 扫描检测系统一般由超声波检测仪与探头、自动控制的机械传动装置、水槽、计算机系统、超声波 C 扫描成像软件、水过滤系统等部分组成，如图 7-10 所示。超声波检测仪与探头完成超声波的发射与接收，与常规超声波检测技术中的作用相同。自动控制的机械传动装置完成探头相对于工件以一定的方式运动以及超声波入射方向的控制。水槽用来使工件置于水中完成检测，水起到超声波耦合的作用。计算机系统完成机械系统的运动控制、超声波信号的数据采集等整套系统的协调工作。超声波 C 扫描成像软件的主要功能是进行扫描参数设置、运动控制、数据采集、图像绘制、图像显示、图像评定等。某型号超声波水浸

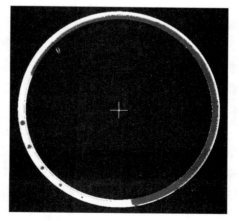

图 7-8 某齿轮电子束焊接
接头对比试块 C 扫描图像

图 7-9　发动机连杆轴套结合缺陷 C 扫描图像

C 扫描检测系统（图 7-10）由六轴组成机械系统，其扫描试件直径可达 φ550mm，

图 7-10　六轴超声波 C 扫描检测系统

高度可达 450mm，试件质量可达 200kg。可实现平面圆环扫描、平面弓字扫描、圆柱扫描等功能。软件中有图像的放大、缩小、平移、旋转等功能及尺寸测量、缺陷分析（选定区域各种信号占总区域的百分比）等功能，可以保存、查询、打开 C 扫描数据。

超声波 C 扫描检测技术由于采用计算机自动控制、数据采集及成像技术，可以获得工件一定深度范围的截面图像，具有超声波检测结果直观、定量定位更加精确、能够实现自动检测、结果人为影响因素少等优点，在工业领域应用越来越广泛，是超声波检测新技术发展的重要方向。

2. 相控阵超声波检测

超声波相控阵技术是通过相位控制而实现超声波辐射声场和选区接收的技术。与普通的超声波采用单一晶片探头技术不同，超声波相控阵采用了分割的晶片作为探头，即阵列探头。每个晶片相当于一个普通探头，具有独立的脉冲驱动和信号接收放大电路，称为一个通道，相当于一部完整的普通超声波探测仪。主控制器通过控制各通道的脉冲发射和接收信号相位能够实现超声波物理声场的控制，如声场的方向、声束的聚焦等，另外还可以通过通道的排列组合来实现声扫描。

相控阵探头晶片的阵列有多种形式，可以分为环阵列、线阵列、极坐标阵列和二维阵列等，声场控制的形式与阵列的模式有关，如果采用二维阵列，可以在不移动探头的前提下实现三维实时声扫描成像。

通过专用的相控阵软件可以完成全功能的扇形扫查（S 扫描）、线形扫查、动态深度聚焦及全功能的 A 扫描、B 扫描和 C 扫描，检测速度快，缺陷定位准确，检测灵敏度高，检测结果可以实时显示，在扫查的同时可对焊缝进行分析、评判，也可以打印、存盘实现检测结果的永久保存。

提高超声波检测的定量精度、缺陷检出率和可重复性，是无损检测人员不懈努力追求的目标之一。由于超声波相控阵检测技术对声场的多样控制，可以实现多角度的超声波入射及声束的聚焦，实现多种方向缺陷的检测，大大提高了缺陷的检出率和缺陷的精确定量。随着计算机技术以及电子技术的发展，相控阵技术快速发展，目前已成熟应用于焊缝及复杂形状零部件检测中。超声波相控阵技术在航空航天、兵器、锅炉压力容器等工业领域应用越来越广泛，是超声波检测新技术发展的重要方向。

3. 超声 TOFD 检测

超声 TOFD 是超声波衍射时差法，是利用超声纵波在工件内部缺陷的端点产生衍射波，利用一发、一收两个探头得到未校正的 A 扫描信号，通过高频率的数字化采样形成可视缺陷图像，并能利用特有软件进行精确的数据分析，其检测原理如图 7-11 所示。

超声 TOFD 检测与常规脉冲回波超声检测相比具有很多优点：缺陷的衍射信号与缺陷的方向无关，缺陷的尺寸确定不依赖于缺陷的回波波幅；检测灵敏度高，缺陷的衍射信号不受声束角度的影响，超声波束覆盖区域大，图像所包含的信息量大，即使很小的缺陷也能检测出；缺陷自身高度的精确测量；实时成像，快速分析；TOFD 检测扫查简便快捷，检测时，探头只需沿

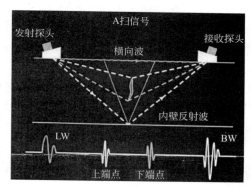

图 7-11　超声 TOFD 检测原理

焊缝两侧移动即可，检测效率高，成本低；TOFD 检测系统大都是高性能的数字化仪器，不仅能全过程记录信号，长久保存数据，而且能进行高速批量信号处理。

TOFD 超声检测设备由于其外形小巧、操作简便、功能强大，近些年来被广泛应用于国内的石化、电力、军工、锅炉及压力容器等行业，比较适合于焊缝现场快速检测。焊缝检测系统可以实现半自动检测，提供更快的检测速度和更好的缺陷检测效果，使缺陷的判读也更加容易。

第二节　射线检测

一、概述

射线检测是应用较早的材料检测方法之一。射线检测的基本原理是当强度均匀

的射线照射物体时，射线在穿透的过程中与物质中的原子发生相互作用。这种相互作用引起了射线辐射强度的衰减，衰减的程度与被检材料的厚度、密度和化学成分有关。如果物体局部区域存在缺陷或结构存在差异，它将改变物体对射线的衰减，使不同部位透射射线强度不同，用适当介质将这种差异记录或显示出来，即可判断物体内部的缺陷和物质分布等，从而完成对被检对象的检验，评价受检材料的内部质量。

射线检测常用的方法有 X 射线检测、γ 射线检测、高能射线检测和中子射线检测。对于常用的工业射线检测来说，一般使用的是 X 射线检测和 γ 射线检测。

射线检测技术可应用于各种材料（如金属材料、非金属材料和复合材料等）、各种产品缺陷的检测（如气孔、夹杂、疏松、裂纹、未焊透和未熔合等）。检测原理决定了这种技术最适宜检测体积性缺陷，对延伸方向垂直于射线束透照方向（或成较大角度）的薄面状缺陷难于发现。射线检测技术特别适合于铸造缺陷和熔化焊缺陷的检测，不适合锻造、轧制等工艺缺陷检测，现在广泛应用于航空、航天、船舶、电子、兵器、核能等工业领域。

射线检测技术直接获得检测图像，给出缺陷形貌和分布直观显示，容易判定缺陷性质和尺寸。检测图像还可同时评定检测技术质量，自我监控工作质量。这些为评定检测结果可靠性提供了客观依据。

射线检测技术应用中必须考虑的一个特殊问题是辐射安全防护问题。必须按照国家、地方、行业的有关法规、条例做好辐射安全防护工作，防止发生辐射事故。

二、 射线检测物理基础

1. 射线的分类

通常所说的射线按其性质可分为电磁辐射和粒子辐射，X 射线与 γ 射线属于电磁辐射，各种粒子射线（如 α 粒子、β 粒子、质子、电子、中子等）属于粒子辐射。

X 射线与 γ 射线本质上是电磁波，在电磁波谱中它们的位置如图 7-12 所示，都是波长很短的电磁波。X 射线与 γ 射线与可见光、微波、无线电波在本质上完全相同，但由于 X 射线与 γ 射线光子的波长很短，能量远大于可见光，所以性质上有明显的不同。

2. X 射线的产生及特点

1895 年物理学家伦琴在研究阴极射线的性质时，发现了一种新的奇异的射线。这种射线不可见，对物体具有强大的穿透力，能使荧光材料发出荧光，并可以使胶片感光。当时不清楚它是什么射线，故命名为 X 射线，为了纪念伦琴的发现，人们也称其为伦琴射线。

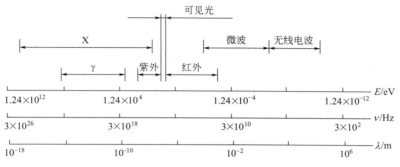

图 7-12　电磁波谱

X 射线是由高速运动的电子撞击金属靶时，由于韧致辐射产生的射线。在韧致辐射过程中，高速电子急剧减速，其动能转化为电磁辐射，产生了 X 射线。

对于 X 射线管，其发出的连续谱射线的总强度 I 为

$$I = \alpha i Z V^2$$

式中　i——管电流，mA；

Z——靶物质的原子序数；

V——管电压，kV；

α——系数［约为 $(1.1 \sim 1.4) \times 10^6$］。

3. γ 射线的产生及特点

γ 射线是由放射性同位素的原子核发生衰变过程中产生的，也就是在放射性衰变过程中产生的。γ 射线是在放射性衰变过程中所产生的处于激发态的核，在向低能级的激发态或基态跃迁过程中产生的辐射。显然，γ 射线的产生过程不同于 X 射线的产生过程，它是放射性源衰变自发产生的，不受环境温度、湿度、压力等因素的影响。

常采用半衰期来描述放射性衰变的快慢，半衰期的定义是放射性原子核数目因衰变减少至原来数目一半时所需的时间。

4. X 射线与 γ 射线的性质

X 射线和 γ 射线的主要性质可以归纳为下列几个方面。

① 在真空中以光速沿直线传播，不受电场或磁场的影响。

② 在介质界面可以发生反射、折射。

③ X 射线也可以发生干涉、衍射现象。

④ 与可见光不同，X 射线对人的眼睛是不可见的，并且它能够穿透可见光不能穿透的物体。

⑤ 当 X 射线或 γ 射线射入物体时，将与物质发生复杂的物理作用和化学作用，如使物质原子发生电离、使某些物质发出荧光、使某些物质产生光化学反应等。

⑥ 具有辐射生物效应，能够杀伤生物细胞，损害生物组织，危及生物器官的

正常功能。

5. X 射线和 γ 射线与物质的相互作用

当 X 射线、γ 射线射入物体后，将与物质发生相互作用。这些作用实际是光子与物质原子的相互作用，包括光子与原子、原子的电子及自由电子、原子核的相互作用。其中主要的作用是光电效应、康普顿效应、电子对效应和瑞利散射。由于这些相互作用，一部分射线被物质吸收，一部分射线被散射，使穿透物质的射线强度减弱。

6. 射线衰减规律

在射线与物质的相互作用中，入射光量子的能量一部分转移到能量或方向改变了的光量子那里，一部分通过电子损失在物体之中。前面的过程称为散射，后面的过程称为吸收。因此，入射到物体的射线，一部分能量被吸收、一部分能量被散射。这导致从物体透射的射线强度低于入射射线强度，这称为射线强度发生了衰减。按射线的能量，可以将射线分为单色射线和连续谱射线。为了便于理解，本文只介绍单色窄束射线的衰减规律。

对单色窄束射线，试验表明，在厚度非常小的均匀介质中，强度的衰减量正比于入射射线强度和穿透物体的厚度。这种关系可以写为

$$I = I_0 e^{-\mu T}$$

式中　I_0——入射射线强度；

　　　I——透射射线强度；

　　　T——吸收体厚度；

　　　μ——射线的线衰减系数。

这就是单色窄束射线的衰减规律，也称为射线衰减的基本规律。这个公式指出，射线穿过物体时的衰减程度与射线本身的能量、所穿透的物体厚度相关。

三、 射线检测设备与器材

1. X 射线机

工业射线照相检测中使用的 X 射线机，简单地说由四部分组成：射线发生器（X 射线管）、高压发生器、冷却系统、控制系统。X 射线机通常分为三类，便携式 X 射线机、移动式 X 射线机、固定式 X 射线机。便携式 X 射线机的管电压一般不超过 350kV，管电流经常固定为 5mA，连续工作时间一般为 5min。

从射线检验工作角度，X 射线机的主要技术性能可归纳为五个：工作负载特性、辐射强度、焦点尺寸、辐射角、漏泄辐射剂量。此外还有其他一些重要指标，如工作方式、重量等，这些性能都直接相关于射线照相工作，在选取 X 射线机时应考虑上述性能是否适应所进行的工作。

2. γ 射线机

γ 射线机用放射性同位素作为 γ 射线源，γ 射线源始终都在不断地辐射 γ 射线。我国有关标准将 γ 射线探伤机分为三种类型：手提式、移动式、固定式。手提式 γ 射线机轻便，体积小、重量小，便于携带，使用方便。但从辐射防护的角度，其不能装备能量高的 γ 射线源。射线机主要由五部分构成：源组件（密封射线源）、源容器（主机体）、输源（导）管、驱动机构和附件。

工业射线照相检测中使用的 γ 射线源主要是人工放射性同位素 ^{60}Co、^{192}Ir、^{75}Se、^{170}Tm 等，对于工业射线检测来说，在选择时应考虑的 γ 射线源的主要特性是能量、放射性比活度、半衰期、源尺寸。

γ 射线机与 X 射线机相比较，具有设备简单、便于操作、不用水电等特点，但射线机操作错误所引起的后果将是十分严重的，因此必须注意射线机的操作和使用。按照国家的有关规定，使用射线机的单位涉及放射性同位素，必须申领放射性同位素使用许可证。操作人员应经过专门的培训，并应取得放射工作人员证。

3. 工业射线胶片

射线胶片一般是双面涂布感光乳剂层，感光乳剂层厚度较厚。这主要是为了能更多地吸收射线的能量，也决定了胶片的感光性能。感光乳剂层的主要成分是卤化银感光物质极细颗粒和明胶，感光乳剂层的厚度约为 $10\sim20\mu m$。

胶片的感光特性是指胶片曝光后经暗室处理得到的底片黑度与曝光量的关系。黑度是底片的光学密度，就是底片的不透明程度，它表示了金属银使底片变黑的程度。主要的感光特性包括感光度、梯度、宽容度及灰雾度等。感光度也称为感光速度，它表示胶片感光的快慢。胶片特性曲线上任一点的切线斜率称为梯度，以前常称为反差系数。宽容度定义为特性曲线上直线部分对应的曝光量对数之差。灰雾度表示胶片即使不经曝光在显影后也能得到的黑度。胶片的感光度、梯度、灰雾度与存放时间和显影条件都相关，随着时间的延长，胶片的感光性能将衰退，这称为感光材料的老化。一般来说，随着粒度增大，胶片的感光度也增高，梯度降低，灰雾度也会增大。感光材料的粒度限制了胶片所能记录的细节最小尺寸。

4. 射线照相检测常用的其他设备和器材

（1）增感屏　当射线入射到胶片时，由于射线的穿透能力很强，大部分穿过胶片，胶片仅吸收入射射线很少的能量。利用增感屏可以吸收一部分射线能量，达到缩短曝光时间的目的。

（2）像质计　是测定射线照片的射线照相灵敏度的标准试片，根据在底片上显示的像质计的影像，可以判断底片影像的质量，并可评定透照技术、胶片暗室处理情况、缺陷检验能力等。

（3）观片灯　是识别底片缺陷影像所需要的基本设备。对观片灯的主要要求包括三个方面，即光的颜色、光源亮度、照明方式与范围。

（4）黑度计 又称光学密度计，底片黑度是底片质量的基本指标之一，黑度计是测量底片黑度的设备。

（5）暗室设备和器材 暗室必需的主要设备和器材是工作台、切刀、胶片处理系统、上下水系统、安全红灯、计时钟等，可能条件下应配置自动洗片机。

（6）标记 主要由识别标记和定位标记组成。标记一般由适当尺寸的铅制数字、拼音字母和符号等构成。作用是缺陷识别及定位。

（7）铅板 是射线照相检测中经常需要的器材，主要是用于控制散射线。

四、 射线照相检测方法

1. 射线照相法的原理

射线在穿透物体过程中与物质发生相互作用，因吸收和散射而使其强度减弱。强度衰减程度取决于物质的衰减系数和射线在物质中穿越的厚度。如果被透照物体

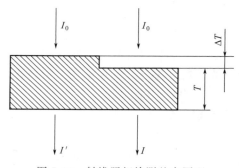

图 7-13 射线照相检测基本原理

的局部存在缺陷，且构成缺陷的物质的衰减系数又不同于试件，该局部区域透过射线的强度就会与周围产生差异。把胶片放在适当位置使其在透过射线的作用下感光，经暗室处理后得到底片。底片上各点的黑化程度取决于射线照射量，由于缺陷部位和完好部位的透射射线强度不同，底片上相应部位就会出现黑度差异。底片上相邻区域的黑度差定义为对比度。把底片放在观片灯屏上借助透过光线观察，可以看到由对比度构成的不同形状的影像，评片人员据此判断缺陷变化情况并评价试件质量。

如图 7-13 所示，当 ΔT 是缺陷，其线衰减系数为 μ' 时，则有

$$\frac{\Delta I}{I} = \frac{(\mu - \mu')\ \Delta T}{1+n}$$

$\Delta I/I$ 称为物体对比度，有时也称为主因对比度。

从上式可见，射线对缺陷的检验能力，与缺陷在射线透照方向上的尺寸、其线衰减系数与物体的线衰减系数的差别、散射线的控制情况等相关。

2. 射线照相的影像质量

影响射线照相影像质量的三个基本因素是对比度、不清晰度、颗粒度。对比度是影像与背景的黑度差，不清晰度是影像边界扩展的宽度，颗粒度是影像黑度的不均匀性程度。影像的对比度决定了在射线透照方向上可识别的细节尺寸，影像的不清晰度决定了在垂直于射线透照方向上可识别的细节尺寸，影像的颗粒度决定了影

像可显示的细节最小尺寸。对底片影像，希望的是对比度高、不清晰度小、颗粒度低。

3. 射线照相检测技术的基本构成

理论上，控制了所采用的射线照相检测技术，就应该限定了能够得到的射线照片的质量，或者说射线照相检测的结果，射线照相检测技术规定的基本线索如图 7-14 所示。一般来说，射线照相检测技术规定的核心内容都包括下列主要方面。

① 射线照相技术选用的射线胶片类型。

② 射线照相的透照参数，主要是射线能量、透照焦距、曝光量。

③ 射线照相的透照布置，主要是透照方式、透照方向、一次透照区。

④ 射线照相的辅助措施（如增感和各种控制散射线的措施）。

⑤ 射线照片影像质量，主要是底片黑度和射线照相灵敏度。

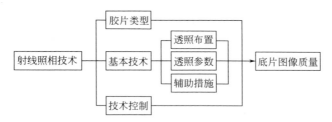

图 7-14　射线照相检测技术规定的基本线索

4. 透照布置

射线照相的基本透照布置如图 7-15 所示，透照布置的基本原则是使透照区的透照厚度小。在具体进行透照布置时主要应考虑的方面有：射线源、工件、胶片的相对位置；射线中心束的方向；有效透照区（一次透照区）。此外，还包括防散射措施、像质计和标记使用等方面的内容。

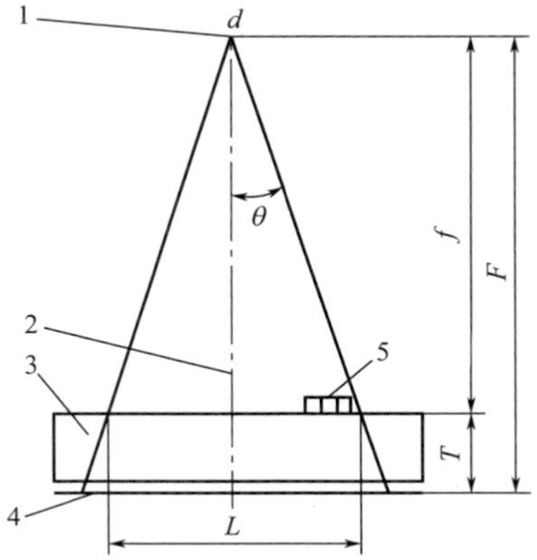

在射线照相检测技术标准中，A 级技术是一般灵敏度技术，B 级技术是高灵敏度技术，此外还存在比 B 级灵敏度更高的技术。

图 7-15　射线照相的基本透照布置
1—射线源；2—中心束；3—工件；
4—胶片；5—像质计

5. 基本透照参数

射线照相检测的基本透照参数是射线能量、焦距、曝光量，它们对射线照片的质量具有重要影响。简单地说，采用较低能量的射线、较大的焦距、较大的曝光量可以得到更好质量的射线照片。

射线能量是重要的基本透照参数，在保证射线具有一定穿透能力的条件下选用较低的能量，主要是考虑到随着射线能量的提高，线衰减系数将减小，胶片固有不清晰度将增大。

焦距是射线源与胶片之间的距离，是射线照相另一个基本透照参数。确定焦距时必须考虑的是：所选取的焦距必须满足射线照相对几何不清晰度的规定；所选取的焦距应给出射线强度比较均匀的适当大小的透照区。前者限定了焦距的最小值，后者指导如何确定实际使用的焦距值。

曝光量是射线照相检测的又一个基本参数，它直接影响底片的黑度和影像的颗粒度，因此，也将影响射线照片影像可记录的细节最小尺寸。随着与射线源之间距离的增加，射线强度不断减小，它们之间存在平方反比的关系，即空间某一点的射线强度和这点与射线源的距离的平方成反比关系，这个关系即是平方反比定律。

在射线照相检测中，当胶片后方较近的地方存在物体时，必须注意采用背铅板对背散射线进行防护。否则，背散射线很可能会使底片无法达到规定的影像质量要求。

暗室处理的基本过程一般都包括显影、停显或中间水洗、定影、水洗、干燥这五个基本过程。经过这些过程，使胶片潜在的图像成为固定下来的可见图像。暗室处理方法，目前可分为自动处理和手工处理两类。

五、 数字射线检测技术

1. 数字射线检测技术概念

从 20 世纪 20 年代射线照相检测技术进入工业应用以来，射线检测技术的发展已有近九十年的历史。到现在，在工业应用领域已形成了由射线照相技术、射线实时成像技术、射线层析成像技术构成的比较完整的射线无损检测技术系统。

数字射线检测技术是可获得数字化图像的射线检测技术，它是在计算机和辐射探测器发展的基础上建立起来的技术。数字射线检测技术与常规胶片射线照相检测技术的基本不同有两个方面：一是采用辐射探测器代替胶片完成射线信号的探测和转换；二是采用图像数字化技术，获得数字检测图像。

数字射线检测技术目前可分为三个部分：直接数字化射线检测技术、间接数字化射线检测技术、后数字化射线检测技术。直接数字化射线检测技术主要是指采用分立辐射探测器完成的射线检测技术。它包括平板探测器实时成像技术、线阵探测器实时成像技术等。这些技术在辐射探测器中直接完成图像数字化过程。

对于数字化的检测图像，可以方便地运用数字图像处理技术改善图像质量。对于数字射线检测技术，可以建立射线检测技术工作站。在检验工作现场，完成图像采集，并将图像传输到工作站。

2. 分立辐射探测器直接数字化射线检测技术

分立辐射探测器数字射线检测技术系统主要包括射线源、辐射探测器、图像显示与处理单元。当辐射探测器为线阵探测器时，还必须有机械装置。

检测系统的图像显示与处理单元包括显示器、存储器、计算机和软件，接收辐射探测器获得的数字检测图像，可显示图像、处理图像和保存图像数据。该部分的一个关键部分是软件工能。良好的软件处理功能，可获得更好的图像处理结果，提高对图像细节的识别。

一般来说，分立辐射探测器直接数字化射线检测技术，同时具有较高的空间分辨力和很大的动态范围。目前工业应用系统，在不采用放大的情况下，最高空间分辨力可以达到达 4LP/mm 左右，动态范围可达到 2000：1 以上，这为某些工业应用奠定了基础。

要想获得高质量的数字检测图像，可将检测技术的控制分为两方面：一是对比度，与胶片射线照相技术控制相同；二是空间分辨力（不清晰度），主要是对分立辐射探测器像素尺寸的控制。应用时辐射探测器的像素尺寸对获得的数字检测图像质量具有重要影响。

3. CR 技术——IP 板间接数字化射线检测技术

IP 板，即贮存荧光成像板，主要由保护层、荧光层、支持层、背衬层构成。IP 板的荧光物质具有保留潜在图像信息的能力。这些荧光物质受到射线照射时，能够以准稳态贮存吸收的射线能量，亦即潜在的射线照相图像。以后采用激光激发时，能够以发射可见光的形式输出能量，光发射与原来接收的射线剂量成比例。这样，当激光束扫描贮存荧光成像板时，就可将射线照相图像转化为可见的图像。

采用 IP 板构成的是间接数字化射线检测技术系统，其检测图像数字化需要单独的技术环节（IP 板图像扫描读出过程）完成。

检测技术系统主要包括射线源、IP 板、IP 板图像读出器（扫描器）、图像读出软件。CR 技术检验的主要过程如下。

与胶片射线照相技术比较，CR 技术的主要优点是，不需要胶片方式的暗室处理，IP 板可以重复使用，完成透照需要的曝光量小，图像具有高的厚度宽容度。CR 技术的对比度，与胶片射线照相技术控制相同，空间分辨力（不清晰度），则包括对 IP 板固有不清晰度和后续图像数字化过程的控制，但是，CR 技术的空间分辨力还是低于胶片射线照相技术。

4. 图像增强器间接数字化射线检测技术

图像增强器工作的基本过程如下：射线透过工件，穿过图像增强器的窗口入射到输入转换屏上，输入转换屏吸收射线的部分能量，将其能量转换为荧光发射。发射的荧光被光电层接收，并将荧光能量转换为电子发射，发射的电子在聚集电极的高压作用下被聚集和加速，高速撞击到输出屏上。输出屏将电子能量转换为荧光发射。

采用图像增强器构成的是间接数字化射线检测技术系统，其检测图像数字化需要单独的技术环节——视频摄像与 A/D 转换过程完成。

检测技术系统主要包括射线源、机械装置、图像增强器、图像显示与处理单元、控制单元。图像增强器间接数字化射线检测技术获得的检测图像是图像增强器输出屏上的可见光图像，经光学系统（附加在图像增强器中）成像由摄像机拾取，将图像信号转换为视频信号，经 A/D 转换（模数转换）后形成的数字检测图像。

常规的图像增强器间接数字化射线检测技术，由于空间分辨力较低，主要应用受到一定限制。在工业无损检测方面主要应用在轮胎质量检测、炮弹和子弹装药检测等。但若采用微焦点射线源，可构成具有高分辨力检测技术系统，如电子工业重要的印制电路质量和电子元器件质量检测技术。

第三节　磁粉检测

一、概述

磁粉检测是基于缺陷处漏磁场与磁粉的相互作用而显示铁磁性材料表面和近表面缺陷的无损检测方法。将被检测铁磁性材料或零件置于磁场中进行磁化，整个零件由表面到内部产生了闭合磁场，在表面或近表面存在缺陷的地方，缺陷使磁力线产生折射现象而形成漏磁场，漏磁场会吸附工件表面的磁粉，形成磁痕，磁痕指示出缺陷的位置、尺寸形状和程度。图 7-16 所示为磁粉检测原理及缺陷磁痕。在外磁场中，不同磁介质磁化程度不同。铁磁性材料工件处于磁场中时，可以被强烈磁化，在铁磁性材料工件内出现强大磁场，由于只有位于表面和近表面处的缺陷才能产生足够强度的漏磁场，所以磁粉检测技术只能检验铁磁性材料工件表面和近表面处的缺陷，不能检验非铁磁性材料工件，也不能检验埋在工件内部深度较大的缺陷。完成磁粉检测的基本过程是工件磁化、施加磁粉或磁悬液显示漏磁场，通过磁痕的位置、形状和大小，判定存在的缺陷。

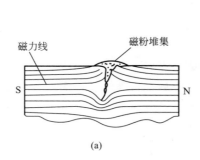

(a)　　　　　　　　　　　(b)

图 7-16　磁粉检测原理及缺陷磁痕

磁粉检测技术主要用于机械加工件、锻件、焊接件和铸件的检验，也用于设备、机械、装置的定期检验和板材、型材、管材、锻造毛坯等原材料和半成品的检验。可用于制造过程的检验，也可用于服役（使用）过程的检验。

磁粉检测技术具有很高的检验灵敏度，检验结果的重复性好；能直观地显示缺陷的位置、形状和尺寸，从显示的磁粉痕迹能对缺陷性质作出判断；检验几乎不受工件大小和形状的限制。检验时应注意控制磁化方向，尽量使磁场方向（磁力线方向）与缺陷延伸面或延伸方向垂直，以便产生更强的漏磁场。当磁场方向（磁力线方向）与缺陷延伸方向夹角小时，可能无法检验该缺陷。

二、 磁粉检测物理基础

1. 磁场的基本概念

磁场是具有磁力作用的空间，是电流或运动的电荷在其周围激发出的场，对处于其中的电流或运动的电荷具有力的作用。

表征磁场大小和方向的物理量称为磁场强度（H）。

将原来不具有磁性的铁磁性材料置于外加磁场中时会被磁化，除了原来的外加磁场外，在磁化状态下铁磁性材料自身还产生出感应磁场，这两个磁场叠加的总磁场，称为磁感应强度（B）。磁感应强度是一个具有方向和大小的物理量，采用运动电荷在磁场中受到的磁力大小和它的电荷、运动速度、运动方向定义磁感应强度的大小和方向。

为了形象地描述磁场的大小、方向和分布，引入磁力线的概念。磁力线是假想的连续曲线，线上任一点的切线方向表示磁感应强度的方向，通过单位面积的线的条数等于该点磁感应强度的大小，磁感应线的疏密和走向，可以形象地表示出磁场的空间分布。

简单说，通过一个面积的磁力线数量称为磁通量，一般记为 Φ。当磁感应强度方向垂直于该面积时，则磁通量简单地等于磁感应强度 B 与该面积 S 的积，即 $\Phi=BS$。

2. 磁介质

能影响磁场的物质称为磁介质。实际上任何物质都是一种磁介质，仅仅是在磁场作用下发生的变化不同，对磁场的影响程度不同。在磁场的作用下，磁介质将被磁化，磁化后的磁介质将在周围空间（磁介质内部和外部）产生附加磁场。这时，空间一点磁场的磁感应强度将是原磁场磁感应强度与附加磁场磁感应强度的合成。

按照被磁化后合成磁感应强度的特点，磁介质分为抗磁质、顺磁质和铁磁质。抗磁质置于磁场中时呈现微弱的磁性，它产生的附加磁场强度较小且方向与外磁场方向相反，铜、铋、锑等是抗磁质。顺磁质置于磁场中时呈现微弱的磁性，它产生的附加磁场方向强度较小且与外磁场方向相同，铝、锰、铬、空气等是顺磁质。铁磁质置于磁场中时呈现很强的磁性，它产生的附加磁场强度远大于原来的强度且方向与外磁场方向相同，铁、钴、镍和它们的许多合金是铁磁质。

3. 铁磁材料的磁性

铁磁材料是以铁为代表的一类磁性很强的物质。铁磁材料与一般磁介质的基本不同是存在磁畴。磁畴是在铁磁材料内部存在的一个个自发磁化的小区域，在这些小区域内分子磁矩有序排列。铁磁材料的磁化过程，简单说就是磁畴大小和方向改变的过程。图 7-17 所示为铁磁材料磁化过程的示意。

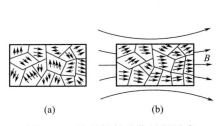

图 7-17　铁磁材料磁化过程示意

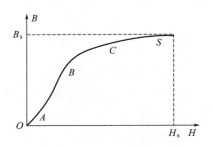

图 7-18　铁磁材料的磁化曲线

铁磁材料在外加磁场的作用下可以被磁化，其磁化程度随外磁场变化的规律称为磁化曲线，如图 7-18 所示。开始，磁感应强度随磁场强度增加而缓慢增加；接着，磁感应强度随磁场强度增加而迅速增加；最后，磁感应强度随磁场强度增加而缓慢增加直至饱和。

当外磁场周期性升降变化时，铁磁材料磁感应强度随磁场强度改变的变化如图 7-19 所示，这条曲线称为铁磁材料的磁滞回线。从图 7-19 中可见，磁感应强度随磁场强度改变的变化呈现复杂关系。磁场强度 H 为零时保留下的磁感应强度 B_r 称为剩余磁感应强度，剩余磁感应强度为零对应的磁场强度 H_c 称为矫顽力。从这条曲线可看到铁磁材料磁化的三个特点：高导磁性、磁饱和性和磁滞性（当磁场方向变化时磁感应强度的变化滞后于磁场强度）。

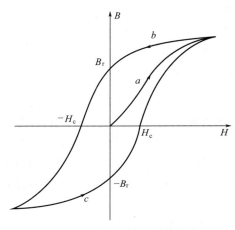

图 7-19　铁磁材料的磁滞回线

磁感应强度 B 与磁场强度 H 的比值称为磁导率，表示材料被磁化的难易程度，反映了材料的导磁能力。

4. 漏磁场

当磁感应线从一种介质进入另一种介质时，在界面处将发生磁感应线折射，即在磁介质的界面处磁感应线的方向将会发生突变。磁感应线在界面的折射，与光或声的折射定律相似。从折射定律可确定，当磁感应线从磁导率小的一侧进入磁导率大的一侧时，折射后的磁感应线将远离法线。反之，将靠近法线。对于铁磁质与真空（或非铁磁质）界面，由于两侧磁导率相差悬殊，磁感应线方向在界面将发生很大改变。例如，当磁感应线以较大角度到达钢与空气的界面时，进入空气中的磁感应线将接近垂直于界面。图 7-20 显示了这种情况。

漏磁场是在磁路截面变化处（工件缺陷处），磁感应线按折射定律进入其他介质时在该处表面所形成的磁场。特别是对于铁磁材料，由于其磁导率远大于其他磁介质，当其在外磁场中磁化时，可以把绝大部分磁感应线约束在铁磁材料中。如果铁磁材料内存在其他磁介质形成的缺陷，当外磁场强度增大到一定程度后，在缺陷处（亦即磁路截面变化处），将可形成足够强度的漏磁场。

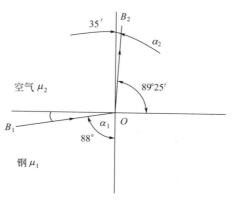

图 7-20　磁感应线的折射

影响漏磁场大小的因素可归纳为磁化磁场、缺陷、工件三个方面。外加磁化磁场的大小和方向，直接影响产生的漏磁场。缺陷的位置（深度）、大小、方向（相对于磁化磁场）等直接影响可得到的漏磁场。一般认为，如果缺陷方向与磁化磁场方向间角度大于 30°，则难于形成有效检验缺陷的漏磁场。工件的材料、状态不同，直接关系到磁导率的大小，将会影响漏磁场的大小。

5. 电流的磁场

试验证明，电流周围存在磁场。图 7-21 显示了一些电流的磁场分布。

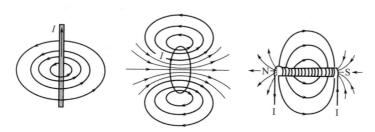

图 7-21　一些电流的磁场分布

对于通电直长圆柱导体，设通过的电流均匀分布在导体截面上，则其磁场是以导体中心为圆心的同心圆，磁场方向可用右手定则。磁场大小可用安培环路定律作出简单的计算。

电流流过螺线管时，磁场是与线圈轴平行的纵向磁场，磁场方向可用右手定则确定。对有限长的螺线管，其中心轴线上的磁场强度如图 7-22 所示。可见，在轴线上中心处的磁场最强，两端处的磁场强度约为中心处的 50%。

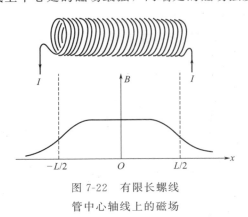

图 7-22 有限长螺线
管中心轴线上的磁场

螺线环是指绕成环状的螺线管线圈。对通电螺线环，当螺线环线圈很密时，只在环内产生磁场。产生的磁场沿环的圆周方向，磁力线为同心圆。

三、 磁粉检测设备与器材

1. 磁粉检测设备

磁粉检测设备是对工件实施磁化并完成检测工作的专用装置，磁粉检测设备通常称为磁粉探伤机。一般按设备的使用和安装环境，将磁粉探伤机分为通用固定式、移动式和便携式以及专用设备等几大类。

通用固定式磁粉探伤机安装在固定场所，主要由磁化电源、夹持装置、磁粉施加装置、观察装置、退磁装置等部分组成，最大磁化电流从 1000A 到 10000A 以上，电流一般包括交流和直流，如图 7-23 所示。一般采用低电压大电流的磁化电源和可移动的线圈，实现被检工件直接通电周向磁化、中心导体感应磁化、通电线圈及电极间磁轭纵向磁化、复合磁化等多种方式的磁化。这类设备适用于中小型工件的批量检测。

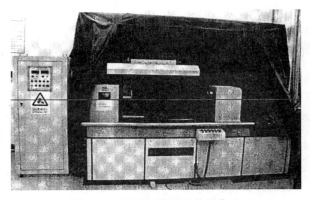

图 7-23 通用固定式磁粉探伤机

移动式磁粉探伤机采用分立式结构，体积较固定式小，重量轻，可以在一定范围内自由移动，具有较大的灵活性和良好的适应性。移动式磁粉探伤机主体是磁化电源，配合使用的附件为支杆探头、磁化线圈（或电磁轭）、软电缆等，磁化电流从 1000A 到 6000A（有的可以达到 10000A）。这类设备适用于不易搬动的大型工件，如大型铸锻件、管材、压力容器焊缝等。

便携式磁粉探伤机比移动式更灵活，体积更小，重量更轻，可随身携带，其主体是磁化电源和磁轭（也有采用永久磁铁磁轭），一般电流较小，如图 7-24 所示。这类设备适用于现场和高空作业，用于锅炉、压力容器、管道及钢结构焊缝的检测以及大型工件的局部检测。

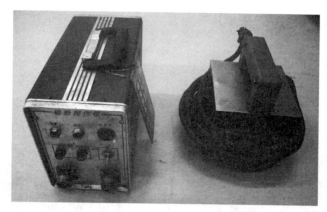

图 7-24　便携式磁粉探伤机

专用磁粉探伤机是专门针对某一产品或同一类型产品检测的设备。

2. 磁粉与磁悬液

磁粉是一种具有一定大小、形状、颜色和较高磁性的粉末状铁磁性物质，是显示缺陷的重要手段，它能准确显示出缺陷的位置、形状和尺寸。磁粉种类很多，按磁痕观察可分为荧光磁粉和非荧光磁粉，按施加方式可分为湿法用磁粉和干法用磁粉。

非荧光磁粉主要成分是四氧化三铁或三氧化二铁粉末，通过染色等方式处理成黑色、红褐色、白色等不同颜色，有湿法和干法之分，检测时在可见光下进行磁痕观察。荧光磁粉是以磁性氧化铁粉、工业纯铁粉等的混合物为核心，再在这些颗粒外面黏合一层荧光染料树脂制成，具有很高的检测灵敏度，多用于湿法检测，在紫外线照射下进行磁痕观察。

磁粉的性能主要包括磁性、粒度、形状、流动性、密度、识别度等，对于荧光磁粉，还包括磁粉与荧光染料包裹层的剥离度。这些特性在不同程度上影响着磁粉检测的效果和灵敏度，需要按照相关标准的要求对其性能进行检定后才能使用。

磁悬液是磁粉与油或水按一定比例混合而成的悬浮液体，分为油悬液和水悬液。磁悬液的磁粉颗粒在液体中成分散状，检测时由于工件表面漏磁场的吸引，将分散在液体中的磁粉聚集在缺陷处形成磁痕。磁粉在磁悬液中的含量称为磁悬液浓度。磁悬液的浓度对显示缺陷的灵敏度影响很大，浓度太低，影响磁场对磁粉的吸附量，造成磁痕不清晰或缺陷漏检；浓度太高，会在工件表面形成过度背景，从而掩盖对缺陷的显示。检测标准对磁悬液的浓度有明确要求，使用时要采用一定方法进行测试。

3. 标准试块和试片

磁粉检测标准试块和试片是检测时的必备工具，用于检查检测系统的综合性能、确定被检测工件表面的磁场方向和有效磁化范围以及考察检测工艺和操作方法的正确性等。最常用的试块和试片分为人工制造的标准缺陷试块、试片和带有自然缺陷的试块。

人工缺陷标准试片是在纯铁薄片上进行单面刻槽制作而成，刻槽有圆形、十字线、直线等形状，分为 A 型（图 7-25）、C 型、D 型等多种。标准对标准试片的刻槽形状和大小厚度等技术要求、检验、标志及使用方法有明确要求。

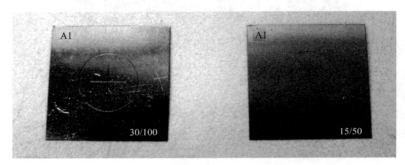

图 7-25　A 型人工缺陷标准试片

人工缺陷标准试块包括磁场指示器（八角试块）和环形标准试块。磁场指示器是由八块低碳钢片与铜片焊在一起的磁场方向指示装置，通过在表面施加磁悬液并观察磁痕来了解被检工件表面的磁场方向，但不能进行磁场强度大小和磁场分布的定量测试。环形标准试块是在圆环或圆棒上制作一系列不同位置和直径的通孔，用于校验磁粉探伤机的性能。

自然缺陷试块不是特意制作的，而是产品在制造过程中由于某些原因形成的带有自然缺陷的工件，最能代表工件的实际缺陷情况。通过对自然缺陷试块的检测，可以更好地检查检测系统的综合性能与检测工艺的正确性。

4. 磁粉检测测量仪器

磁粉检测过程需要对工件表面磁场强度、光照度、磁悬液浓度、剩磁等参数进行测量，因此还需要配备相应的测量仪器。这些仪器包括表面磁场测量仪器、测光仪器、磁粉与磁悬液测定仪器等。

表面磁场测量仪常用的有特斯拉计（高斯计）与袖珍式磁强计。特斯拉计有电表指针和数字显示两种，可以测量交直流磁场的磁场强度，检测中测量工件表面磁场强度和退磁以后的剩磁大小。袖珍式磁强计是采用力矩原理制成的简易指针式测磁仪，用于磁粉检测后剩磁测量以及使用和加工过程中产生的磁测量。

测光仪器包括白光照度计和紫外光辐射照度计。磁粉检测时，需要人眼观察工件表面的缺陷磁痕，因此对工件表面的光线有一定要求。白光照度计用于检测工件表面正在检验区域的白光照度值。紫外光辐射照度计通过测量离黑光灯一定距离处的荧光强度间接测量出工件表面的紫外光的辐射强度。

磁粉与磁悬液测定仪器包括磁粉磁性检测装置、磁粉粒度检测装置和磁悬液浓度检测装置。

四、 磁化方法

磁粉检测的基本方法可分为两类：连续法和剩磁法。连续法是在用外磁场磁化工件的同时施加磁粉或磁悬液进行缺陷检验的方法，可用于各种铁磁材料工件的磁粉检验，与剩磁法比较具有更高的缺陷检验灵敏度。剩磁法是利用工件磁化后的剩磁产生的漏磁场进行缺陷检验的方法，检验效率高，磁痕显示易识别。

磁粉检测的能力主要取决于施加磁场的大小和方向，也与缺陷的位置、大小和形状等因素有关。当磁场方向与缺陷的延伸方向垂直时，缺陷处的漏磁场最大，检测灵敏度最高；随着磁场方向与缺陷延伸方向夹角的减小，检测灵敏度逐渐降低；当磁场方向与缺陷的延伸方向平行时，则发现不了缺陷。因此，需要根据工件的结构特点、缺陷特点及检测要求，采用合适的磁化方法。常用的磁化方法主要有通电法、中心导体法、线圈法、电缆法、磁轭法、支杆（触头）法、感应电流法等。

1. 通电法

通电法是将工件夹在探伤机的一对触板间或将电极分别夹在工件的两端，对工件直接通电进行磁化，在工件表面和内部产生与电流垂直的周向磁场，工件外表面的磁感应强度最大。它用来检验延伸方向与电流方向相同或相近方向的缺陷，如图 7-26 所示。最大优点是操作方便、工艺简单、检测效率和检测灵敏度高。不足之处是通电时间过长会发热和接触不良烧伤工件。常用于轴、棒材、管材、机械加工件、铸钢件、锻件的检测。磁化时，根据相关标准要求可以选择直流或交流电，通常要计算磁化电流。

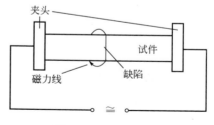

图 7-26　通电法示意

2. 中心导体法

中心导体法又称穿棒法或心棒法，采用一个圆柱状良导体（常用适当直径的铜棒），穿入工件，对导体通电，工件处于通电导体的外磁场中磁化，在工件表面和内部产生与电流垂直的周向磁场，工件内表面的磁感应强度最大，如图 7-27 所示。用来检验延伸方向与电流方向相同或相近方向的缺陷。它的最大优点是采用感应磁

化，工件中无电流通过，不会产生电弧烧伤，同时工件内外表面和端面都能得到周

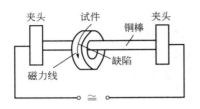

图 7-27　中心导体法示意

向磁化。不足之处是，当导体棒的直径小于工件的内径较多时，有效磁化区仅为工件的部分区域；工件内外表面检测灵敏度不一致，特别是壁厚大的工件。最常用于环状或圆筒形工件，如钢管、空心圆柱、轴承、齿轮、螺母、管接头等。

3. 线圈法

线圈法是采用固定线圈和柔性线圈，在线圈中通过磁化电流，工件置于线圈内，完成对工件的磁化，如图 7-28 所示。固定线圈外形尺寸、匝数、使用条件都固定，柔性线圈根据工件的形状临时缠绕电缆形成磁化线圈。这种磁化通过感应磁化在工件内形成纵向磁场，形成磁场的磁力线沿工件轴向通过，检验工件上沿圆周方向的缺陷，即与线圈轴垂直方向上的缺陷。线圈法磁化工件上无电流通过，操作方法比较简单，有较高的检测灵敏度，是磁粉检测的基本方法之一。适用于纵长零件，如曲轴、轴管、棒材、铸件和焊接件的检测。

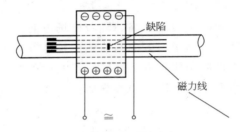

图 7-28　线圈法示意

4. 磁轭法

电磁轭采用软磁材料制作，在电磁轭的线圈中通过磁化电流，使电磁轭产生磁场，与电磁轭两端接触的工件部分成为磁路的一部分，以这种方式完成对工件该部分的磁化，如图 7-29 所示。磁轭法可检查这部分区域垂直于磁力线的缺陷。为了避免漏检，同一区域应在不同方位进行磁化和检验。携带式电磁轭主要用于大型工件局部检验和焊接件的检验。

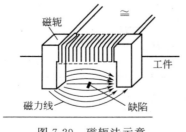

图 7-29　磁轭法示意

5. 多向磁化法

多向磁化法是在一次磁化过程中工件上获得多个方向磁场的磁化方法。根据磁场强度叠加原理，被磁化工件某点同时受到几个不同方向和大小的磁场作用，磁场方向和大小随合成磁场周期性变化。包括螺旋形摆动磁场磁化法和旋转磁场磁化法等。螺旋形摆动磁场磁化法是一个固定的磁场与一个或多个成一定角度的变化磁场的叠加，最常用的是对工件同时进行直流磁轭纵向磁化和交流周向磁化，两者合成了一个连续不断地沿工件轴向摆动的螺旋磁场。旋转磁场磁化法是由两个或多个不同方向的变化磁场所产生，它的磁场变化轨迹是一个圆，

最常用的是交叉磁轭磁化和交叉线圈磁化。交叉磁轭旋转磁场是将两个电磁轭以一定角度进行交叉（如十字交叉），并通以一定相位差的交流电流，形成了旋转磁场。

6. 其他磁化方法

在生产实践中，人们根据工件的结构形式，还有多种其他磁化方法，如触头法、感应电流法、平行电缆法、平板平行磁化法、环形件绕电缆法等。

五、　磁粉检测的应用

1. 磁粉检测基本工艺

磁粉检测通过磁化、施加磁粉或磁悬液、观察磁痕和记录完成缺陷检验。磁粉检测技术的基本工艺包括预处理、磁化、施加磁粉或磁悬液、观察与评定、退磁、后处理。

预处理主要是清除工件表面的油污、氧化皮、金属屑、砂粒等。覆有非导电层的工件需通电磁化时，应将电极接触处的覆盖层去除。磁化是选用一种或多种磁化方法，按磁化规范完成工件磁化。施加磁粉或磁悬液是为显示缺陷需要施加磁粉或磁悬液。观察与评定是采用规定的照明光线和照度，直接目视观察检验区，识别磁痕，判定缺陷。退磁是将工件上的剩磁去除，使剩磁降到不妨碍后续加工与使用的程度。后处理是在工件检测完成后，去除工件上残留的磁粉，进行必要的防锈处理。

2. 典型工件的磁粉检测技术

（1）管、轴、杆、棒类工件的检测　管、轴、杆、棒等形状的工件在机械产品中应用很多，如传动轴、螺栓、气瓶钢筒、枪炮身管、活塞杆等。这类工件的特点是工件长宽比较大，常采用压延拉伸或锻造制成，缺陷一般沿轴向延伸。因此，这类工件主要采用直接通电法检测，管材可采用中心导体法检测。

（2）齿轮、轴承类工件的检测　齿轮、轴承类工件是长宽比较小的空心零件，缺陷方向大多不固定，需要进行各种方向的检测。这类工件一般采用中心导体法检测，同时附加感应电流磁化法。

（3）大型铸锻件的检测　大型铸锻件是相对于中小型工件而言的，如大型发电机转轴、机壳、机械箱体、锅炉锅筒等。这类工件大多采用铸造、锻造等方式成形，体积较大、重量较大、形状复杂。由于工件尺寸较大，主要采用移动式或便携式设备进行局部磁化为主，分部分进行检测。

（4）焊接件焊缝的检测　焊接技术在机械制造行业应用广泛，如钢结构、船体、车体、锅炉、管道、各种零件的焊接等。焊接缺陷主要有裂纹、气孔、夹杂、未熔合与未焊透等，这些缺陷方向一般不固定。焊缝检测一般采用磁轭法，在同一部位采用两次或多次相互垂直的检测。

第四节　渗透检测

一、概述

渗透检测是一种以毛细作用原理为基础用于检测非疏孔性材料工件表面开口缺陷的无损检测方法。按照分子物理分子运动论的理论，由于分子的无规则运动和分子间的作用力，产生了液体的毛细现象。毛细现象（毛细作用）使涂敷在工件表面的液体（渗透液）渗入工件表面开口缺陷，然后去除表面多余的渗透液，渗入缺陷的渗透液留在缺陷里。在工件表面碰洒显像剂，缺陷中的渗透液在毛细作用下重新被吸附到零件表面上，形成了放大的缺陷显示。观察渗透液显示的位置、形状、大小，判断工件存在的表面开口缺陷。图 7-30 所示为渗透检测过程的具体环节。

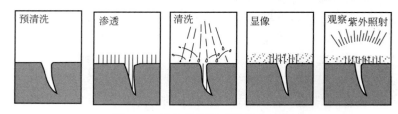

图 7-30　渗透检测技术的基本过程

渗透检测技术需要渗透液渗透到缺陷里面，这决定了它只能检验表面开口缺陷。此外，它不适宜检验多孔性材料工件，也不适宜缺陷开口可能被堵塞情况的检验（如工件在喷丸或喷砂处理后）。渗透检测技术可用于机械加工件、锻件、焊件和铸件的表面开口缺陷的检测，适宜各种材料工件表面开口缺陷检验，特别是铝合金、镁合金、钛合金和奥氏体不锈钢等有色金属材料和非铁磁性材料制件的表面开口缺陷的检测。可检验焊接、铸造、机械加工等各种工艺过程产生的表面开口缺陷，这种技术在航空工业中占有重要地位。

渗透检测技术的主要优点是：不需要复杂的设备，操作比较简单；检测表面开口缺陷的能力不受被检工件的形状、大小、组织结构、化学成分和缺陷方位的影响，对复杂工件一次可检出各方向的表面开口缺陷；检测灵敏度较高，缺陷显示直观。

二、渗透检测物理化学基础

1. 分子运动论基本概念

分子物理学指出，任何物体都由大量的分子、原子组成，这些分子或原子处于无规则的运动之中，它们决定了物体的宏观物理特性。组成宏观物体的微粒——分子或原子间存在一定空隙。物体内的分子或原子都在不停地作无规则的热运动。分子间存在相互作用力，称为分子力，图 7-31 是分子力随分子间距变化的规律。在某个距离时分子间作用力为零；小于这个距离为斥力，大于这个距离为引力；随距离增大，分子间引力很快减小为零。

自然界中的物质以三种形态存在，即气态、液态和固态，相应的介质是气体、液体和固体。分子力使物体中的分子形成某种规则的分布，而分子的无规则热运动则破坏这种规则分布。气体分子的平均间距很大，分子间的作用力很弱，分子的动能可克服分子间的引力，因此，气体分子容易向各方向扩散。液体的分子间距远小于气体，每个分子都处于以其为中心的一定范围内其他分子的引力作用中，分子的动能不能克服分子间的引力，因而液体具有一定体积。但在外力作用下，可使液体分子沿外力方向运动，使液体具有流动性。对于固体，无论是粒子（分子、原子、离子）排列或是粒子间作用力都比较复杂。简单说，固体中的粒子（分子、原子、离子），在粒子的相互作用力下只能围绕平衡位置振动，这使固体具有一定的、难于改变的形状和体积。

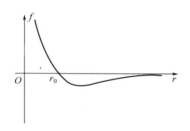

图 7-31　分子力随分子间距的变化

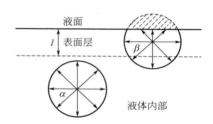

图 7-32　表面张力产生示意

2. 液体表面张力概念

液体内部分子和气-液界面上液体表面层分子的受力情况为：处于液体内部的分子，相邻分子对其的作用力指向各个方向，这些作用力相互抵消，其受到的作用力的合力为零；处于气-液界面上的分子，受到液体内部分子和气体分子的共同作用力，由于液体分子的平均距离小、吸引力大而气体分子的平均距离大、吸引力小，因此处于气-液界面上的分子受到的合力是垂直指向液体内部的吸引力，这种力称为内聚力。

液体表面张力是作用于液体表面、平行于液面、使液面层具有收缩趋势的一种力，图 7-32 是这种情况产生的示意。

液体表面张力的大小与液体成分相关、与液体温度相关、与液体中含有的杂质相关、与液面外的物质相关。一般说随液体温度升高液体表面张力减小，所含杂质会改变液体表面张力。有的杂质可减小液体表面张力，有的杂质会增大液体表面张力。

表面张力用表面张力系数（液面对单位长度边界线的作用力）表示，常用的表面张力系数单位是牛/米（N/m）或毫牛/米（mN/m）。

3. 润湿现象

在液体、固体、气体的接触面，可观察到接近固体的液体自由表面呈现弯曲现

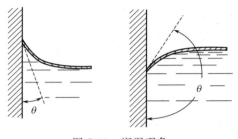

象——出现弯月面，这就是润湿现象。图 7-33 显示了润湿现象的基本情况。润湿现象产生于界面张力作用。

在润湿现象中，实际的弯月面可分为两种基本情况：一种是液体呈凹形弯月面，液体与固体的接触面有扩大的趋势，这常称为液体润湿固体表面；另一种是液体呈凸形弯月面，液

图 7-33 润湿现象

体与固体的接触面有缩小的趋势，这常称为液体不润湿固体表面。图 7-34 显示了液滴置于固体表面时的这两种情况。

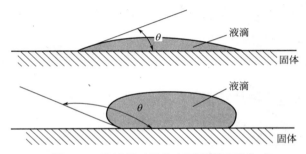

图 7-34 液滴置于固体表面的润湿现象

定量地描述润湿现象时，用液体、固体、气体交接点处的液固界面与液体表面切线的夹角表征，该角称为接触角。当接触角处于 0°～90° 之间时，称为润湿。当接触角处于 90°～180° 之间时，称为不润湿。

接触角大小与液体、固体、气体的界面张力相关。因此，一种液体对某种固体是润湿的，但对另一种固体可能是不润湿的。例如，水对干净的玻璃是润湿的，但对石蜡却不润湿。

4. 毛细现象

润湿管壁的液体在毛细管中上升和不润湿管壁的液体在毛细管中下降的现象，称为毛细现象。例如，毛细管插在水中时，管中的液面将高出水容器中的液面。但将该毛细管插在水银中时，管中的液面将低于水银容器中的液面。

毛细现象是润湿现象在毛细管中的表现。简单说，对于润湿情况，液体在毛细管中上升的高度，是液体表面张力与液柱自身重力平衡的结果。按图 7-35，可给出液体在毛细管中上升的高度的计算式（此式同样可用于计算不润湿时液面下降的高度）：

$$h = \frac{2\alpha\cos\theta}{r\rho g}$$

式中　h——液体在毛细管中上升的高度，cm；

　　　ρ——液体的密度，g/cm³；

　　　θ——液体与固体表面的接触角，(°)；

　　　r——毛细管的内半径，cm；

　　　g——重力加速度，cm/s²；

　　　α——液体的表面张力系数，mN/m。

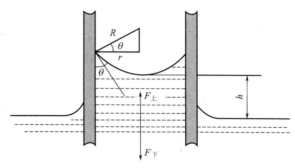

图 7-35　毛细现象的作用力

三、　渗透检测设备与器材

1. 检测设备

渗透检测设备主要包括便携式检测设备、固定式检测设备以及辅助设备。便携式检测设备是各种喷罐，常见的是一次性气雾剂渗透液喷罐、清洗液喷罐和显像剂喷罐，使用方便。固定式渗透检测设备一般包括预处理、渗透、乳化、水洗、干燥、显像和检验等工位的装置，用于完成渗透检测的整个程序。辅助设备主要用于对工件清洗、清洁等预处理或后处理的设备及废水处理设备。

2. 渗透检测材料

渗透检测材料主要包括渗透液、去除剂（清洗剂）、显像剂三大类。

（1）渗透液　是一种含有着色染料或荧光染料且具有很强的渗透能力的溶液。它能渗入表面开口的缺陷并被显像剂吸附出来，从而显示缺陷的痕迹。渗透液是渗透检测中最关键的材料，它的质量直接影响渗透检测的灵敏度。渗透液有着色和荧光两类，每一类又可分为水洗型、后乳化型和溶剂去除型，此外还有一些特殊用途的渗透液。

为了获得良好的检测结果，理想的渗透液应具备以下主要性能。

① 渗透能力强，能容易地渗入工件表面微细的缺陷中。

② 具有较好的截留性能，即能较好地停留在缺陷中，即使在浅而宽的开口缺

陷中的渗透液也不容易被清洗出来。

③ 容易从被覆盖过的工件表面去除掉。

④ 不易挥发，不会很快地干在工件表面上。

⑤ 有良好的润湿显像剂的能力，容易从缺陷中吸附到显像剂表面层而显示出来。

⑥ 扩展成薄膜时，要有足够的荧光亮度或鲜艳的颜色。

⑦ 稳定性能好，在热和光等作用下，仍保持稳定的物理和化学性能，不易受酸和碱的影响，不易分解，不浑浊和不沉淀。

⑧ 闪点高，不易着火。

⑨ 无毒，对人体无害，不污染环境。

⑩ 有较好的化学惰性，对工件或盛装容器无腐蚀作用。

⑪ 价格便宜。

任何一种渗透液不可能全面达到理想的程度，只有尽可能接近理想水平。

渗透液是由多种特性材料配制而成的，其主要组分是染料、溶剂和表面活性剂，此外还有其他多种用于改善渗透液性能的附加成分。染料主要有着色染料和荧光染料两类，着色染料为暗红色染料，因为暗红色与显像剂所形成的白色背景有较高的对比度，苏丹红、刚果红等为常用的着色染料；荧光染料为在紫外光照射下产生黄绿色荧光的荧光物质，在黑暗环境中，人眼对黄绿色荧光最敏感，萘酰亚氨化合物 YJN-42、YJN-68 等为常用的荧光染料。溶剂的主要作用是将染料带进缺陷并被吸附出来，因此溶剂应具有渗透能力强、对染料溶解度大、对工件无腐蚀等性能，煤油是常用的溶剂。表面活性剂用来降低表面张力，增强润湿作用。附加成分主要有互溶剂、稳定剂、增光剂、乳化剂、抑制剂、中和剂等，主要用来提升渗透剂的综合性能。

（2）去除剂　渗透检测中，用来除去被检工件表面多余的渗透液的溶剂称为去除剂。对于不同类型的渗透液，去除剂也不同：对水洗型渗透液，直接用水去除，水就是去除剂；后乳化型渗透液是在乳化后再用水去除，乳化剂和水是去除剂；溶剂去除型渗透液采用有机溶剂去除，这些有机溶剂就是去除剂，常用的去除剂有煤油、酒精、丙酮、三氯乙烯等。

去除剂应具有对渗透液中的染料有较大的溶解度、对渗透溶剂有良好的互溶性、不与渗透液起化学反应以及不应猝灭荧光染料的荧光等性能。

（3）显像剂　在渗透检测中，去除工件表面多余的渗透液后，被施加到工件表面上，能够加速渗透液回渗、放大显示和增强对比度的材料称为显像剂。显像剂的主要作用有：通过毛细作用将缺陷中的渗透液吸附到工件表面上，形成缺陷显示；将形成的缺陷显示在被检工件表面上横向扩展，放大至足以用肉眼观察到；提供与缺陷显示有较大反差的背景，从而达到提高检测灵敏度的目的。

显像剂中的显像粉末非常微细，其颗粒度为微米级，这些微粒覆盖在工件表面时，微粒之间的空隙类似于毛细管，因此缺陷中的渗透液通过毛细作用回渗到工件表面，形成显示。显像剂应具备以下性能。

① 显像粉末的颗粒细微均匀，对工件表面有较强的吸附力，能均匀地附着于工件表面形成较薄的覆盖层，有效地覆盖住工件本色，能够将缺陷处微量的渗透液吸附到表面并扩展到足以被肉眼观察到，且能保持显示清晰。

② 吸湿能力强，吸湿速度快，能容易被缺陷处的渗透液所润湿。

③ 用于荧光法的显像剂应不发荧光，也不应含有任何减弱荧光亮度的成分。

④ 用于着色法的显像剂应对光有较大的反射率，能与缺陷显示形成较大的反差，以保证最佳的对比度，对着色染料无消色作用。

⑤ 具有较好的化学惰性，对盛放的容器和被检工件不产生腐蚀。

⑥ 无毒、无异味、对人体无害。

⑦ 使用方便、价格便宜。

⑧ 检验完毕后，易于从被检工件表面清除。

显像剂按使用方式分为干式显像剂、湿式显像剂和其他类型显像剂。干式显像剂主要是干粉显像剂，是一种白色的显像粉末，如氧化镁、碳酸镁、氧化锌等。湿式显像剂分为水悬浮型显像剂、水溶性显像剂、溶剂悬浮型显像剂和溶液型显像剂，都是用一种溶剂作为显像粉末的载体，便于显像剂的均匀施加。其他类型显像剂有塑料薄膜显像剂和化学反应显像剂等。

3. 光学仪器

渗透检测中常用的光学仪器有：黑光灯、黑光辐射照度计、白光照度计、荧光亮度计等。

黑光灯主要是在荧光渗透检测时，发出一定波长的黑光（紫外光）照射荧光物质使其发出荧光。黑光辐射照度计用于测量工件表面黑光强度。白光照度计用于测量可见光的强度。荧光亮度计用于测量荧光渗透液的亮度。

4. 试块

渗透检测中的试块是指带有人工缺陷或自然缺陷的试块，它是用于衡量渗透检测灵敏度的器材。渗透检测灵敏度是指在工件或试块表面发现细微缺陷的能力。

在渗透检测中，试块的主要作用如下。

① 灵敏度试验：用于评价所使用的渗透检测系统和工艺的灵敏度及渗透液的等级。

② 工艺性试验：用于确定渗透检测的工艺参数，如渗透时间、渗透温度、乳化时间、乳化温度、干燥时间、干燥温度等。

③ 渗透检测系统的比较试验：在给定的检测条件下，通过使用不同类型的检测材料和工艺的比较，以确定不同渗透检测系统的相对优劣。

常用的试块有铝合金淬火裂纹试块（A型标准试块，见图7-36）、不锈钢镀铬试块（B型标准试块）、黄铜镀镍铬试块（C型标准试块，见图7-37）。铝合金淬火裂纹试块用于比较两种渗透液性能的相对优劣。不锈钢镀铬试块用于检查渗透检测操作的正确性和定性地检查渗透系统的灵敏度等级。黄铜镀镍铬试块用于定量地鉴别渗透液的性能和灵敏度等级。

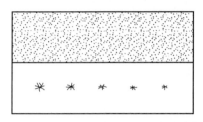

图 7-36　A 型标准试块（5 点）的基本样式

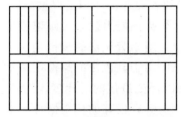

图 7-37　C 型标准试块的基本样式

四、 渗透检测工艺操作

渗透检测按一定工艺程序、通过使用渗透液、去除剂、显像剂完成。检测技术的基本工艺过程是预清洗（表面准备）、渗透、去除、干燥、显像、观察与评定、后清洗。

1. 预清洗（表面准备）

预清洗主要是清理表面存在的污染物、清洗表面被检验区。表面状况直接影响渗透检验结果。一方面会影响渗透液的性能，另一方面也影响渗透过程进行。依据表面情况可采用不同方法完成预清洗。

2. 渗透

渗透即施加渗透液覆盖工件被检表面。按所用的渗透液特点和工件特点，可用浸涂、喷涂、流涂、刷涂等方法。无论采用哪种方法，都应保证被检部位被渗透液完全覆盖，并在整个渗透时间内保持润湿状态。

渗透工艺过程应根据渗透液性能特点、被检工件特点（包括表面状态）、要求检验的缺陷控制渗透温度和时间。

3. 去除

去除过程是在渗透完成以后，根据所用渗透液的特点和工件特点，采用适当方法去除工件表面多余的渗透液。去除多余渗透液时，必须严格控制去除工艺的有关参数，应注意避免已渗入缺陷的渗透液也被去除（即出现"过乳化"、"过洗"）。

4. 干燥

干燥的目的是去除工件表面水分，为后续显像工艺进行准备。按照使用的渗透液类型，应采用不同的干燥方法。例如，室温自然干燥、干净布擦干、热风吹干、热空气循环烘干等。

干燥过程必须控制干燥的温度和时间，防止出现渗透液也被烘干、渗透液变质。

5. 显像

显像是使渗透液从缺陷中回渗出来、显示存在缺陷的过程。按照采用的渗透液特点，可以不施加显像剂（自显像）或必须施加显像剂。显像剂简单地可分为干式显像剂（干粉）和湿式显像剂两类。除了干粉显像剂的埋粉法，对施加显像剂的主要要求是应薄而均匀。

显像过程应控制显像时间。显像时间取决于渗透液、显像剂类型、缺陷大小，也与工件所处温度有关。时间短，缺陷内的渗透液不能充分回渗出来。时间过长，缺陷内回渗出的渗透液严重扩散，缺陷难于识别。

6. 观察与评定

观察是在显像后识别被检验区存在的缺陷显示。为能有效地识别缺陷显示，从人的视觉特点，观察过程主要控制是环境条件、照明、人员暗适应。

对着色渗透检测，一般在白光下观察。对荧光渗透检测，应在较暗环境下观察。

在观察过程中，应判断缺陷性质，记录缺陷尺寸与分布。依据对缺陷的记录、分析按技术条件（验收条件）作出工件质量评定。

7. 后清洗

完成检验的工件上面，可能残留显像剂、渗透液等，它们可能影响后续加工，也可能对工件造成腐蚀。后清洗过程就是采用适当方法去除残留的显像剂、渗透液等。

五、 渗透检测方法及应用

按照渗透液显示缺陷的成分是荧光物质还是有色染料，一般将渗透检测技术区分为荧光渗透检测技术和着色渗透检测技术。按照渗透液特点和随之带来的工艺特点，渗透检测常用的方法可区分为水洗渗透检测技术、后乳化渗透检测技术、溶剂去除渗透检测技术。

1. 水洗渗透检测技术

采用水洗型荧光渗透液或水洗型着色渗透液。可用水洗方法去除多余渗透液，荧光渗透液可自显像。检测工艺过程得到减化，但渗透液成分复杂，抗水污染能力弱。

2. 后乳化渗透检测技术

采用后乳化型荧光渗透液或后乳化型着色渗透液。需要采用乳化剂乳化后才能用水去除多余的渗透液，即在去除多余渗透液前，应增加乳化过程。渗透液不含乳化剂，性能稳定。

3. 溶剂去除渗透检测技术

采用溶剂去除型着色渗透液或荧光渗透液。需采用溶剂去除多余渗透液，并要求预清洗应采用同种溶剂。不需要专门干燥过程。应注意这种方法所用的材料多数是可燃物品。

表 7-1 简要比较了三种常用渗透检测技术应用的主要特点。

表 7-1　三种常用渗透检测技术应用的主要特点

方法类型	灵敏度	适用性特点
水洗渗透检测技术	荧光：中灵敏度 着色：低灵敏度	适于形状复杂或粗糙表面大工件、螺纹件的检验；检验重复性差
后乳化渗透检测技术	荧光：高灵敏度 着色：中灵敏度	主要用于经机械加工表面光洁工件的检验；检验重复性好，可发现细微缺陷
溶剂去除渗透检测技术	荧光：高灵敏度 着色：中灵敏度	主要用于外场和大工件的局部检验、焊接件检验、非批量工件检验；设备简单，操作方便

选择渗透检测方法时，主要考虑的是：检验缺陷要求；被检验工件的表面状况；检测批量大小、检测条件。一般说，在同样条件下，荧光渗透检测技术比着色渗透检测技术具有更高的缺陷检验能力。简单说，对要求检验细小裂纹、表面光洁的工件，宜采用后乳化荧光渗透检测技术；对表面粗糙、批量大的工件，宜采用水洗荧光渗透检测技术；对局部检验，可采用溶剂去除着色渗透检测技术。在选择渗透检测技术时，应注意渗透液等与被检验工件材料的相容性，它们不能对被检验工件材料产生腐蚀等损害。

第五节　涡流检测

一、　概述

涡流检测是以电磁感应原理为基础的一种常规无损检测方法，适用于导电材料。按照电磁感应原理，通有交流电的检测线圈靠近被检测导电材料时，由于导体中发生了磁通变化，在导体中将产生涡流（涡旋电流），图 7-38 所示为涡流产生示意。同时，涡流产生的电磁场（图 7-39），又会作用于检测线圈，使检测线圈的阻抗发生变化。如果被检测材料表面或近表面存在缺陷，会影响涡流的变化，从而引起检测线圈电压和阻抗的变化，测定检测线圈阻抗的变化就可检测导电材料存在的缺陷。

完成涡流检测的基本过程是采用施加信号的检测线圈，在与被检验工件的相对运动中拾取检测信号，依据检测信号完成缺陷检测。

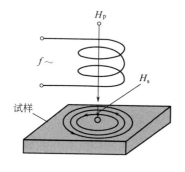

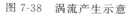

图 7-38　涡流产生示意

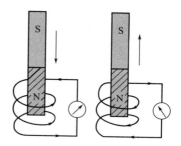

图 7-39　电磁感应现象示意

利用涡流检测技术进行检测时，必须产生涡流，因此它只适于导电材料的检测。由于交变电流的趋肤效应，涡流主要分布在工件的表面层和近表面层，所以只能检测工件表面层和近表面层缺陷。涡流检测技术适用于制造过程中的半成品或成品检验，也可用于在役设备的定期检验。涡流检测技术特别适用于小直径管材、线材、棒材的探伤，也可用于材质分选、测涂层或膜层厚度等。涡流检测技术还可用于测量电导率及测量尺寸和形状的变化。

在涡流检测技术中，检测线圈并不必须接触工件表面，因此可实现高速、高温下的检测，如对管材和棒材检测速度可达每分钟几十米。在涡流检测技术中，得到的检测信号是检测线圈阻抗变化的电信号，因此不能直接评定缺陷的有关数据，也难于确定缺陷性质。

二、　涡流检测物理基础

1. 电磁感应

（1）电磁感应现象　试验证明，在磁棒插入线圈内或从线圈内抽出的过程中，线圈回路中都将出现电流；但当磁棒与线圈保持相对静止时，线圈回路中没有电流。代替磁棒用通有电流的线圈重复上面的过程，将观察到同样的现象。总结这样一类现象可以得出，无论什么原因，当通过闭合回路的磁通量变化时，在回路中就会产生电流。这种现象称为电磁感应现象，产生的电流称为感应电流。图 7-38 示意性地示出了电磁感应现象。

（2）楞次定律　该定律指出，电磁感应现象中产生的感应电流的方向，总是使其产生的附加磁通反抗（原）磁通的变化。也就是，当回路中原磁通增强时，感应电流产生的附加磁通将与其方向相反；回路中原磁通减弱时，感应电流产生的附加磁通将与其方向相同。按照楞次定律，可根据原磁通的方向和变化趋势，确定感应电流的方向。

（3）法拉第电磁感应定律　电磁感应现象表明，当通过闭合回路的磁通量变化时，在闭合回路中将出现电流。因此，回路中必然出现电动势，这个电动势称为感应电动势。法拉第电磁感应定律给出了感应电动势与磁通变化的关系。

法拉第电磁感应定律指出，闭合回路中产生的感应电动势，与穿过此回路的磁通量随时间的变化率成正比。结合楞次定律，法拉第电磁感应定律可写为

$$\varepsilon = -\frac{\mathrm{d}\Phi}{\mathrm{d}t}$$

式中　Φ——磁通；

　　　ε——感应电动势；

　　　t——时间。

2. 自感与互感

（1）自感　线圈中有电流通过时就会产生磁通。如果电流随时间变化，则它产生的磁通也将随时间变化，这个变化的磁通在线圈中将产生感应电动势。这种电磁感应称为自感应，产生的电动势称为自感电动势，也服从法拉第电磁感应定律。根据电磁感应，对线圈可引入一个量，称为电感 L。这样，线圈产生的磁通量就等于线圈的电感与通过的电流 I 的积，产生的自感电动势大小则为

$$\varepsilon = -L\frac{\mathrm{d}I}{\mathrm{d}t}$$

电感 L 也称为自感系数（简称为自感）。线圈的电感 L 与线圈匝数、形状相关，也与线圈中加入的芯体材料的磁导率相关。

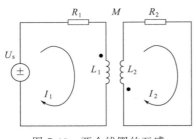

图 7-40　两个线圈的互感

（2）互感　如图 7-40 所示，当两个通有交变电流的线圈放置得很近时，一个线圈中电流产生的磁通将会穿过另一个线圈，在另一个线圈中产生感应电动势。感应电动势的大小与线圈中交变电流的关系可写为（第一式为线圈 1 在线圈 2 中产生的感应电动势）：

$$\varepsilon_{21} = -M\frac{\mathrm{d}I_1}{\mathrm{d}t} \qquad \varepsilon_{12} = -M\frac{\mathrm{d}I_2}{\mathrm{d}t}$$

式中　M——互感系数，简称为互感；

　I_1、I_2——线圈的交变电流。

两个线圈的互感与两个线圈匝数、形状、大小、相互位置及周围介质的磁导率相关。当两个线圈处于理想的耦合状况时（即一个线圈的磁通完全穿过另一线圈时），互感为

$$M = \sqrt{L_1 L_2}$$

当一线圈的磁通量不能完全穿过另一线圈时，互感将小于上面的值。这时互感为

$$M = K \sqrt{L_1 L_2}$$

式中 K——（两线圈的）耦合系数。

3. 涡流

按照电磁感应定律，当线圈靠近导体时，线圈中的电流产生的磁通，将有一部分进入导体。导体中（如金属板）发生的磁通量变化，将导致在导体上围绕磁通量变化的区域出现涡旋状感应电流，这种涡旋状的感应电流称为涡流。对于一定频率和大小的线圈电流，涡流大小与导体的导电性能和磁性能相关，与线圈和导体的耦合情况（线圈面积、靠近状况等）相关。根据电磁感应，导体中涡流产生的磁通量将在线圈中产生感应电动势，影响线圈中的电流。影响的程度与导体中的涡流大小直接相关。

4. 趋肤效应（集肤效应）

直流电通过导体时，在导体横截面上电流密度相同。交流电通过导体时，在导体横截面上的电流密度不相同。表面层的电流密度最大，中心区的电流密度最小。这种现象称为趋肤效应。产生趋肤效应的原因可由自感电动势说明。

对于在导体中产生的涡流，同样存在趋肤效应。由于趋肤效应，在导体中涡流电流密度随深度增加而减小。电流密度减小服从指数规律，定义（涡流）电流密度降低为表面的 $1/e$（即 36.8%，e 为自然对数的底）的深度为（标准）透入深度，记为 δ，则有

$$\delta = \frac{1}{\sqrt{\pi f \mu \sigma}}$$

式中 f——交流电的频率；

μ——导体的磁导率；

σ——导体的电导率。

对于非铁磁性材料，代入真空磁导率等数据，并注意到 $\mu_r \approx 1$，则（标准）透入深度计算式可简化为

$$\delta = \frac{503}{\sqrt{f \sigma}} \quad (\text{mm})$$

应注意的是，计算式中，交流电频率的单位为 Hz，电导率的单位为 MS/m，得到的透入深度单位是 mm。表 7-2 给出了不同深度处（涡流）电流密度降低的情况。在涡流检测中，一般认为有效检测深度不超过 2.3δ。

表 7-2 不同透入深度的涡流电流密度

距表面深度	1δ	2δ	2.3δ	3δ	4δ
相对涡流密度	36.8%	13.5%	10.0%	5.0%	1.8%

5. 线圈阻抗

（1）线圈阻抗概念 在交流电路中，电路电压 U、阻抗 Z、交变电流的有效值

I 之间满足以下关系：

$$U = IZ$$

需要注意的是，如果阻抗具有电感或电容时，电流与电压将不同相（不同步变化）。一个实际线圈，可认为由电阻和电感两部分串联构成。也就是，线圈的阻抗由线圈的电阻和电感决定。如果记线圈电阻为 R，线圈电感为 L，则总阻抗 Z 为

$$Z = \sqrt{R^2 + X_L^2}$$

式中　X_L——线圈感抗。

线圈感抗与线圈电感 L、交流电频率 f 的关系为：

$$X_L = 2\pi f L = \omega L$$

$\omega = 2\pi f$，为交流电的圆频率

由于存在电感，这时电流相位将落后于电压相位。落后的相位角 θ 为

$$\tan\theta = \frac{X_L}{R}$$

图 7-41 显示了这时线圈电路的组成、电压、阻抗情况。

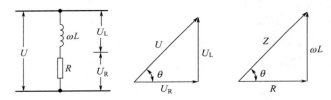

图 7-41　交流电路中线圈的电压与阻抗

（2）线圈阻抗平面图　当两个线圈耦合时，由于互感两线圈的电流、电压将相互影响。如果在线圈 1 中通过交流电，线圈 1 这时的阻抗必须考虑线圈 2 的影响。一种处理方法是，将线圈 2 的影响以折合阻抗出现在线圈 1 中来处理。理论上，这时线圈 1 的视在阻抗为

电阻部分
$$R = R_1 + \frac{X_M^2}{R_2^2 + X_2^2} R_2$$

感抗部分
$$X = X_1 - \frac{X_M^2}{R_2^2 + X_2^2} X_2$$

其中，$X_M = \omega M$。可见，由于耦合了线圈 2，导致线圈 1 的电阻增加、感抗减少。

线圈 2 阻抗不同，线圈 1 阻抗的改变也将不同。图 7-42 给出了线圈 1 的视在阻抗随线圈 2 电阻 R_2 从 ∞ 至 0 改变的变化规律，该图称为线圈阻抗平面图，图中出现的 K 为互感的耦合系数。线圈阻抗平面图给出了线圈阻抗的改变情况和变化趋势。

（3）特征频率　引起线圈阻抗变化的原因是线圈中磁场的改变。严格地分析线圈阻抗，需要计算工件进入后线圈磁场的变化，这将导致计算复杂。在涡流检测技

术中，一种简单的处理方法是引入特征频率，一般记为 f_g。特征频率是一个仅仅由工件尺寸、电特性、磁特性决定的量。但理论分析指出，被检验工件中的涡流和磁场强度分布，与涡流检测时采用的频率与特征频率之比密切相关。因此，特征频率在确定涡流检测技术时具有特殊意义。

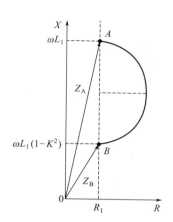

图 7-42　线圈视在阻抗平面图

对位于线圈中的圆柱导体，特征频率表达式为

$$f_g = \frac{1}{2\pi\sigma\mu r^2}$$

式中　σ——工件材料的电导率；

　　　μ——工件材料的磁导率；

　　　r——圆柱导体工件的半径。

对于非铁磁性材料，因相对磁导率近似为1，代入真空磁导率数据，特征频率计算式可简化为

$$f_g = \frac{5066}{\sigma d^2}$$

在这个计算式中，电导率的单位为 MS/m，圆柱工件直径 d 的单位为 cm，得到的特征频率单位为 Hz。类似地，还可给出圆管导体等的特征频率表达式。

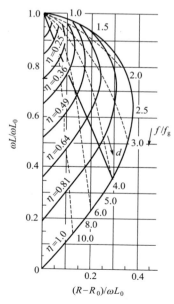

图 7-43　涡流检测技术的线圈阻抗平面图

引入特征频率后，以涡流检测时采用的频率 f 与特征频率 f_g 之比作为线圈阻抗平面图的参数，可对各种因素情况画出涡流检测技术中使用的线圈阻抗平面图。图7-43是涡流检测技术使用的线圈阻抗平面图的一种样式，图中出现的下角标"0"表示的是线圈本身的该量之值，η 称为填充系数（在本图中是线圈直径与工件直径之比的平方）。

（4）影响线圈阻抗的因素　归纳在涡流检测技术中影响检测线圈阻抗的因素，简单地分为以下三个方面。

① 工件材料的电导率、磁导率，工件尺寸，工件存在的缺陷。

② 检测采用的交流电频率，检测线圈的结构与尺寸。

③ 检测线圈与工件的耦合状况。

这些方面的改变，可影响特征频率值，影响检测线圈与被检验工件的互感等。从而可使检测线圈阻抗处于不同阻抗线上，或处于某阻抗线的不同点。线圈阻抗平面图，给出了这些因素影响的基本结果，成为设计涡流检测的基本技术数据。

三、 涡流检测设备与器材

涡流检测设备包括涡流检测仪、涡流检测探头、标准试样与对比试样、辅助装置等，如图 7-44 所示。

图 7-44　涡流检测设备与器材

1. 涡流检测仪

涡流检测仪是涡流检测的核心仪器。根据不同的检测对象和检测目的，需要采用不同类型和用途的检测仪。各类涡流检测仪的工作原理和基本结构是相同的，激励单元的信号发生器产生交变电流供给检测线圈，放大单元将线圈接收的电压信号放大并传送给处理单元，处理单元抑制或消除干扰信号，提取有用信号，最终显示单元给出检测结果。根据检测对象和目的的不同，涡流检测仪一般可分为涡流探伤仪、涡流电导仪和涡流测厚仪。

2. 涡流检测探头

涡流检测探头也称涡流检测线圈，按照应用方式可分为外通过式线圈、内穿过式线圈、放置式线圈。外通过式线圈是将工件插入并通过线圈内部进行检测，广泛用于管、棒、线材的在线涡流检测。内穿过式线圈是将其插入并通过被检测管材、管道内部进行检测，广泛用于管材、管道的在役涡流检测。放置式线圈由平线圈组成，是涡流检测使用最为广泛的一种线圈，用于检测平面工件或曲率较大的工件。涡流检测线圈按照感应方式可分为自感式线圈和互感式线圈，按照比较方式可分为绝对式线圈、自比式线圈和他比式线圈。

3. 标准试样与对比试样

标准试样是按照相关标准加工制作并用于性能测试与评价的标准样品。

对比试样是用来进行缺陷对比和检测灵敏度的，因此对比试样的形状和材质与被检测产品相同或相近（能够代表被检测工件），在特定位置加工一定形状和大小的孔、槽或其他人工缺陷。通孔形人工缺陷能较好地代表穿透性孔洞，被对比试块广泛采用。例如，管材缺陷对比试样是沿管子轴向等距离排列 3 个通孔，在圆周方向上以 120 81约匀分布3 其作用是检测周向灵敏度和传动系统的对中状态。

4. 辅助装置

涡流检测辅助装置是指除检测探头和仪器之外的，对材料或零件实施可靠检测所必要的装置，主要包括磁饱和装置、试样传动装置、探头驱动装置等。

四、 涡流检测的基本技术

1. 涡流检测技术的基本工艺过程

涡流检测采用适当的检测线圈，在检测线圈与被检验工件的相对运动过程中，拾取检测信号，完成检测。涡流检测技术的基本工艺过程如下。

（1）预处理　去除吸附在工件上的外来物，特别是非铁磁性材料上的铁磁性物质。

（2）调整传送装置　有传送装置的涡流检测装置，应用试样调整传送装置。首先应使试样通过传送装置时无偏心和无振动。然后用对比试样调整传送装置，在正常检测速度下保证对比试样上的人工缺陷在不同方位时的显示处于同等电平。

（3）检测条件调整　按要求调整检测条件，主要有检测频率、灵敏度、抑制电平、相位、滤波等。

（4）检测　实施检测。在检测过程中应定时（如不超过 4h）校验检测条件，以保证检测结果正确可靠。

2. 涡流检测技术的基本方法

按涡流检测线圈应用的方式，可将涡流检测方法分为以下三种。

（1）穿过式线圈方法　检测时，工件从检测线圈中通过。检测时应使用填充系数尽可能高的线圈，即检测线圈直径应与被检验工件外径尽量接近。这种方法适用于管、棒、线材的检测，检出工件外壁缺陷的效果较好。主要用于产品检测和制造工艺检测。

（2）内插式线圈方法　检测时，检测线圈从工件内壁中通过。这种方法适用于厚壁管和钻孔内壁缺陷的检测，主要用于在役检测。

（3）探头式线圈方法　检测时，检测线圈在工件表面移动。这种方法适用于板、管、棒、机械零件等的检测，适宜检测尺寸较小的缺陷。主要用于制造工艺检测和在役检测。

3. 涡流检测技术控制

（1）技术控制基本方面　对于某种涡流检测技术，需要控制的主要因素包括检测线圈选择、检测频率确定、检测线圈与工件的耦合、检测速度等。

检测线圈选择主要是线圈的结构与尺寸。不同结构线圈其激励涡流与拾取检测信号的方式不同，对信号的识别也不同。

检测线圈与工件的耦合，除了与选择的检测线圈相关外，还与采用的检测机构相关（线圈与工件表面距离、工件直径与线圈直径的关系等）。耦合情况直接影响检测灵敏度。

（2）确定检测频率　检测频率与有效检测深度直接相关，与缺陷检测灵敏度密切相关。因此，采用正确的检测频率是控制涡流检测技术的基本方面。确定检测频率的主要依据是所需要的透入深度和检测频率对线圈阻抗变化的影响。

对于某被检验的工件，显然材料的电导率、磁导率、工件尺寸都将是确定的，因此涡流检验的透入深度将随采用的检测频率不同而不同。按照前面给出的透入深度计算式容易看到，较低的频率将得到更大的透入深度，也就是更大的检验深度。当要求一定的检验深度时，存在可采用的最高频率。简单处理时，可按透入深度计算式估计可采用的最高频率。但降低频率将导致检测线圈与工件间的（能量）耦合降低，从而降低检测灵敏度。

确定应采用的检测频率时，还必须考虑检测频率对线圈阻抗变化的影响。处理的基本方法是，首先按被检验工件的有关数据，计算出对应的特征频率；然后从线圈阻抗平面图，依据所要检验缺陷对应的信号特点，确定适当的 f/f_g 范围；从这个范围确定可采用的检测频率。所确定的检测频率范围，一般应使缺陷引起的阻抗变化最大，同时又使缺陷与干扰因素引起的阻抗变化之间的相位差最大。

最终确定应采用的检测频率，应综合检验深度要求和检测频率对线圈阻抗变化的影响。

（3）检测灵敏度控制　线圈阻抗平面图给出了一些因素对线圈阻抗的影响情况，但对关键的缺陷，由于其尺寸、形状、位置影响的复杂性，很难从理论上作出简单判断。因此，在实际检测中，对于涡流检测技术的缺陷检验控制——检测灵敏度控制，一般都使用人工缺陷试样进行。

人工缺陷试样一般是在试样的不同位置上，刻出不同方向、不同深度、不同宽度、不同长度的槽，作为标准缺陷。调整检测灵敏度时，采用不同检验频率等检测条件进行试验，选取对要求的人工缺陷给出最大响应信号的频率等条件，作为实施检测的条件。

第六节　工业 CT 检测

一、概述

工业 CT 是工业计算机层析成像（Industrial Computed Tomography，ICT）

的简称，利用一束薄的扇形 X 或 γ 射线束穿过被检测工件将产生衰减（衰减射线的强度与被检测工件的材料组分、密度、尺寸及入射前的能量有关），通过探测器从不同的角度采集信号，输入计算机，用数学重建方法计算出被检测工件截面的二维图像，即 CT 图像。工业 CT 检测的原理如图 7-45 所示。

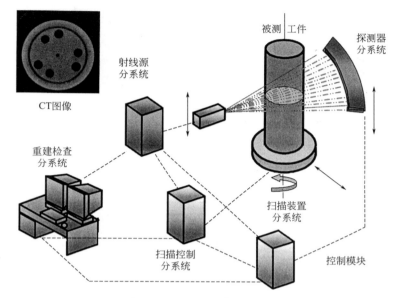

图 7-45　工业 CT 检测的原理

工业 CT 适合于多种材料及工件的无损检测，可以进行内部缺陷、几何或装配结构、几何尺寸、材料密度以及逆向重构等多种检测任务，在射线能量足够穿透试件的条件下，检测基本不受被检测工件材料、形状、表面状况的影响。与常规检测技术相比，工业 CT 检测有如下独特的优点。

① 能给出工件的断层扫描图像，从图像上可以直观了解目标细节的形状及大小，图像容易识别和理解。

② 工业 CT 具有突出的密度分辨能力，高质量的 CT 图像密度分辨率可达到0.1%甚至更高。

③ 工业 CT 图像是数字化结果，从中可以直接给出目标细节的像素、尺寸等信息，图像便于储存、传输、分析和处理。

工业 CT 集成了辐射技术、探测技术、电子技术、机电一体化技术、数学重建算法、计算机软件硬件技术等，使其成为无损检测的重要分支。工业 CT 在工业生产及人们日常活动的多个领域应用广泛，涉及航天、航空、军工、装备及汽车制造、材料研究、海关、考古等多种领域，检测的产品包括火箭发动机、飞机叶片、航天关键零部件、汽车部件、复合材料、精密铸锻件、核废料、化石、木材等。

二、 工业 CT 检测物理基础

工业 CT 采用 X 或 γ 射线作为辐射源，因此关于 X 射线产生、衰减规律、设备原理、防护等知识均是其物理基础。

工业 CT 检测的重要基础是 CT 图像的重建算法，本部分将进行简要介绍。

1. Radon 变换

1917 年，奥地利数学家 Radon 从数学上证明了 Radon 正变换和 Radon 逆变换，使工业 CT 由投影获得图像成为可能。下述定理就是 Radon 变换。

若已知某函数 $f(x,y) = f(\gamma, \varphi)$ 沿直线 z 的线积分为

$$p = \int_{-\infty}^{\infty} f(x, y) = \int_{-\infty}^{\infty} f(r, \varphi)\mathrm{d}z = \int_{-\infty}^{\infty} f(\sqrt{l^2 + z^2}, \theta + \arctan\frac{z}{l})\mathrm{d}z$$

则

$$f(r, \varphi) = \frac{1}{2\pi^2} \int_{\sigma}^{\pi} \int_{-\infty}^{\infty} \frac{1}{r\cos(\theta - \varphi) - l} \times \frac{\partial p}{\partial l}\mathrm{d}l\,\mathrm{d}\theta$$

上面第一个公式称为 Radon 正变换，第二个公式称为 Radon 逆变换。Radon 变换证明了对于一函数，如果沿任意穿过某一区域的直线路径的线积分集是已知的，那么该区域的函数值是唯一确定的，概括来说，Radon 的观点解决了从函数的线积分求解原函数的问题。Radon 变换是 CT 技术的数学基础。

对于 CT 而言，Radon 正变换是获取投影的过程（数据采集），Radon 逆变换是由投影建立 CT 图像的过程（图像重建）。一句话，CT 的基本原理就是由投影重建图像。

2. 投影

由 X 射线衰减的基本规律可知，当 X 射线作用于非均匀物质时，由于物质每一部分的密度不同，线衰减系数 μ 也不同。假如将它分成很小的部分，以至于每一小部分均可看作均匀物质，具有相同的 μ 值，这样，射线在其中的衰减过程可以看作被不同物质连续作用，应用基本规律可以得到：

$$\mu_1 x_1 + \mu_2 x_2 + \mu_3 x_3 + \cdots = \ln(I_0/I)$$

当 $\Delta x \to 0$ 时，上式可写成沿射线方向的线积分形式：

$$p = \int_L \mu\,\mathrm{d}l = \ln(I_0/I)$$

此公式称为射线投影公式。p 即为沿射线方向上物质线衰减系数的线积分，这就是投影的概念。其数值为 CT 扫描过程中采集到的投影数据，是输出射线与输入射线强度比值的对数。

3. 图像重建

CT 的图像重建可以描述如下：已知物质线衰减系数的线积分，如何计算它的

线衰减系数分布。因此图像重建就是将射线穿过物质后的投影数据转换成代表物质某截面（断层）衰减特性分布图像的计算过程。基本的图像重建过程包括了采集投影数据、预处理、取对数、图像重建、图像后处理、得到图像一整套完整过程。

图像重建是一计算过程，因此重建算法的确立为其主要内容。重建算法按照其本质特点分为两大类：解析法和迭代法。解析法是对每一个投影数据进行处理（加权、滤波、反投影等），直至得到重建图像的方法。迭代法是一种代数重建技术，用一系列的近似计算以逐渐逼近的方式获得图像。在图像重建开始前，假定图像是密度均匀的，重建图像的每一步都是将上一步重建图像的计算投影与实际测量所得的投影进行比较，用实际投影与计算投影之差来修正图像，每一步都使图像更接近实际情况，经过若干次修正后获得满意的图像。

重建算法种类繁多，为了便于理解，本节以平行束扫描方式直接反投影重建法为例，对 CT 图像的重建作简要介绍。

直接反投影法是指沿投影的反方向，把所得的投影数值反投回矩阵中，并求出各矩阵 μ 值而实现图像重建的方法。

图 7-46 展示了一个假设的孤立圆柱体经过 64 次反投影后得到一幅 CT 图像的全过程。每次投影后，进行反投影，旋转一定的角度，再进行下一次投影和反投影。

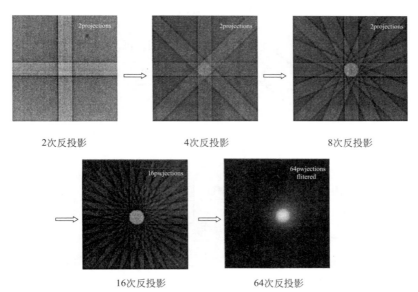

2次反投影　　　　4次反投影　　　　8次反投影

16次反投影　　　　64次反投影

图 7-46　假设的孤立圆柱体直接反投影过程

为了便于理解，下面还是用 2×2 的小矩阵来描述直接反投影重建法的基本过程。

1	3
5	7

第一次运算，0°平行束扫描后一次反投影。

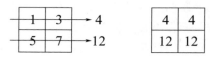

第二次运算，45°平行束扫描后二次反投影。

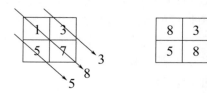

第三次运算，90°平行束扫描后三次反投影。

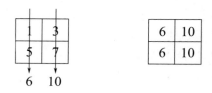

第四次运算，135°平行束扫描后四次反投影。

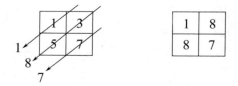

最后的运算是数据叠加、处理。

直接反投影重建法实现简单，并且不需要很复杂的数学运算，因此计算速度比较快。

三、 工业 CT 设备

工业 CT 检测系统往往需要根据用户实际需求进行相关配置，但其基本组成是一样的，一般由射线源、探测器系统、机械扫描系统、计算机系统等组成，如图 7-47 所示。

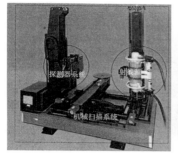

图 7-47　工业 CT 检测系统组成

1. 射线源

工业 CT 检测系统最常用的射线源是 X 射线机和直线加速器。X 射线机和直线加速器都是产生 X 射线的装置，即利用高速电子轰击金属靶过程中的韧致辐射，产生 X 射线。由 X 射线机产生的 X 射线能量在 600kV 之下（低能），由直线加速器产生的 X 射线能量在 1MeV（1000kV）之上（高能）。

2. 探测器系统

探测器系统是工业 CT 检测系统的核心部件，主要由探测器及电源、散热装置等组成，探测器是将射线信号转换为电信号的装置，其性能对图像质量影响很大。探测器的主要性能包括效率、尺寸、线性度、稳定性、响应时间、动态范围、通道数量、均匀一致性等。在工业 CT 检测系统中，按照探测器转换物质特点可以分为固体探测器和气体探测器；按照其结构特点又可以分为线阵探测器和面阵探测器。

3. 机械扫描系统

机械扫描系统是实现工件与射线源-探测器系统之间的相对运动，并提供位置数据的装置。在工作中，机械扫描系统要实现被检产品的平动、旋转及上升和下降，有时也需要完成射线源、探测器的相对或独立运动；同时，在扫描过程中，机械扫描系统还要实时反馈运动位置脉冲，用于实际位置校正和数据采集的控制。机械扫描系统要保证一定的机械精度和运动速度，特别是旋转及平移精度是影响空间分辨率的重要因素。机械扫描系统一般根据被检测产品的重量和几何尺寸及系统分辨率的要求专门设计。

4. 计算机系统

计算机系统用来完成数据采集和控制扫描过程，完成数据预处理、图像重建、图像显示工作，并具有图像处理、分析、测量、数据存档等功能。主要包括数据采集部分、计算机硬件和软件部分。

5. 工业 CT 检测系统性能参数

工业 CT 检测系统的主要性能参数包括：物体范围（直径、高度、重量、等效钢厚等）；检测时间（扫描、重建时间）；图像质量（空间分辨率、密度分辨率、伪像等）。在描述一套工业 CT 检测系统参数时通常还包括射线源的参数、探测器的参数、扫描方式、成像模式等内容。

图像质量为工业 CT 系统的核心指标。任何成像技术的图像质量都有其特定的表征参数，工业 CT 图像质量可用空间分辨率、密度分辨率和伪像三个方面来表征。

空间分辨率是指工业 CT 系统鉴别和区分微小缺陷的能力，定量地表示能分辨两个细节特征的最小间距，单位为 lp/mm（线对/毫米）。在工业 CT 图像上能见到的最小细节特征与能够分辨两个细节特征的含义不一样，前者尺寸一般小于后者。

密度分辨率是工业 CT 系统区分材料密度（或线性衰减系数）特性变化的能力，也称为对比灵敏度。细节特征在 CT 图像上能否被观察到，不仅取决于它和基体材料之间吸收系数的差别，同时受细节特征的形状尺寸、噪声以及人眼的识别能力等多种因素的影响。

在 CT 图像上出现的与试件的结构及物理特性无关的图像特征称为伪像。任何成像技术都将产生一定程度的伪像，与普通射线照相相比，从工业 CT 原理上看会产生更多的伪像。CT 图像是通过大量的投影产生，在典型的 CT 系统中，每个投影包含近 1000 个离散数据甚至更多，结果是近 10 个独立的采样数据用于形成一幅图像，由于反投影过程是把投影的一个数据点与图像的一条线相对应，使投影过程的误差无法精确定位，而测量数据的误差在重建图像时常常被放大，因此对于 CT 系统来说产生伪像的可能性更大。只有伪像降低到一定程度的工业 CT 系统，才有实际的应用价值。

四、 工业 CT 缺陷检测

工业 CT 检测技术在工业领域应用最广泛的是零部件内部各种类型缺陷的检测。复杂工件的某些部位的缺陷用传统的射线照相或超声波检测方法是很难进行检测的，而工业 CT 技术不受形状结构限制，可方便地解决此类问题。采用电子束焊接等工艺的精密工件，由于设计要求高、材料特殊、结构复杂、焊缝宽度小，采用工业 CT 技术是对焊缝实施无损检测的最佳选择。工业 CT 技术对气孔、缩孔、夹杂、疏松、裂纹（垂直切片方向）、未焊透等各种常见缺陷具有很高的探测灵敏度，并能准确地测定这些缺陷的几何尺寸，给出其在工件中的部位，通过缺陷特征并结合其他相关因素可准确地判定缺陷性质，实现对缺陷定性、定量、定位的无损检测。

1. 金属材料中各类缺陷检测实例

图 7-48 所示为电子束焊接活塞的工业 CT 图像，在电子束焊缝内部检测出最小直径为 0.3mm 的气孔以及裂纹缺陷。图 7-49 所示为复杂铸件特定截面的工业

CT 图像，图像发现气孔、缩孔、疏松等缺陷。

图 7-48　电子束焊接活塞焊缝的工业 CT 图像（针状气孔、裂纹）

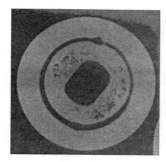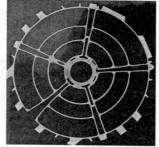

图 7-49　复杂铸件的工业 CT 图像（气孔、缩孔、疏松等）

图 7-50 所示为某焊接波纹管工业 DR 图像和 CT 图像，从 DR 图像中可以看出波纹管内部大致结构，并由 DR 图像对焊缝进行准确定位，其 CT 图像中检测出多处气孔。采用常规无损检测方法均难以对以上部位的缺陷实施有效检测。

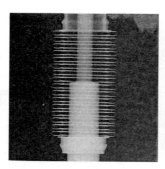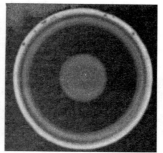

图 7-50　波纹管 DR 图像和 CT 图像（气孔）

图 7-51 所示为某裂纹对比试样的 DR 图像和 CT 图像。该裂纹对比试样为 $\phi 30\text{mm}$ 钢圆柱，不同部位有不同宽度的缝隙，可以通过标准方法测得缝隙的宽度。利用该对比试样可模拟不同宽度的裂纹缺陷，左图为其 DR 图像，右图为某位置的 CT 图像，其缝隙宽度为 $25\mu\text{m}$。对以检测缺陷为主要目的的 CT 检测系统来

说，细小缝隙或者说裂纹的检出能力也是一套 CT 系统的重要性能指标。

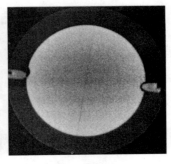

图 7-51　裂纹对比试样的 DR 图像和 CT 图像

图 7-52 所示为某电子束焊缝 CT 图像。CT 的切片方向与焊接方向一致，由左图中可以观测到整圈的未焊透缺陷，右图为部分未焊透缺陷及大量气孔。

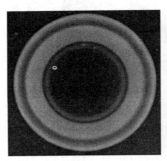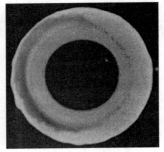

图 7-52　某电子束焊缝 CT 图像（未焊透）

2. 非金属材料中各类缺陷检测实例

图 7-53～图 7-58 分别为铝基陶瓷球复合材料、陶瓷、石油岩芯、粘接剂、工程塑料、混凝土的 CT 图像。利用 CT 技术不受被检测物体材料种类、外形、表面状况限制的特点，对上述材料或产品均可实施有效的无损检测。

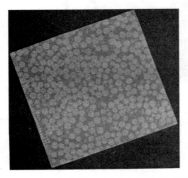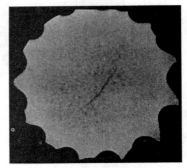

图 7-53　铝基陶瓷球复合材料 CT 图像　　　图 7-54　陶瓷材料涡轮转子 CT 图像（裂纹）

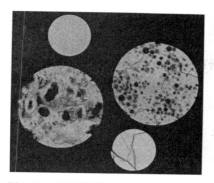

图 7-55　石油岩芯 CT 图像（空隙度）

图 7-56　某弹体 CT 图像（粘接脱粘）

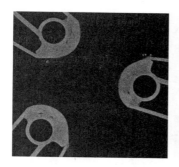
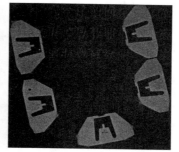

图 7-57　汽车工程塑料零部件（孔洞）

五、 工业 CT 结构检测及尺寸测量

由于工业 CT 检测可以给出工件任意截面的二维图像，在测量工件内部结构尺寸方面具有独特的优势。图 7-59 所示为精密铸造的飞机发动机涡轮叶片的 CT 图像。为保证飞行安全，测量叶片结构尺寸是其质量控制中的重要内容，常规超声波测厚受叶片形状（凸凹部分）影响而难以实现全面准确的测量，而应用工业 CT 技术，在保证图像质量（空间分辨率、密度分辨率、伪像）的情况下，采取合理的检测工艺，可以实现快速、准确、有效的尺寸分析和测量。目前工业 CT 检测系统都配有尺寸测量软件，一方面实现对缺陷的尺寸测量，另一方面就是进行相关结构的尺寸测量。尺寸测量软件的测量原理基本相同。

利用工业 CT 技术优势，在无需破坏产品的情况下，精确分析产品内部结构组成、装配情况，为了解未知产品内部装配结构、控制装配质量、技术维修、安装拆卸等提供重要依据。图 7-60 所示为利用工业 CT 技术，对某密封轴承的滚珠、滚珠支架、密封

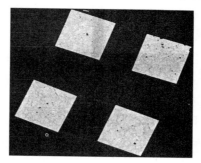

图 7-58　混凝土样块（沙砾、孔洞）

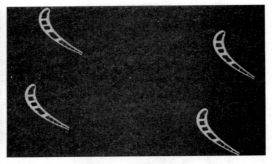

图 7-59　飞机发动机涡轮叶片 CT 图像（尺寸测量）

橡胶等部件进行了结构分析，为轴承装配和制造工艺研究提供了依据。利用工业 CT 技术在装配结构分析方面的优势，可以有效检测产品内部装配质量，及时发现装配缺陷，避免质量事故的产生。另外，在公安侦破、海关检查、文物考古等领域也可发挥重要作用。

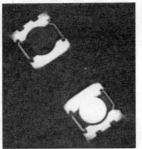

图 7-60　密封轴承装配结构分析

六、 工业 CT 逆向设计

逆向工程也称反求工程，大意就是根据已有的东西和结果，通过分析来推导出具体的实现方法。从某种意义上来说，逆向工程就是仿造，前提是默认传统的设计制作为正向工程，消化、吸收先进设计并加以改进的高效产品设计思路和方法，可迅速提高产品的设计水平。产品逆向工程最重要的过程是三维 CAD 模型的建立，目前常用的三坐标测量仪、三维激光测量仪等逆向工程设备只能获得原型产品外表面的图像数据，不能获得内部结构与几何尺寸，存在较大的局限性。利用工业 CT 技术，无论是由断层图像转化为三维图像，还是直接三维成像，都可快速实现三维模型的建立，而其最大的优势表现在无损的条件下实现对内部结构的测量，因此利用工业 CT 的技术优势，开展逆向工程研究和应用已经成为工业 CT 技术应用研究的热点。图 7-61 所示为某逆向工程过程。

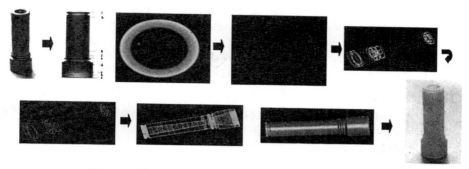

图 7-61　某工件利用工业 CT 技术实现逆向工程的过程

七、 工业 CT 密度测量

工业 CT 优异的密度分辨率是其他无损检测方法所不具备的，也是 CT 技术最大的优势。通过适当的标定技术，可以建立起 CT 值和物理密度之间的对应关系，实现密度的表征。如果采用不同 X 射线能量或不同的 CT 系统，相同的检测对象不一定产生相同的 CT 值，往往需要对比参考已知密度标样进行校正，对于密度表征的方法这里不再赘述。CT 技术并不能实现真正意义的密度测量，但其无损、定量地进行密度表征的技术特点，已经在火工品检测、工程检测、地质开采等行业发挥了重大作用。

第七节　非常规无损检测

一、 声发射检测技术

声发射检测是借助受应力材料中局部瞬态位移所产生的应力波——声发射进行检测的动态无损检测方法。材料或工件受力作用产生形变或断裂时，以弹性波形式释放应变能的现象称为声发射。声发射检测技术通过拾取声发射信号，对材料或工件的声发射源作出判断。

声发射检测技术与常规无损检测技术的一个重要不同是，它是一种动态检测技术。它的信号来自缺陷本身的扩展过程，当缺陷（裂纹）处于稳定状态时，不产生声发射信号。这个特点使声发射检测技术除了可作为一种检测技术外，还可作为一种长期连续监测缺陷产生和扩展的技术。

声发射检测主要优点是：可检测和评价对结构安全更为有害的活动性缺陷；由于是缺陷本身发出的信号，无需用外部的输入对缺陷进行扫查，因而可以对大型复杂构件提供整体或大范围的快速检测。

声发射检测主要局限是：检测易受外部机电噪声干扰；需要加载程序；准确定性、定量依赖其他无损检测方法。

其典型应用主要有：监测裂纹扩展和焊接接头质量，已实际应用于压力容器制造、维修和运转中的检测；监测核反应堆运转状态下泄漏和危险区域；检测焊缝与热影响区的收缩和相变造成的应力可导致焊缝开裂；复合材料结构完整性评定，飞机构件和整机结构完整性监测；管道泄漏检测；自动化切削系统的声发射监测等。

二、泄漏检测技术

泄漏检测是基于密闭容器内外存在压差时流体（气体或液体）能够从漏道渗入或渗出的原理以检测容器或系统密封性的无损检测方法。

分子物理指出，物体都由大量的分子、原子组成，这些分子或原子处于无规则的运动之中，这种运动称为热运动。由于热运动，气体可以向各方向扩散，液体可以发生渗透现象。泄漏检测技术利用气体扩散、液体渗透等，实现对工件存在的穿透性缺陷检测。

泄漏检测方法主要有质谱检漏、压力变化检漏、气泡检漏、卤素检漏、渗透检漏等。其中，质谱检漏主要是氦质谱检漏，它是用氦气作为示漏介质，用质谱仪检测出现的示漏介质。卤素检漏用含有卤素的气体作为示漏介质，利用卤素气体的催化作用，对出现的示漏介质进行检测。

泄漏检测技术主要用于检测容器腔室的密封性、电子元器件壳体的密封性、一些阀门器件的密封性等。

三、激光全息照相检测技术

按照光的波动理论，对于频率相同的两束光，在空间相遇时，当具有稳定的光程差时，将产生干涉现象，即可在空间形成稳定的增强和削弱的分布。以光的干涉现象为基础，激光全息照相检测技术，利用对工件适当加载后，缺陷引起表面产生不同于其他部位的变形（位移），使照射该区的激光产生（附加的）对应的光程差，在获得的干涉条纹图像中出现相应的干涉条纹突变区，实现对缺陷的检验。激光全息检测技术包括激光全息照相检测技术和激光散斑检测技术。

激光全息照相检测获得干涉条纹图像的基本过程是：布置好适当光路系统，获取工件检验区激光照射图像，适当加载，获取加载后工件检验区激光照射图像，两幅图像叠加形成干涉图像。

为了检测内部缺陷，激光全息照相检测技术需要对工件加载，以使内部缺陷在工件表面产生适当的表面位移，一般应产生不小于 $0.2\mu m$ 的表面位移。经常采用的加载方法有真空加载、热加载、充气加载和振动（声）加载。实际应用时可将不同的加载方法相结合。

激光全息照相检测的主要优点是非接触、检测灵敏度高（检测灵敏度优于半个光波波长），检测对象基本不受工件材料、尺寸、形状限制。主要局限是要求防振，检测能力随缺陷埋藏深度增加而迅速下降。

激光全息照相检测技术主要应用于检验脱粘缺陷，如蜂窝夹层结构、胶接结构、复合材料结构、推进剂药柱各界面等的脱粘缺陷。

四、 目视检测技术

目视检测是仅用肉眼或肉眼与各种低倍简易放大装置相结合对工件表面进行直接观察的检测方法。

放大装置包括放大镜、袖珍显微镜和内窥镜。内窥镜又分为刚性内窥镜、柔性内窥镜和视频内窥镜，可对结构内部进行检测。先进的视频内窥镜已经达到了较高的水平，数字化高分辨率图像可以实现直观的图像显示、完整的图像储存管理、精确的立体三维测量。

目视检测的优点是快速、方便、直观，局限是只能检测表面缺陷，必要时需要对表面进行清理。

第八章 ▶▶

失效分析

失效分析是一门交叉、边缘、综合的新兴学科，它与多种学科和技术有关。如金属物理、力学、材料学、表面科学、冶金和加工技术、摩擦学、腐蚀学，还有环境和可靠性技术工程等，与国民经济建设有着极其密切的联系。具体地说，失效分析所涉及的检测技术没有具体规定，除了本书前面所述的力学性能检测、物理检测和无损检测技术外，还涉及化学分析技术和测量技术等，总之，能为失效分析提供有用证据的检测方法和技术均可为失效分析所用。因此，失效分析是建立在使用众多检测方法和技术基础上，对检测结果进行评价，结合经验和相关学科的理论知识，再加以综合分析和判断的一门专业技术。机电装备的失效率代表着一个国家或一个企业机电产品设计或质量水平，也代表相关人员的素质或管理水平，特别是失效发生以后，能否在短期内作出正确的判断、得出解决的办法，代表一个国家或企业的科学技术水平。

第一节　概述

一、 失效分析的几个定义

1. 产品（item）

能够被单独考虑的任何元器件、零部件、组件、设备或系统。它可以由硬件、软件或兼有两者组成。在某些情况下还可包括人。产品可以指产品的总体或产品的一个子样。

2. 规定功能（required function）

为提供给定的服务，产品所必须具备的功能。

3. 失效（failure）

产品终止完成规定功能的事件。

4. 故障（fault）

产品不能执行规定功能的状态。预防性维修或其他计划性活动或缺乏外部资源的情况除外。故障通常是产品本身失效后的状态，但也可能在失效前就存在。

5. 初始失效（primary failure）

首先出现的失效，不是由其他构件失效或故障引起的，可能成为后续失效的原因。

6. 从属失效（consequential failure）

由其他构件的失效或故障直接或间接引起的构件失效。

7. 缺陷（defect）

质量控制中产品的"缺陷"是指影响使用性能、寿命与可靠性，表现为连续性、均匀性和致密性遭到破坏的区域。

8. 事故（accident）

产品在试验、使用、运输与储存过程中，由于人为差错、环境因素或产品失效而导致经济损失和人员伤亡等不良后果的事件。

9. 失效分析（failure analysis）

对出现失效（故障）和事故的失效件进行判明失效模式、研究失效机理、找出失效原因、提出预防与纠正措施的技术与管理活动。

二、 失效分析的一般程序

在进行失效分析工作时，一般采用以下程序，但在具体的失效分析工作中，这里所列举的步骤不一定会全部涉及。

① 现场调查：应首先保护好现场和失效件，全面、系统、客观、细微地了解有关失效对象的现场环境条件及与失效件相关的情况。

主要涉及产品的状况、特殊设计特性、失效的低倍表现评估、特殊产品工程细节以及沉积物、润滑剂残留物和燃烧痕迹等内容。

② 初步确定首先失效件（肇事失效件）及记录失效过程：主要涉及产品的信息、材料质量检查、产品的功能、操作条件和失效过程等内容。

③ 判定失效模式及失效预测。

④ 制定失效分析的程序：主要涉及样本检测方案、取样、无损检测、破坏性检测和模拟试验等内容。

⑤ 检测结果分析。

⑥ 分析失效原因，研究失效机理。

⑦ 研究纠正与预防措施。

⑧ 编写失效分析报告。

⑨ 文件归档。

其中关键的步骤是现场调查、失效过程记录及确定分析对象、判定失效模式及失效预测、分析研究失效原因与机理。

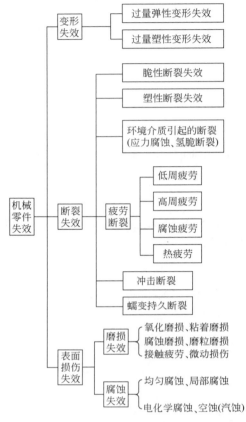

图 8-1 机械零件的主要失效模式

三、 失效模式分析

按失效的宏观特征，可将钢铁与合金制机械零件的失效模式分为变形失效、断裂失效和表面损伤失效三大类。并可将其分为一级、二级乃至三级失效模式。图 8-1 主要列举了机械零件的一级和二级失效模式。

对零件失效模式的诊断是失效分析首要且最重要的工作，它决定着失效分析后续工作的方向。诊断失效的模式和预测失效的过程，其目的是要建立一个失效预测模型，并且通常用于指导检测的次序。失效预测模型受经验影响。

四、 失效原因分析

引起产品或零件失效的原因是多方面的，概括地讲有服役条件、设计、材质与工艺因素以及使用与维修等。

1. 服役条件不合适

（1）受力条件　涉及载荷性质（包括静载荷、冲击载荷与交变载荷）、载荷类型（包括轴向载荷、弯曲载荷、扭转载荷、剪切载荷与接触载荷）以及局部应力状态（包括单向应力、多向应力、"软性"应力、"硬性"应力）。

（2）环境条件　指产品在室温、大气介质环境，或是在高温、低温或有其他腐蚀介质（气体、液体、金属、射线辐照、磨料等）条件下工作，这些介质可能引起产品腐蚀损伤、应力腐蚀、氢脆、液态金属致脆及腐蚀疲劳等失效。

2. 设计、 材料与制造上的失误

① 设计不合理和考虑不周是产品失效的关键因素之一。表现在计算错误、选材错误、采用标准或规范不当，细节设计失误、图样绘制差错、假设（判断）使用条件失误、未进行可靠性试验和必要的应力分析（如装配应力、热应力、表面残余应力及应力集中等）、寿命评估失误、未考虑可维修性等。

② 材料的冶金质量是零件能否可靠工作的基本因素。

③ 产品加工（铸造、锻造、焊接、热处理、机械加工及表面处理等）过程中，由于操作不当所造成的工艺缺陷。

3. 使用与维修不当

产品在使用过程中，超载、润滑不良、污染、腐蚀、表面碰伤、在共振频率下运行、违规操作、未定期维修或维修不当等都有可能引起产品早期失效。

五、　失效分析所涉及的检测技术

钢铁合金材料及其产品的失效分析，所涉及的主要检测技术包括：宏观和微观断口分析技术；金相检验技术；无损检测技术；常规成分、微区成分和表面成分分析技术；X 射线衍射分析技术；实验应力分析技术；力学性能测试技术；断裂力学测试技术等。现结合所用仪器设备手段，对常用检测技术的特点和局限性进行简要介绍。

1. 宏观分析

用肉眼或用放大镜观察分析失效件宏观形貌特征是简便而实用的方法。这种方法可观察失效件的全貌，掌握其颜色，判定裂源位置、断裂扩展方向与路径等；能大体上对失效模式与性质作出判断。通过宏观分析有时可直接推断出失效的原因，同时也为微观分析提供重点观察部位。

2. 体视显微镜分析

体视显微镜是宏观形貌观察不可或缺的工具，放大倍数一般在 100 倍以下。相对于肉眼或放大镜，能进一步确定断裂源区和裂纹走向，以及磨损或腐蚀情况。可为进一步微观分析提供重点观察部位，以提高分析效率。

3. 金相显微镜（OM）分析

金相（光学）显微镜是失效分析的常用工具，放大倍数一般在 1000 倍以下。不仅可以观察和研究钢铁及合金材料的显微组织，而且可以检测鉴别加工工艺（铸造、锻造、焊接、热处理、表面处理等）不当造成的非正常组织与材料缺陷。但由于金相显微镜的分辨率（200nm）低，景深小，不适合断口观察。

4. 透射电子显微镜（TEM）分析

透射电子显微镜有很高的分辨率，可以达到 $0.1 \sim 0.2nm$，放大倍数为 200 倍到 100 万倍。可以看到在光学显微镜下无法看清的小于 200nm（光学显微镜分辨率）的精细结构，甚至可以用于观察仅仅一列原子的结构。能确定第二相的结构，如配有能谱，还能测定第二相的成分。但是电镜的样品制备过程较复杂，必须制成厚度约 50nm 的超薄切片，有时还会产生假象。

5. 扫描电子显微镜（SEM）分析

扫描电子显微镜是介于透射电镜和光学显微镜之间的一种微观形貌观察工具，放大倍数为 5 倍至 100 万倍，分辨率优于 0.5nm。可直接利用样品表面材料的物质性能进行微观成像。其优点是：有很大的景深（透镜对高低不平的试样各部位能同时聚焦成像的一个能力范围），一般情况下，比透射电镜高 10 倍，比光学显微镜高 100 倍，成像立体感强；可直接观察各种试样凹凸不平表面的细微结构，可观察气孔、疏松、汽蚀的底部形貌；试样制备简单或不需制样；如配有 X 射线能谱仪，在观察形貌的同时，还能进行微区成分分析。扫描电子显微镜的不足之处就是不能分辨颜色和不能确定晶体或相结构。

6. 电子探针（EP）分析

电子探针 X 射线显微分析仪，简称电子探针，主要特长在于能进行几立方微米体积内材料的定性和定量化学成分分析，将扫描电子显微镜和电子探针结合，在显微镜下把观察到的显微组织和元素成分联系起来，解决材料显微不均匀性的问题。如测量细小夹杂物或第二相的成分，检测晶界或晶界附近与晶内相比有无元素富集或贫化。但是，它不能代替常规的化学分析方法确定总体含量的平均成分；不能进行 H、He、Li 三元素的分析，而且对 Be（$Z=4$）到 Al（$Z=13$）等元素的灵敏度都很低；也测不出晶界面上的微量元素，如可逆回火脆性晶界面上的富集元素。

7. 俄歇电子能谱仪（AES）分析

俄歇电子能谱仪是进行薄层微区表面分析的重要工具。优点是：在靠近表面 5～20Å（0.5～2nm）范围内化学分析的灵敏度高；能探测周期表上 He 以后的所有元素。它的出现对确定回火脆性原因方面起了很大作用。用它分析 Li、Be、B、C、N、O 时的灵敏度比电子探针高很多，但不能测定 H 和 He，因为这两种元素只有一层外层电子，不能产生俄歇电子。此外，需要 10^{-9}～10^{-10} Torr（1Torr＝133.322Pa）的超高真空，测试周期长，定量也有一定困难。

8. X 射线衍射（XRD）分析

通过测定衍射角位置（峰位）可以进行化合物的定性分析，测定谱线的积分强度（峰强度）可以进行定量分析，而测定谱线强度随角度的变化关系可进行晶粒的大小和形状的检测。本法的特点在于可以获得元素存在的化合物状态、原子间相互结合的方式，从而可进行价态分析，可用于对环境固体污染物的物相鉴定。为了确定断口上的腐蚀产物、析出相或表面沉积物，可采用粉末法。它一次可获得多种结构和成分。测定第二相或表面残余应力可采用衍射法，它的灵敏度高，方便、快速，能分析高、低温状态下的组织结构。但它不能同时记录许多衍射线条的形状、位置和强度，不适合分析完全未知的试样。

9. 力学性能测试

（1）硬度测试 对钢材来说，在不解剖零件的前提下，通过测量硬度可以获得下列信息。

① 帮助估计热处理工艺是否存在偏差。

② 估计材料抗拉强度的近似值。

③ 检验加工硬化或由于过热、脱碳或渗碳、渗氢所引起的软化或硬化。硬度测试简便易行。

（2）拉伸、冲击性能测试 为了测定失效零件的常规力学性能参量是否达到设计要求需进行拉伸、冲击性能测试。有时，失效零件所取试样达不到标准试样尺寸要求，则可制作非标准试样，如小型拉伸试样或非标准冲击试样。

（3）断裂力学测试 失效分析中的断裂力学测试，主要是指材料断裂韧度测试、模拟介质条件下的应力腐蚀试验以及模拟疲劳条件下的裂纹扩展参数测试。应用这些断裂力学参数对零件的断裂失效作出定量评价。

10. 化学成分分析

利用经典化学分析（湿法分析）或仪器分析可以获得失效件的材料成分信息，从而判断是否满足成分设计要求或失效件用材料是否合格。

11. 无损检测

在某些情况下，可以借助无损检测手段来检测失效件的缺陷。例如，当失效件的裂纹非常细小时，就需要用无损渗透方法来显示裂纹的位置、数量和大小。

六、 失效分析需要具备的条件

对于一项失效分析工作，要顺利而有效地开展，必须具备和创造一定的条件，主要如下。

1. 单位领导的重视

单位领导者对下列问题应有明确的认识。

① 失效分析是生产和科研的重要支柱之一，在产品和材料质量问题上，失效分析能及时地、不断地向单位领导提供质量问题信息及出现质量问题的原因与改进意见。

② 失效往往是各种内部和外部因素、技术因素和管理因素综合作用的结果，涉及面广。没有单位领导的支持，失效分析很难进行。

③ 有些失效会造成生产停顿或影响生产单位的产品声誉，这时领导应果断决策，迅速组织力量进行失效分析。失效分析结论的正确与否，不仅直接关系到整批产品的命运，有时甚至关系到企业的命运，乃至是否要承担法律责任。

④ 失效分析必须排除人为干扰。失效分析的结论往往涉及到部门、单位和个人的利益乃至法律责任。因此，必然会受到来自各个方面的压力和干扰。单位领导

应支持失效分析人员的工作，排除干扰，使他们能客观地、实事求是地对失效产品进行分析，找出引起失效的确切原因，而绝不能要求（或暗示）失效分析人员采取"护短"态度，去求得眼前利益。

2. 具有良好素质的失效分析工作者

失效分析工作者应具有以下素质。

① 科学求实、客观公正及勇于坚持真理、修正错误和团结协作的品格与作风。

② 运用自己掌握的专业知识和实践经验，对各种现象进行理性的综合分析和合乎逻辑的分析、推理与判断的能力。要有"医生的思路，侦探的技巧"。

③ 较扎实的专业知识，而且知识面要广，工作能力要强，办事效率要高。

④ 敏锐的观察力和熟练的专业技能，包括利用国内外文献资料的能力，较熟练的分析技能（如金相分析、裂纹分析、断口分析、环境与应力分析、统计分析等）和对各种失效模式作出诊断的能力。

⑤ 一定的组织工作能力。

3. 必要的仪器设备

① 分析测试仪器和设备包括形貌观察设备、成分分析设备、结构分析设备、应力分析设备、性能测试设备、无损探伤设备等。失效分析最常用的必备设备有显微硬度计、体视显微镜、光学金相显微镜以及扫描电镜等。

② 试验设备和仪器包括模拟试验、功能试验、台架试验等设备。

③ 监控设备和仪器。

4. 相应的组织保证

失效分析工作的开展及其结果的反馈，没有明确的法规、制度以及强有力的组织领导是难以实现的。失效分析的组织形式有企业、行业、国家级或专业化组织等。

企业的失效分析组织形式随企业产品结构及规模大小的不同而不同。企业的失效分析组织形式应与企业的质量管理体系紧密相连。

七、 失效分析的作用

伴随新材料、新工艺和新产品的不断出现，钢铁及合金制造的产品在科研、生产和使用过程中失效是不可避免的，这是一直会面临的一个重要问题。尤其是产品的早期失效常常是科学技术水平不高，全面质量管理不善，产品质量低下的直接反映。因此，失效分析的作用已被越来越多的人们所认识。失效分析的作用归纳起来，有如下几方面。

1. 失效分析是产品维修工作的技术基础和指导依据

维修的目的是预防失效，保持产品的规定功能，通过失效分析形成科学的维修理论、维修规程、维修技术与方法，从而提高维修工作的质量与效益。

2. 失效分析是产品质量控制的重要环节，是安全、可靠性工程的技术
保证和技术基础

控制产品质量的全面质量管理和可靠性工程两门学科，都将失效分析列为它们的基础内容之一。前者通过失效分析实现产品在设计、生产和使用全过程的质量控制；后者通过失效分析实现产品在性能上的稳定和提高稳定程度的重要途径。

决定产品质量的各项因素也常常是决定产品是否失效的因素。例如，在设计产品时未经严密的科学论证或对使用条件掌握不全面，所用材料与产品的质量不符合标准要求，加工工艺不合适或控制不严等，这些往往是导致产品失效的潜在因素，是产品质量低劣的表征与最终反映。

有许多安全事故是由于产品失效引起的，失效分析是安全工程的一项关键性工作。失效分析最直接的功能是找出失效事件的原因，以防止类似失效事件的重复发生，这不仅可以减少巨大的经济损失，同时还可避免人员的伤亡。因此，它是安全工程强有力的技术保证之一。

现代质量管理除了要求对产品在使用过程中出现的失效进行深入的分析（事后失效分析）外，还要进行事前失效分析（即失效预测-可靠性分析）。在可靠性工程中，失效分析结果是评定产品缺陷安全度的最佳参考依据。产品在设计与加工制造过程中，无论质量控制如何严密，某些缺陷的存在也难以避免。缺陷安全度分析不仅运用无损检测、应力分析、环境因素分析等手段，尤其要参考失效分析所积累的经验与知识，分析判断缺陷对产品功能产生的影响及影响程度。

3. 失效分析是制定与修改产品标准的重要依据

当产品符合标准时，在一定程度上意味着产品在实际使用中能经得住考验。因此，标准是对产品质量进行预先控制的重要手段。反之，如果产品质量不符合标准规定，则往往会导致产品失效。在失效分析过程中，一般以技术标准或规范作为判定产品质量和失效原因的重要依据。以钢铁与合金材料的力学性能指标为例，如果失效件力学性能不符合标准规定值，有两种可能因素：一是所用材料质量不符合标准要求；二是现行标准或规范规定值不合理。如果是第二种情况，则需对现行标准或规范进行修改。在国防工业的军品生产与使用过程中，通过失效分析，提出对现行标准或规范进行修订的事例时有发生。

4. 失效分析是促进科学技术进步与发展的动力

失效分析具有多学科交叉性，是人类认识客观世界的一个重要窗口。客观实践表明，失效分析已在广泛的领域内推动着人类科学技术的进步与发展。例如，氢脆的发现与预防、低熔点金属致脆的发现与预防、各种振动现象以及产品的开发与创新等，都与开展失效分析密切相关。

5. 失效分析是司法鉴定的重要手段

当产品在有效期或在使用寿命内发生失效，由此造成经济损失或人员伤亡时，

产品的设计方、制造方、使用与维修方经常会就此责任产生纠纷，这时，通过失效分析，获得的失效分析报告是对这些纠纷进行仲裁或司法判决、索赔的重要技术依据。因此，如何做好司法活动中失效分析工作，保证失效分析结果的客观性、科学性和准确性，对维护司法公正具有重要的意义。目前失效分析主要用于司法鉴定的法律法规有《人民法院司法鉴定工作规定》、《人民法院司法对外委司法鉴定管理规定》、《产品质量仲裁检验和产品质量鉴定管理办法》、《司法鉴定程序通则》、《司法鉴定机构登记管理办法》和《司法鉴定人管理办法》等。

6. 失效分析具有巨大的潜在经济效益与社会效益

在市场经济条件下，产品质量的优劣在很大程度上代表着产品的市场竞争能力。目前，国际市场流行的"问题产品召回制"，一方面表明企业对产品质量的重视，用以维护企业的形象与市场竞争能力；另一方面是对用户负责，避免再次发生失效事件，造成不良影响。

有国内外的相关统计资料显示，由钢铁与合金材料制造的机械装备的失效所造成的经济损失是十分巨大的。重大事故或失效一旦发生，往往会成为社会关注的焦点，除了机械装备的破损和人员伤亡外，还会造成消极的社会影响。减轻或消除这种消极影响，关键在于及时准确地进行失效分析，查明原因，采取切实可行的改进与预防措施，防止同类事件的再次发生。通过失效分析可为改进产品设计、提高产品质量、完善维修与使用技术提供依据，从而降低产品失效和事故发生的概率，这对保证人民财产安全，维持社会稳定具有重大意义。由此可见，失效分析不但具有巨大的潜在经济效益，同时具有显著的社会效益。

第二节　断裂失效分析

一、概述

在钢铁及合金所制造的机械装备的各类失效中以断裂失效最主要、危害最大。断裂失效分析是从观察和分析断裂件的自然开裂表面（断口）入手，获得其材料与加工质量、受力状态、内应力、负载条件及介质环境影响等一系列直观可靠的信息，指导人们分析其断裂的过程、机理和原因，从而对其在冶金、原材料、设计、制造、使用和维护等方面提出改进方案和措施。

1. 钢铁及合金断裂与断口

钢铁及合金机械构件或试样在外力作用下产生裂纹并扩展而分裂为两部分或多部分的过程称为断裂。断裂的过程有裂纹萌生、扩展、瞬断三个阶段。各阶段的形成机理及其在整个断裂过程中所占的比例，与构件形状、钢铁及合金材料种类、应力大小与方向、环境条件等因素有关。

断裂形成的自然开裂表面称为断口。断口上详细记录了断裂过程中内外因素变化所留下的痕迹与特征，是分析断裂机理与原因的重要依据。

2. 断裂分类及其概念

（1）分类 不同类型的断裂分别属于不同的机制，并具有不同的宏观和微观特征。可根据不同的分析需要，进行不同的断裂分类。按断裂性质可分为塑性断裂、脆性断裂和塑性-脆性混合型断裂。按断裂路径可分为穿晶断裂、沿晶断裂。按断裂方式可分为正断、切断及混合断裂。按断裂机制可分为解理、准解理、韧窝、滑移分离、沿晶及疲劳等多种断裂。按受力状态可分为静载断裂（拉伸、剪切、扭转）、动载断裂（冲击、疲劳）等。按断裂环境可分为低温断裂、中温断裂、高温断裂、腐蚀断裂、氢脆及液态金属致脆断裂等。按断裂形成过程可分为工艺性断裂和服役性断裂。按断裂原因可分为超载断裂、缺陷断裂和疲劳断裂等。

（2）常用概念

① 塑性断裂 断裂前发生较明显的塑性变形。

② 脆性断裂 断裂前几乎不产生明显的塑性变形。通常材料的塑性变形小于 $2\%\sim5\%$ 的断裂均可称为脆性断裂。

③ 解理断裂 钢铁及合金在正应力作用下，由于原子结合键的破坏而造成的沿一定的晶体学平面（即解理面）快速分离的过程，是脆性断裂的一种机理，但并不是脆断的同义语，有时解理可以伴有一定的微观塑性变形。解理面一般是表面能量最小的晶面。

④ 韧窝断裂 钢铁及合金材料在微区范围内发生塑性变形时形成显微空洞，经形核、长大、聚集直至相互连接，从而导致断裂后，在断口表面所留下的痕迹即为韧窝，这种断裂称为韧窝断裂，韧窝是金属塑性断裂的主要微观特征。

⑤ 准解理断裂 介于解理断裂和韧窝断裂之间的一种过渡断裂形式。准解理断裂的形成过程是首先在不同部位（如回火钢的第二相粒子处）同时产生许多解理裂纹核，然后按解理方式扩展成解理小刻面，最后以塑性方式撕裂，与相邻的解理小刻面相连，形成撕裂棱。

⑥ 穿晶断裂 是裂纹穿过晶粒内部的断裂。穿晶断裂可以是塑性的，也可以是脆性的。前者断口具有明显的韧窝花样，后者断口的主要特征为解理花样。

⑦沿晶断裂 又称晶间断裂，是裂纹沿不同取向的晶粒界面扩展所形成的沿晶粒分离的断裂现象。可分为沿晶脆断和沿晶韧断（在晶界面上有浅而小的韧窝）。钢铁与合金的沿晶断裂大都归入脆性断裂失效范畴，主要包括热脆、低温脆、铜脆、回火脆、氢脆、应力腐蚀致脆、液态金属致脆等。

⑧ 疲劳断裂 机械产品或零件在交变应力作用下，经一定循环周次后发生的断裂称为疲劳断裂。疲劳破坏表现为突然断裂，断裂前无明显变形。造成疲劳破坏

的循环交变应力一般低于材料的屈服极限，有的甚至低于弹性极限。

承受循环交变应力的机械零件，如活塞式发动机的曲轴、传动齿轮、涡轮发动机的主轴、涡轮盘与叶片、飞机螺旋桨以及各种轴承等，这些零件的失效，据统计60%～80%是属于疲劳断裂失效。

零件的疲劳断裂失效与材料的性能、质量、零件的形状、尺寸、表面状态、使用条件、外界环境等众多因素有关。很大一部分工程构件承受弯曲或扭转载荷，其应力分布是表面最大，故表面状况（如切口、刀痕、粗糙度、氧化、腐蚀及脱碳等）对疲劳抗力有极大影响。

⑨ 塑性-脆性混合型断裂　又称为准脆性断裂。这类断裂有穿晶断裂（如解理断裂、疲劳断裂）和沿晶断裂等。

3. 钢铁及合金材料断口的宏观特征

（1）金属光滑圆试样室温拉伸或冲击断口　在这类过载断口上，通常可分为三个宏观特征区，如图 8-2 所示的纤维区、放射区和剪切唇区。

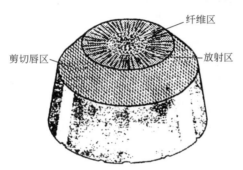

纤维区

剪切唇区

放射区

图 8-2　光滑圆试样拉伸断口三要素

① 纤维区　该区一般位于断口的中心部位，是材料在平面应变状态下发生的断裂，属正断型断裂，该区的形貌呈粗糙的纤维状。纤维区的宏观平面与拉伸应力轴相垂直，断裂在该区形核。

② 放射区　该区是从纤维区外扩展形成并与之相邻，是裂纹由缓慢扩展转化为快速不稳定扩展的标志，其特征是放射线花样。放射线发散的方向为裂纹扩展方向。放射条纹的粗细取决于材料的性能、微观结构及试验温度等。

③ 剪切唇区　该区出现在断裂过程的最后阶段，表面较光滑，与拉伸应力轴的交角约为 $45°$，属切断型断裂。它是在平面应力状态下发生的快速不稳定扩展。

（2）带缺口的金属圆形拉伸试样断口　其特征区分布与光滑圆试样不同。放射区位于试样中心部分；纤维区在试样周围形成环状；裂源在缺口底部萌生，裂纹扩展方向刚好与光滑试样相反，从周围开始向中心扩展。这类断口基本上无剪切唇区。

（3）钢铁及合金材料断口　对于钢铁及合金材料的断口，一般会出现以上三个形貌特征区，但是由于材质、温度、受力状态等因素的不同，有时在断口上只出现一种或两种断口形貌特征区。断口三个特征区的分布组合有下列四种情况。

① 断口上全部为剪切唇，如纯剪切型断口或薄板拉伸断口等情况。

② 断口上只有纤维区和剪切唇区，而没有放射区。

③ 断口上没有纤维区，仅有放射区和剪切唇区，如低合金钢在 $-60℃$ 的拉伸断口。

④ 三个区同时出现，这是最常见的断口宏观形貌特征。

（4）影响断口宏观特征的主要因素

① 零件形状　矩形拉伸试样的变化情况如图 8-3 所示，纤维区呈现椭圆形且位于中心部位，放射区的形状往往为人字纹，剪切唇区为矩形框与自由表面相接。随着试样厚度的减薄，放射区面积逐渐变小，剪切唇区面积逐渐变大。

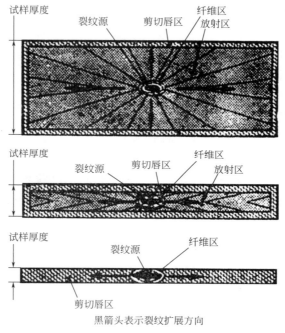

图 8-3　矩形拉伸试样断口三个特征区的变化情况

② 环境温度　随着试验温度的降低，断口上的纤维区和剪切唇区减少，而放射区面积增加。随着试验温度的升高，则出现相反的变化。

③材料强度　随着材料强度的增加，纤维区与放射区由大变小，而剪切唇区由小变大。

（5）断口宏观形貌特征区在断裂失效分析中应用

① 裂纹源位置的确定　裂纹源通常位于纤维区的中心部位或放射条纹收敛处。

② 裂纹扩展方向的确定　裂纹的扩展方向是由纤维区指向剪切唇区方向。如果是板材零件，断口上放射区的宏观特征为人字条纹，其反方向为裂纹的扩展方向，如图 8-4 所示。需要指出的是，如果在板材的两侧开有缺口，则由于应力集中的影响，形成的人字条纹尖顶指向与无缺口时正好相反，逆指向裂纹源。

③ 最后断裂区的确定　断口上有两种或三种特征区时，剪切唇区是最后断裂区。

4. 断裂韧性

对于无限大板，承受均匀拉应力，含有长度为 $2a$ 的穿透裂纹，弹性理论计算

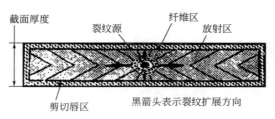

图 8-4　人字条纹反方向指向裂纹扩展方向

表明：

$$K_I = \sigma \sqrt{\pi a}$$

式中　a——裂纹半长；

　　　σ——作用在板上的平均
　　　　　　应力。

K_I 的量纲为 $MPa \cdot m^{-3/2}$。

若裂纹体的材料一定，则裂纹前端给定某点的应力、应变和位移分量决定于 K_I 值。K_I 值愈大，则该点应力、应变和位移分量之值愈高，因此 K_I 反映了裂纹尖端区域应力场的强度，故称之为应力强度因子。

可以看出，应力强度因子 K_I 随应力 σ 的提高而提高。当 σ 达到临界值，即断裂应力 σ_c 时，裂纹将迅速扩展而使构件破坏，这时应力强度因子也达到临界值 K_{IC}。K_{IC} 为张开型平面应变条件下的临界应力强度因子，称之为断裂韧度。

对于一定的材料，K_{IC} 为一常数，它是衡量材料抵抗断裂能力的一个力学性能指标，它决定于材料的成分、组织结构等内在因素，而与外加应力以及试样尺寸等外在因素无关。

根据应力强度因子 K_I 和断裂韧度 K_{IC} 的相对大小，可以建立裂纹失稳扩展脆断 K 判据：$K_I \geqslant K_{IC}$。

二、裂纹失效分析

钢铁与合金材料（或产品）表面或内部的连续性遭到破坏而未最终破断之前称为裂纹。断裂经历裂纹的萌生、扩展直至最终破断等不同阶段，每一阶段会在断口上留下相应的痕迹、形貌与特征。

1. 裂纹分析方法

产品或材料表面的大裂纹可以用肉眼进行观察，表面细微裂纹和内部裂纹大多采用荧光或磁粉、X 射线、超声波等无损检测方法检测。

裂纹的微观分析主要采用光学金相和电子金相方法，主要分析内容如下。

① 裂纹走向及分布是穿过晶粒，还是沿晶粒边界；主裂纹附近有无微裂纹。

② 裂纹处及附近的晶粒度有无显著粗大或细小以及大小极不均匀的现象。晶粒是否变形，裂纹与晶粒变形的方向是相平行还是相垂直。

③ 裂纹附近是否存在碳化物或非金属夹杂物，它们的形态、大小、数量及分布情况如何。裂纹源是否产生于碳化物或非金属夹杂物周围，裂纹扩展过程与夹杂物之间有无联系。

④ 裂纹两侧是否存在氧化和脱碳现象，有无氧化物和脱碳组织出现。

⑤ 产生裂纹的表面是否存在加工硬化层或回火层。

⑥ 裂纹萌生处及扩展路径周围是否有过热组织、魏氏组织、带状组织以及其他形式的组织缺陷。

2. 主裂纹及裂纹源的判断

在同一产品或材料上出现多条裂纹或存在多个断口时，形成断裂的时间是有先后的。从众多的碎片中确定最先开裂部位的常用方法如下。

（1）T形法　若一种产品或材料上出现两块或两块以上碎片时，将其尽量靠近合拢起来（注意不要将其断口相互碰撞），其裂缝构成 T 形，如图 8-5 所示，这种情况下，通常横贯裂纹 A 为主裂纹。因为 A 裂纹最先形成，阻止了 B 裂纹向前扩展，故 B 裂纹为二次裂纹。

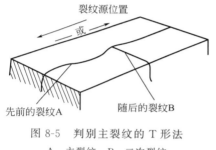

图 8-5　判别主裂纹的 T 形法
A—主裂纹；B—二次裂纹

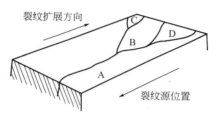

图 8-6　判别主裂纹的分叉法
A—主裂纹；B，C，D—二次裂纹

（2）分叉法　机械产品或零件在断裂过程中，在出现一条裂纹后，通常会再产生多条分叉或分支裂纹，如图 8-6 所示。一般裂纹的分叉或分支的方向为裂纹的扩展方向，其反方向为断裂的起始方向。

（3）变形法　当机械产品或零件在断裂过程中产生变形并断成几块时，可测定各碎块不同方向上的变形量大小，变形量大的部位为主裂纹，其他部位为二次裂纹。

（4）氧化颜色法　机械产品或零件产生裂纹后，在环境介质与温度作用下发生腐蚀与氧化时，随着时间的增加，氧化腐蚀比较严重、颜色较深的部位，是主裂纹部位，而氧化腐蚀较轻、颜色较浅的部位是二次裂纹的部位。

（5）疲劳裂纹长度法　一般可根据疲劳裂纹扩展区的长度或深度，疲劳弧线或疲劳条带间距的疏密来判定主断口或主裂纹。疲劳裂纹长、疲劳弧线或条带间距较密者，为主裂纹或主断口，反之为次生裂纹或二次断口。

三、断裂失效分析

1. 断口分析

断口分析过程包括裂纹及断口预处理、宏观分析和微观分析。断口分析技术包括分析对象的确定与显示、观察与照相记录、识别与诊断、定性与定量分析以及仪器与设备的使用技术等。

（1）裂纹打开与断口预处理　打开裂纹的方法有拉开、扳开、压开等，根据裂纹的位置及裂纹扩展方向，选定受力点。通常是沿裂纹扩展方向受力，使裂纹张开形成断口。如果造成产品或零件开裂的应力是已知的，可用同类型的更大应力来打开裂纹。无论用何种方式打开裂纹，要注意的是，在打开过程中，不要损坏裂纹新、旧断口的原始形貌。

在打开裂纹操作之前，要对失效件的外观特征进行仔细观察与测量，并将观察与测量结果用文字和照片详实地记录下来。

在清洗之前，要先对断口进行仔细观察与检查。对断口表面上的附着物进行分析测定，有助于揭示断裂失效的原因。测定断口表面上的氢、氯离子的浓度及分布情况，有利于区分氢脆断裂与应力腐蚀断裂；测定断面上有无低熔点金属存在，可以为判明是否出现低熔点金属致脆提供证据。

对于断口表面只有尘埃或油渍污染者，推荐使用丙酮与超声波清洗；对于遭受轻微腐蚀氧化的断口，推荐使用醋酸纤维（AC）纸反复复型剥离法加以"清洗"；对于遭受较重腐蚀氧化的钢制零件断口，则推荐在 $10\%\,H_2SO_4$ 水溶液＋缓蚀剂（1%卵磷脂）中用超声波法清洗。

（2）断口宏观分析　宏观分析指用肉眼或 40 倍以下的放大镜、体视显微镜对断口进行观察分析，可有效地确定断裂起源和扩展方向。

断口宏观分析的主要任务是：确定断裂的类型和方式，为判明断裂失效模式提供依据；寻找断裂起源区和断裂扩展方向；估算断裂失效件应力集中的程度和名义应力的高低（疲劳断口）；观察断裂源区有无宏观缺陷等。

在进行宏观断口分析时，首先用肉眼观察断面形貌特征及其失效件的全貌，包括断口的颜色变化、变形引起的结构变化和断口附近的损伤痕迹等。然后对主要的特征区用放大镜和体视显微镜进行进一步观察，确定重点分析的部位。

同时，要将断裂失效件的外观断口全貌及重点部位照相记录，或按适当的比例绘成详细的草图，测量并标明各部分的尺寸。宏观照相的倍数一般以 1～10 倍为宜。

需要重点注意观察以下七方面的特征。

① 断口上是否存在放射花样及人字纹。这种特征一方面表明裂纹在该区的扩展是不稳定的、快速的；另一方面，沿着放射方向的逆向或人字纹尖顶，可追溯到裂纹源所在位置。

② 断口上是否存在弧形迹线。这种特征表明裂纹在扩展过程中，由于应力状态（包括应力大小、应力持续时间）的交变、断裂方向的变化、环境介质的影响以及裂纹扩展速度的明显变化，都会在断口上留下此种弧形迹线，如疲劳断口上的疲劳弧线等。

③ 断口的粗糙程度。断口表面是由许多微小断面构成的，这些小断面的大小、

曲率半径以及相邻小断面的高度差（台阶），决定整个断面的粗糙度。不同的材料，不同的断裂方式，其粗糙度存在很大的不同。断口越粗糙，表征断口特征的"花"样越粗大，则剪切断裂所占的比例越大。断口越细平、多光泽，或者"花样"越细，则晶间断裂、解理断裂所起的作用也越大。

④ 断面的光泽与色彩。许多细小断面往往具有特有的金属光泽与色彩，所以当不同断裂方式所造成的这些小断面集合在一起时，断口的光泽与色彩会发生微妙的变化。例如，准解理、解理断裂的金属断口，在阳光下转动断面进行观察时，常可看到闪闪发光的小刻面。如果断面有相对摩擦、氧化以及受到腐蚀时，金属断口的色泽将发生改变。

⑤ 断面与最大正应力的夹角。不同的应力状态，不同的材料及外界环境，断口与最大正应力的夹角不同。例如，在平面应变条件下的断口，与最大正应力垂直；在平面应力条件下断裂的断口，与最大正应力呈 45°夹角。

⑥ 断口特征区的划分和位置、分布与面积大小等。

⑦ 材料缺陷在断口上的特征。若材料内部存在缺陷，则缺陷附近存在应力集中，因而在断口上留下缺陷的痕迹。

（3）断口微观分析 微观分析指用光学显微镜、扫描电镜、透射电镜等对断口进行观察、鉴别与分析，可以有效地确定断裂类型与机理。断口微观分析分为直接观察法与间接（复型）观察法。

① 直接观察法 主要是使用体视显微镜、光学显微镜和电子显微镜对实际断口进行的直接观察。

利用体视显微镜在 100 倍以下直接观察断口，比较便捷。

光学显微镜主要用来分析裂纹的形貌特征，如裂纹的走向及其与组织的关系等。目前由于三维视频技术的发展，使配备该技术的光学显微镜直接观察断口得到迅速发展。

用于断口直接观察的电子显微镜主要是扫描电镜。由于它景深大，分辨率高，放大倍数可在一定范围内连续变化，因而不仅可以直接观察尺寸较大的断口，而且可以进行微区化学成分、晶体取向测定等工作。

② 间接观察法 断口间接观察法主要用复型观察法，即以断口为原型，用一种特殊的材料制成很薄的断口复型，然后用显微镜对复型进行观察分析，以揭示断口的特征。复型观察法不受零件大小、观察部位以及断面起伏高差大小的限制。

制作复型时，首先在断口上滴丙酮，将 0.1～0.4mm 厚度的醋酸纤维薄膜（AC 纸）覆盖在断口表面上，用手指或橡皮从中心向边缘逐渐压紧，使 AC 纸与断口表面紧密贴合。经灯光或自然干燥后，用镊子轻轻将 AC 纸揭下，再用丙酮将其另一面溶化后粘在玻璃片上，并展平贴牢，即可在光学显微镜下进行观察。

如果断口比较平坦，可用火棉胶溶液来制取断口复型。在断口上滴 1%火棉胶的醋酸酯溶液，并干透。然后滴 4%火棉胶溶液作为支撑。干后用透明胶纸从断口上将复型揭下,在光学显微镜下进行观察。

在某些特殊情况下,断口复型也可在透射电镜上观察。例如,观察断口的精细特征形貌、分辨较细的疲劳条带等,可以使用透射电镜来分析断口的特征。

在断口分析中,根据需要可采用某些特殊的分析技术,其中主要有断口剖面分析、断口蚀坑分析、断口定量分析、断口浮凸测量等。

2. 断裂过程分析

(1) 断裂模式 表 8-1 列出了塑性断裂、脆性断裂和疲劳断裂三种断裂模式的主要宏观特征。

表 8-1 三种断裂模式的主要宏观特征

断面特征＼断裂模式	塑性断裂		脆性断裂		疲劳断裂	
	切断型	正断型	缺口脆性	低温脆性	低周疲劳	高周疲劳
放射线	不出现,在高强度钢中有时会出现	不出现	明显	不太明显	较不明显,板材有近似人字纹	明显且细
弧形线	不出现	不出现	不出现	不出现	疲劳弧线,应力幅变动大时明显	疲劳弧线,但在恒载时不出现
断面粗糙度	比较光滑	粗糙的齿状	极粗糙	粗糙	较光滑	极光滑
色彩	较弱的金属光泽	灰色	白亮色,接近金属光泽	结晶状金属光泽	白亮色	灰黑色
倾角(与最大正应力的交角)	≈45°	≈90°	≈90°	≈90°	裂纹扩展速率小时为直角（K_I型),大时接近 45°（K_{III}型)	90°

(2) 裂源位置 断裂失效经常出现在产品或零件的表面或亚表面,或在应力集中处萌生,如尖角、缺口、凹槽及表面损伤处等薄弱环节。由于受力状态、断裂模式的不同,在断口上留下的特征也不相同。

① 放射状条纹或人字纹断口的裂源 如果主裂纹断口宏观形貌具有放射状的撕裂棱线或呈人字花样,则放射状撕裂棱线的收敛处即为断裂的起源位置。

对于无缺口平滑板材零件,人字纹收敛处即人字头指向处为裂源,人字纹的方向即为裂纹扩展方向。对两侧带有缺口的薄板零件,裂纹首先在应力集中的缺口处形成,裂纹沿缺口处扩展速度较快,两侧较慢,故人字纹的尖顶方向是裂纹的扩展方向。

② 纤维区中心处为裂源 当断口上呈现三个宏观特征区时,则裂源均在纤维区的中心处。如果纤维区为圆形或椭圆形,则它们的圆心为裂源;如果纤维区在边部且呈半圆形或弧形条带,则裂源在零件表面的半圆或弧形条带的中心处。

③ 裂源处无剪切唇形貌特征 某些机械产品或零件(如厚板、轴类等),裂源

常在构件的表面无剪切唇处。因为剪切唇是最终断裂的形貌，断裂的扩展方向由裂源指向剪切唇。

④ 裂源位于断口的平坦区内　机械产品或零件的宏观断口常常呈现平坦区和凹凸不平区（如疲劳断口），凹凸不平区通常是裂纹快速失稳扩展的形貌特征，而平坦区则是裂纹慢速稳定扩展的特征标记，裂源位于断口的平坦区内。

⑤ 疲劳弧线曲率半径最小处为裂源　如果断口上具有明显的疲劳弧线，则疲劳源位于疲劳弧线曲率半径最小处，或者是在与疲劳弧线相垂直的放射状条纹汇集处。

⑥ 环境条件作用下断裂件的裂源　环境条件作用下断裂失效件的裂源位于腐蚀或氧化最严重的表面或次表面。

（3）断裂扩展方向　断裂扩展的宏观方向与微观方向有时并不完全一致。在通常情况下主要是要判明断裂的宏观走向。

当裂源的位置确定后，其裂纹扩展的宏观方向随之确定，如放射线发散方向，纤维区主剪切唇区方向，与疲劳弧线相垂直的放射状条纹发散方向等。

在判别裂纹扩展的微观方向时，需注意以下两点。

① 解理与准解理断裂微观扩展方向　河流花样合并方向就是解理裂纹扩展方向（图 8-7）。准解理裂纹的扩展方向与解理裂纹正好相反，即在一个晶粒内，河流花样的发散方向为准解理裂纹局部扩展方向；在解理或准解理的显微断面上，扇形或羽毛状花样的发散方向为裂纹的局部扩展方向。

② 疲劳裂纹微观扩展方向　与疲劳条带相垂直的方向为裂纹局部扩展方向；轮胎花样间距增大的方向为疲劳裂纹局部扩展方向。

3. 断裂失效原因分析

失效原因识别应通过失效件描述、失效过程记录和样品检测结果及其正确的分析评估，综合分析得出失效的原因。当存在多个失效原因时，应区分出失效的主要原因与对失效有促进作用的影响因素。

（1）分析基础要求

① 分析对象要正确。某一机械产品或零件首先断裂失效后，往往会导致其他机械构件断裂，因此应将初始失效件（肇事件）准确无误地找出来，作为主要分析对象，这是判明产品或零件失效原因乃至整个事故原因的首

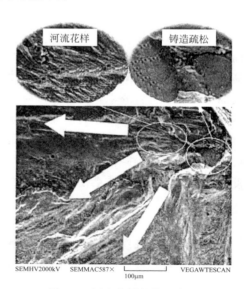

图 8-7　河流花样的扩展方向

要前提。

② 断裂性质判明要准确。断裂失效的性质不同，其断裂失效的机理与原因不同，所用分析的手段与方法也不相同。

③ 断裂失效过程的事实要尽可能全面且真实可靠。

④ 与断裂失效件有关的原始资料与数据要尽可能全面与准确。

只有在上述分析基础条件下，进行综合分析与判断，才有可能找出引起零件断裂失效的真正原因。

（2）外力与抗力分析判断准则　任何产品或零件的任何类别的断裂失效，都是由于零件所承受的外力超过了零件本身所具有的抗力而发生的。根据外力与抗力之间的大小关系，导致断裂失效的情形有以下两种。

① 由外力超过抗力（抗力合格）引起的断裂失效　主要有两种情况：一是由于设计时，选材、载荷等考虑不周，分析不透，计算不准等原因；二是在实际使用中，出现某些非正常偶然突发因素而导致零件过载断裂失效。

② 产品或零件具有的抗力不足而引起的断裂失效　在实际使用中，零件的断裂失效大部分是由于零件本身具有的抗力不足所致。造成零件失效抗力下降的主要因素有以下五方面。一是材质冶金因素。材料的化学成分超标或存在标准中未予规定的微量有害元素；显微组织结构异常或超标，包括基体组织，第二相的数量、大小与分布，析出相的组分、大小与分布，晶粒度及残余奥氏体等；非金属夹杂物的种类、数量、大小及分布等超标；冶金缺陷超标及流线分布不合理等；表面或内部存在有宏观裂纹或显微裂纹。二是表面完整性。包括表面粗糙度、表面防护层的致密性、完整性及外界因素造成的机械损伤等。表面完整性不符合要求或在使用中遭到破坏均会造成零件的力学性能、物理性能与化学性能下降，从而诱发裂纹在这些部位萌生。三是表层残余应力的类型、大小与分布。残余拉应力往往与外加应力叠加而促进断裂失效。残余拉应力导致应力腐蚀与氢脆等敏感性增加。残余压应力能提高疲劳断裂寿命，降低应力腐蚀敏感性。四是应力集中。零件的几何形状设计不当或加工质量不符合要求，均会导致应力分布不均，使局部应力集中严重，大大降低零件的实际抗力。疲劳断裂失效大多起源于零件的尖角、倒角、油孔、键槽及圆弧过渡处等。五是环境因素。温度与介质引起抗力下降。温度升高会引起材料的疲劳抗力、蠕变抗力等降低；温度的急剧变化会使零件抗热疲劳能力降低；低温会引起低温脆断等。环境介质会使零件对氢脆、应力腐蚀、腐蚀疲劳等抗力大大降低。

四、 案例

DIN1. 2344 钢注塑模具裂纹失效分析

某型汽车灯罩注塑模具在最后一道制作工序进行到高速铣床精加工时，在型腔工作面发现有细微裂纹（图 8-8 的部位 1 和图 8-9）。该模具经历的主要加工过程为：原料→粗加工→热处理→精加工。所用模具材料为 DIN1. 2344 钢。

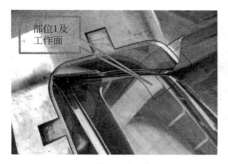

图 8-8　模具裂纹部位 1

图 8-9　部位 1 的局部放大

由于裂纹细小，用肉眼很难看清，采用着色渗透无损检测后，不仅在工作面清晰可见裂纹，而且在非工作面也发现了裂纹，如图 8-10 所示。裂纹在模具材料中的形貌及走向（图 8-11），主要沿不均匀组织区域中的晶界扩展，其中裂纹表面未见氧化脱碳现象。裂纹断口面边缘没有剪切唇，断口宏观形貌特征（图 8-12）是结晶状小刻面、放射状花样；裂纹起源于模具尖锐角附近非工作面的表面。采用化学成分分析、宏观形貌和微观形貌分析以及扫描电镜能谱分析等方法对裂纹进行了研究。研究结果表明：不仅在模具原材料中存在着带状偏析、碳化物网和非金属夹杂物等严重的组织缺陷；而且模具在调质热处理的淬火冷却时也形成了二次碳化物网。裂纹的产生主要是由于模具材料中存在非金属夹杂物等严重组织缺陷；模具设计有尖角也是导致早期脆性开裂的重要原因。

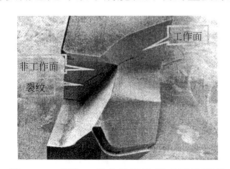

图 8-10　部位 1 着色渗透检测后裂纹形貌

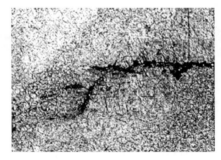

图 8-11　裂纹微观形貌

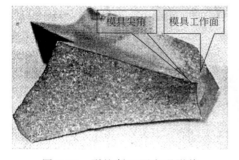

图 8-12　裂纹断口面宏观形貌

图 8-13　齿轮拉刀头部断裂面

粉末高速钢齿轮拉刀的断裂分析

某企业生产的齿轮拉刀在热处理工序进行到第三次回火后，发生了断裂。齿轮拉刀头部断裂面的宏观图如图 8-13 所示，断裂面上存在着放射性人字花样，根据裂纹的扩展方向，在该棱线上可观察到两处裂纹源。断口呈细瓷状，为宏观脆性断裂。对发生断裂的齿轮拉刀采用化学成分分析、金相检验、显微硬度梯度测定和扫描电镜能谱分析等手段，分析了断裂失效的原因，并提出改进建议。结果表明：齿轮拉刀材料的化学成

图 8-14　齿轮拉刀表面的氧化脱碳层

分和心部显微组织正常；齿轮拉刀的断裂源位于拉刀背面头部凹槽底部直角拐弯的顶线部位（即拉刀表面），这是由于在淬火过程中，通常淬火残余应力的最大拉应力存在或作用于零件的表面，另外拉刀表面发生了氧化和脱碳（图 8-14），在脱碳层中也存在着淬火残余拉应力，因而在表面受到这两种最大残余拉应力的同时作用，另外该部位的直角拐弯必然引起应力集中，因此使该处的所受的实际拉应力大大增加，超过材料的断裂强度并引起淬火开裂。齿轮拉刀的断裂与热处理工艺规范的操作以及齿轮拉刀的几何结构和尺寸有关。

第三节　腐蚀失效分析

一、概述

1. 钢铁及合金腐蚀的定义

钢铁及合金和它们所处的环境介质之间发生的化学、电化学和物理作用而引起的变质和破坏称为钢铁及合金腐蚀。其中也包括上述因素与机械因素或生物因素的共同作用。通常也把钢铁及合金在某些液态金属中的物理溶解现象归入钢铁及合金腐蚀的范畴。

2. 钢铁及合金腐蚀的分类

钢铁及合金腐蚀是一个十分复杂的过程，因此存在着各种不同的腐蚀分类方法。

（1）根据腐蚀过程机理不同分　可分为两大类：化学腐蚀和电化学腐蚀。

（2）根据产生腐蚀的环境状态分　可将腐蚀分为：在自然环境中的腐蚀，如大气腐蚀、土壤腐蚀、淡水和海水腐蚀、微生物腐蚀；在工业环境介质中的腐蚀，如

在酸性溶液、碱性溶液、盐类溶液、工业水、熔盐和液态金属中的腐蚀。

（3）根据腐蚀形态分 可分为全面腐蚀，如均匀的和不均匀的全面腐蚀，局部腐蚀，如电偶腐蚀、点腐蚀、缝隙腐蚀及其特例丝状腐蚀、晶间腐蚀及其特例焊缝腐蚀和选择性腐蚀，在力学和环境因素共同作用下的腐蚀，如氢致开裂（氢脆、氢鼓泡和氢腐蚀）、应力腐蚀断裂、腐蚀疲劳、磨损腐蚀（冲刷腐蚀及其特例空泡腐蚀、腐蚀磨损及其特例微动腐蚀）。

在一般情况下，局部腐蚀比全面腐蚀的危险性大得多，由于氢脆和应力腐蚀的突发性，它们的危害最大，常常造成灾难性事故。

3. 腐蚀失效分析的特点

腐蚀失效的特点是所有腐蚀表面均存在着腐蚀产物，因此对腐蚀产物进行分布规律、形态，尤其是成分、结构和数量的分析，有利于辨别产生腐蚀的原因和过程。腐蚀产物成分和结构的分析，一般通过电子或离子探针先定性分析出组成腐蚀产物的主要元素，然后再用 X 射线衍射或透射电镜对腐蚀产物的结构进行分析，从而为进一步分析腐蚀失效发生的过程和原因提供依据。

二、 几种常见的腐蚀失效分析

1. 应力腐蚀断裂失效分析

应力腐蚀断裂是钢铁与合金材料处于一定的介质环境中，在拉应力作用下，经过一定时间后发生开裂及断裂的现象。

（1）钢铁与合金材料应力腐蚀断裂发生的条件

① 特定的腐蚀介质与材料的组合 一定的材料只有与一定的介质环境组合时才会发生应力腐蚀。表 8-2 列出了一些常用材料发生应力腐蚀的环境介质。

表 8-2 发生应力腐蚀的材料-介质组合

材料	介质
碳钢和低合金钢	NaOH 水溶液；NH_3 水溶液；硝酸盐水溶液；H_2S 水溶液；HCN 水溶液；NH_4Cl 水溶液；（NaOH+Na_2SiO_3）水溶液；海水；CH_3COOH 水溶液；$CaCl_2$ 水溶液；$FeCl_3$ 水溶液；NH_4CO_3 水溶液
马氏体不锈钢	工业大气；海水；氯化物；酸性硫化物
铁素体不锈钢	海洋大气；工业大气；海水；高温水；水蒸气；氯化物溶液；（NaCl+H_2O_2）水溶液；NaOH 水溶液；H_2S 水溶液；（H_2SO_4+HNO_3）水溶液；硝酸盐；硫酸；高温碱
奥氏体不锈钢	严重污染的工业大气；湿润空气（湿度≥90%）；HF 酸；浓缩锅炉水（260℃时）；海洋大气；（NaCl+H_2O_3）水溶液；H_2S 水溶液；（NaOH＋氯化物）水溶液；热浓碱；（$CuSO_4$＋H_2SO_4）水溶液；（H_2SO_4＋氯化物）水溶液；H_2SO_4（260℃时）；过氯酸钠；25%～50%$CaCl_2$ 水溶液；酸式亚硫酸盐；硫胺饱和溶液；二氯乙烷；邻二氯苯；体液（汗液、血清）；甲基三聚氰胺；联苯；二苯醚；氯乙酸加水；聚连多硫酸 $H_2S_mO_4$（$m=2\sim5$）

② 拉应力的存在　拉应力是发生应力腐蚀的必要条件之一。拉应力可以是工作载荷引起的，也可以是装配应力及材料的残余应力。通常应力越大，发生应力腐蚀开裂的时间越短。

③ 材料纯度和组织状态的影响　通常认为纯金属不会发生应力腐蚀，但存在极少杂质时，也有可能发生应力腐蚀。如纯铁含 0.004% 杂质时，观察到出现应力腐蚀现象。材料的组织状态对应力腐蚀的敏感性影响很大。通常，稳定的组织对应力腐蚀敏感性较小，例如在 H_2S 气氛中工作的碳钢，一般规定硬度不得超过220HB，当硬度 >250HB 时，即明显地存在应力腐蚀现象，硬度越高（即组织越不稳定）则应力腐蚀敏感性越大。对于轧材，横向应力比纵向应力更易引起应力腐蚀开裂，即轧向的裂纹易于扩展。

（2）应力腐蚀断裂的特点

① 应力腐蚀的断裂时间　应力腐蚀断裂是一种延迟破坏。裂纹在应力和介质的综合作用下先发生亚稳态扩展，当扩展到临界裂纹长度时，即发生失稳扩展而快速断裂。

② 应力腐蚀断口　其宏观断口一般具有脆断特征，往往可见到腐蚀产物。裂纹的走向，受介质及材料组织状态的影响，可以是穿晶（多半是解理或准解理，出现浅韧窝的也有，但较少），也可以是沿晶开裂。在多数情况下，裂纹扩展过程中有分叉现象（树枝状）。

③ 应力腐蚀的电化学过程　材料在介质中会由于材质的微观不均匀（如晶界、析出相等）或由于应变而产生阳极活性通道，腐蚀裂纹沿这些通道扩展，应力使之张开，相互促进造成断裂。

（3）预防应力腐蚀断裂失效的措施　由于发生应力腐蚀断裂的条件是材料、介质、拉应力三者缺一不可，因此防止发生应力腐蚀断裂就是寻找消除上述三个因素中的任何一个或改变它们之间的匹配关系。

在介质环境上，可以通过加缓蚀剂或保护层（涂料或镀层）、阳极保护等措施，来避免应力腐蚀；在应力条件上，则应在结构设计中避免或减小应力集中，改善危险截面的受力状况以及避免产品或零件表面残余拉应力的存在（如果有残余压应力的存在，对防止应力腐蚀是有利的）。在选材方面，需要仔细选择材料，使用那些应力腐蚀敏感性低的材料。

2. 腐蚀疲劳断裂失效分析

腐蚀疲劳断裂是钢铁与合金材料在腐蚀环境与交变载荷协同交互作用下发生的一种失效模式。

（1）腐蚀疲劳断裂失效特点　腐蚀疲劳断裂失效既不同于应力腐蚀开裂，也不同于一般的机械疲劳断裂。腐蚀疲劳对环境介质没有特定的限制，不像应力腐蚀那样，需要金属材料与腐蚀介质构成特定的组合关系。腐蚀疲劳不具有真正的疲劳极限。腐蚀疲劳性能同循环加载频率及波形密切相关，尤其是加载频率的影响更为明显，一般频率越低，腐蚀疲劳越严重。

（2）影响腐蚀疲劳断裂过程的相关因素

① 环境因素　环境介质的成分、浓度、介质的酸度（pH 值）、介质中的氧含量、介质的电极电位以及环境温度等。

② 力学因素　加载方式、平均应力、应力比、载荷波形、频率以及应力循环周数；

③ 材质冶金因素　材料的成分、强度、热处理状态、组织结构、冶金缺陷、夹杂物等。

（3）腐蚀疲劳的断裂特征

① 断口上一般均呈现较明显的疲劳弧线，这是腐蚀疲劳断口的主要宏观特征。

② 断裂源区与扩展区一般均有腐蚀产物。但应注意的是，疲劳断口上的腐蚀产物并不是腐蚀疲劳断裂的唯一判据。因为一般机械疲劳断裂失效的断面，由于暴露时间长也有可能产生腐蚀。

③ 断裂的源区大多呈沿晶断裂特征，图 8-15 为 Cr17Ni2 不锈钢制零件腐蚀疲劳断裂源区的形貌。呈沿晶韧断特征，沿晶面上有腐蚀坑。当裂纹扩展到一定深度后，断口形貌转变为穿晶断裂。这种沿晶断裂特征与 Cr17Ni2 不锈钢的应力腐蚀断口明显不同。在恒拉应力作用的应力腐蚀断口，呈沿晶脆断，晶界面上无韧窝。

④ 腐蚀疲劳断裂扩展区典型微观特征有三种：一是沿晶断裂，晶面上有疲劳条带；二是穿晶与沿晶混合断裂；三是穿晶脆性疲劳断裂。

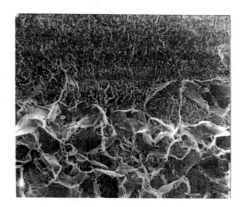

图 8-15　Cr17Ni2 不锈钢制零件腐蚀
疲劳断裂源区的形貌（200 倍）

（4）腐蚀疲劳断裂失效分析判据

判断腐蚀疲劳断裂失效的主要判据有如下几方面。

① 产品或零件在交变应力和腐蚀条件下工作。

② 断裂表面有腐蚀产物和腐蚀损伤痕迹。

③ 疲劳条带多呈解理脆性特征，断裂路径一般为穿晶型，但有时也出现穿晶与沿晶混合型甚至沿晶型。

三、　案例

输水管线钢腐蚀失效分析

某饮用水工程输水管线运行一年后，多次出现漏水事故。解剖取样后，可见钢管内壁非漏水孔部位存在棕黄色和黑蓝色的凸起鼓包和已破的鼓包（图 8-16），目视可见漏水孔部位的宏观表面形貌具有盘碟形（图 8-17）点蚀坑的特征，孔内周围表面可见近椭圆形的腐蚀坑（图 8-18）。由扫描电镜能谱分析得出：在漏水孔内壁部位和非漏水孔内壁部位均存在着 Cl、S、K、Ca 和 O 等腐蚀元素，腐蚀产生的氯化物 SEM 形貌如图 8-19 所示。腐蚀微生物的研究结果表明，金属结构表面的微生物起着极为有害的加速腐蚀作用。硫酸盐还原菌强烈地参与水中金属结构的电化学腐蚀，铁细菌参与钢铁阳极去极化而起一定的腐蚀作用。由于腐蚀产物体积的不断增大，在金属构件表面形成锈包。锈包表面有一层棕黄色氧化铁硬壳，硬壳下面为暗棕色和黑色的水合氧化铁和硫化铁物质，铲除锈包后出现腐蚀坑。腐蚀坑表面外形是圆形，其横断面是圆锥形。可见，钢管在水中发生了电化学腐蚀，具有局部孔蚀和均匀腐蚀的特征。

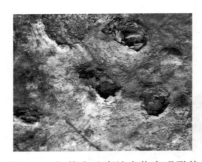

图 8-16　钢管内壁腐蚀产物宏观形貌

图 8-17　盘碟形点蚀坑

图 8-18　漏水孔内壁宏观形貌

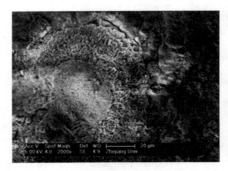

图 8-19　腐蚀产生的氯化物 SEM 形貌

采用化学成分分析、力学性能检验、金相分析、扫描电镜（SEM）和 X 射线衍射等方法，对钢管样品的材质进行理化检验；对表面覆盖物等进行宏观形貌、微观形貌分析及物相分析。结果表明：给水钢管的化学成分和力学性能符合标准要求；给水钢管内壁在水中发生了电化学腐蚀，具有局部孔蚀和均匀腐蚀的特征。给水钢管的漏水主要与设计选材、防腐措施和管线项目具体实施时对标准的理解和使用等多种因素有关。

第四节　磨损失效分析

一、　概述

1. 磨损的定义

相互接触的一对金属表面相对运动发生摩擦时，表面金属材料不断发生损耗或产生残余塑性变形，使材料表面状态和尺寸改变的现象，称为磨损。

2. 磨损的分类

按照磨损的机理以及表面磨损状态的不同，一般工况下，把磨损分为磨粒磨损、粘着磨损、疲劳磨损、腐蚀磨损等。

3. 磨损失效分析的特点

磨损碎屑是磨损的产物，是磨损失效分析的重要依据。可以从润滑剂中或磁性塞上取得磨损碎屑，然后通过铁谱仪将其分类，再用立体显微镜或扫描电镜观察，或者通过化学分析、X射线结构分析等确定其组成。摩擦磨损现象极为复杂，影响因素众多，可根据运转条件、环境条件、磨损表面和磨损碎屑，通过信息调查、理化检验等手段，研究和分析磨损失效的原因。

二、　几种常见的磨损失效分析

磨损、腐蚀和断裂是钢铁与合金制机械产品或零部件的三种主要失效模式。有关断裂和腐蚀失效的概念、理论和方法，也可用于分析磨损及其表面损伤失效。

1. 磨粒磨损失效分析

由于摩擦表面上的硬质凸出物或从外部进入摩擦表面的硬质颗粒，对摩擦表面起到切削或刮擦作用，从而引起表层材料脱落的现象，称为磨粒磨损。这种磨损是最常见的一种磨损形式。

磨粒磨损最显著的特征是接触面上有明显的磨削痕迹。

影响磨粒磨损失效的因素有材料硬度、磨料特性、载荷大小、润滑条件、材料的显微组织、滑动速度和加工硬化等，其中主要因素：材料硬度，磨损量与材料硬度成反比；磨料特性，磨料的形状、硬度和粒度均对磨损失效过程有重要影响。

2. 粘着磨损失效分析

当摩擦副受到较大正压力作用时，由于表面不平，其顶峰接触点受到高压力作用而产生弹、塑性变形，附在摩擦表面的吸附膜破裂，温度升高后使金属屑的顶峰塑性面牢固地粘着并熔焊在一起，形成冷焊结点。在两摩擦表面相对滑动时，材料便从一个表面转移到另一个表面，成为表面凸起，促使摩擦表面进一步磨损。这种由于粘着作用引起的磨损，称为粘着磨损。

粘着磨损的典型特征是接触点局部的高温使摩擦副材料发生相互转移。

影响粘着磨损失效的因素如下。

① 材料特性：脆性材料比塑性材料抗粘着能力高；互溶性大的材料组成的摩擦副粘着倾向大；多相金属比单相金属粘着倾向小；周期表中的 B 族元素与铁不相溶或能形成化合物，它们的粘着倾向小。

② 接触压力与滑动速度：粘着磨损量的大小随接触压力、滑动速度的变化而变化。

三、 案例

生物质固体燃料成型机压辊磨损失效分析

某生物质固体燃料成型机在加工成型燃料过程中，关键部件环模和压辊磨损后导致使用寿命短、影响生产率。该压辊采用 45 钢渗碳处理，渗碳层深度为 3mm，在实际生产工况下工作 200h。由于原料中的硅酸盐成分、杂质、喂料的不均匀以及原料中水分影响加剧了压辊表面的磨损，致使压辊快速磨损失效。采用化学分析、硬度测试以及金相组织分析，对磨损形貌进行宏观及微观观察，探究压辊失效的原因和磨损机理。结果表明，靠近喂料一侧压辊表面磨损严重，磨损量为 4.2mm 左右，比其他位置表面的磨损量多 1.2mm。磨损机理主要是粘着磨损和磨粒磨损，磨损面已接近渗碳层与基体交界处，并且磨损面存在应力腐蚀裂纹。

参考文献

[1] 催忠圻主编 . 金属学与热处理 . 北京：机械工业出版社，2000.

[2] 胡赓祥，蔡珣，戎咏华编著 . 材料科学基础 . 上海：上海交通大学出版社，2006.

[3] 机械工业理化检验人员技术培训和资格鉴定委员会编 . 金相检验 . 上海：上海科学普及出版社，2003.

[4] 王德尊主编 . 金属力学性能 . 哈尔滨：哈尔滨工业大学出版社，1993.

[5] 戴雅康主编 . 金属材料常用力学性能测试方法 . 北京：科学普及出版社，1990.

[6] 李久林主编 . 金属硬度试验方法国家标准（HB、HV、HR、HL、HK、HS）实施指南 . 北京：中国标准出版社，2006.

[7] 张博主编 . 金相检验 . 北京：机械工业出版社，2009.

[8] 叶卫平等编著 . 实用钢铁材料金相检验 . 北京：机械工业出版社，2012.

[9] 李树堂编 . 金属 X 射线衍射与电子显微分析技术 . 北京：冶金工业出版社，1980.

[10] 李树堂编 . 晶体 X 射线衍射学基础 . 北京：冶金工业出版社，1990.

[11] 徐勇，范小红主编 . X 射线衍射测试分析基础教程 . 北京：化学工业出版社，2014.

[12] 王成国主编 . 材料分析测试方法 . 上海：上海交通大学出版社，1994.

[13] 黄孝瑛主编 . 电子衍衬分析原理与图谱 . 山东：山东科学技术出版社，2010.

[14] 周玉主编 . 材料分析方法 . 北京：机械工业出版社，2004.

[15] 陈世朴主编 . 金属电子显微分析 . 北京：机械工业出版社，1982.

[16] 左演声主编 . 材料现代分析方法 . 北京：北京工业大学出版社，2000.

[17] 刘文西主编 . 材料结构电子显微分析 . 天津：天津大学出版社，1989.

[18] 史学星等 . 热膨胀仪在钢铁材料研究中的应用 . 首钢科技，2010.

[19] 刘琪峰主编 . 军工产品无损检测诊断标准与新技术应用及规范操作全书 . 西安：中国知识出版社，2006.

[20]《国防工业无损检测人员资格鉴定与认证培训教材》编审委员会编 . 无损检测综合知识 . 北京：机械工业出版社，2004.

[21]《国防工业无损检测人员资格鉴定与认证培训教材》编审委员会编 . 超声检测 . 北京：机械工业出版社，2004.

[22]《国防工业无损检测人员资格鉴定与认证培训教材》编审委员会编 . 射线检测 . 北京：机械工业出版社，2004.

[23]《国防工业无损检测人员资格鉴定与认证培训教材》编审委员会编 . 磁粉检测 . 北京：机械工业出版社，2004.

[24]《国防工业无损检测人员资格鉴定与认证培训教材》编审委员会编 . 渗透检测 . 北京：机械工业出版社，2004.

[25]《国防工业无损检测人员资格鉴定与认证培训教材》编审委员会编 . 涡流检测 . 北京：机械工业出版社，2004.

[26] 郑世才编著 . 数字射线无损检测技术 . 北京：机械工业出版社，2012.

[27] 张峥，陈再良，李鹤林 . 我国失效分析的现状与差距 . 金属热处理，2007，32（增刊）.

[28] VDI 3822 Part 1—2004《Failure Analysis—Fundamentals，Terms，Definitions and Procedure of Failure Analyses》.

[29] GB/T 3187—1994《可靠性、维修性术语》. 北京：中国标准出版社，1994.

[30] 张栋，钟培道，陶春虎，雷祖圣 . 失效分析 . 北京：国防工业出版社，2004.

[31] 段莉萍，刘卫军，钟培道 . 机械装备缺陷、失效及事故的分析与预防 . 北京：机械工业出版社，2015.

［32］鄢国强．材料质量检测与分析技术．北京：中国计量出版社．2005.

［33］段莉萍，唐家耘．D1.2344 钢注塑模具裂纹分析．兵器材料科学与工程．2014，37（6）．

［34］段莉萍，陈耘，张联珍，杨忠贤．粉末高速钢齿轮拉刀的断裂分析．金属热处理，2011，36（增刊）．

［35］杨德钧，沈卓身主编．金属腐蚀学．北京：冶金工业出版社．1999.

［36］段莉萍，徐向群．给水管线钢管漏水事故分析．金属热处理，2007，32（增刊）．

［37］霍丽丽，侯书林，田宜水，赵立欣，孟海波，孙浩．生物质固体燃料成型机压辊磨损失效分析．农业工程学报，2010，26（7）．